DAS ASCHENBILD TIERISCHER GEWEBE UND ORGANE

METHODIK · ERGEBNISSE UND BIBLIOGRAPHIE

VON

ERICH HINTZSCHE

DR. MED., O. PROFESSOR DER ANATOMIE
DIREKTOR DES ANATOMISCHEN INSTITUTES DER UNIVERSITÄT BERN

MIT 80 ABBILDUNGEN

SPRINGER-VERLAG

BERLIN · GÖTTINGEN · HEIDELBERG

1956

ISBN-13: 978-3-540-02054-7   e-ISBN-13: 978-3-642-49176-4
DOI: 10.1007/978-3-642-49176-4

Vorwort

Die Anregung zu einem Bericht über Methodik und Ergebnisse der Veraschung mikroskopischer Präparate stammt von W. BARGMANN, dem Herausgeber des Handbuches der mikroskopischen Anatomie des Menschen. Er schlug mir im Jahre 1948 vor, den im 1. Bande dieses Werkes enthaltenen Abschnitt „Spodographie" von TSCHOPP weiterzuführen. Leider sind andere für denselben Nachtragsband des Handbuches bestimmt gewesene Beiträge nicht rechtzeitig abgeliefert worden, so daß auch mein Ende 1949 eingereichtes Manuskript unveröffentlicht blieb. Das verständnisvolle Entgegenkommen des Springer-Verlages ermöglichte mir, diese frühere Niederschrift zu der hier vorliegenden Monographie zu ergänzen. Sie umfaßt das gesamte Gebiet der Veraschung normaler tierischer Gewebe und Organe und hat ihrer Entwicklung entsprechend in Form und Aufbau den Charakter eines Handbuchbeitrages behalten. Ein solches Hilfs- und Nachschlagewerk dürfte den Histophysiologen gerade in einer Zeit willkommen sein, in der es der ständig wachsende Umfang der histochemischen Literatur schwierig macht, sich über alle Teilgebiete dieses ausgedehnten Arbeitsfeldes auf dem laufenden zu halten.

Beim Abschluß des Werkes gilt mein Dank allen Autoren, die mich durch die Überlassung von Bildvorlagen unterstützt haben; in den Legenden zu den Bildern ist deren Herkunft jeweilen belegt. Abbildungen ohne besondere Bezeichnung werden hier erstmals publiziert. Besonderen Dank schulde ich meinem Kollegen und Freunde W. BARGMANN (Kiel), dessen stete Anteilnahme meiner Arbeit den Weg zur Veröffentlichung ebnete, sowie Herrn Dr. FERDINAND SPRINGER und seinen Mitarbeitern, die auch dieser kleinen Monographie alle Aufmerksamkeit in Druck und bildlicher Ausstattung zuteil werden ließen.

Bern, den 9. Juli 1956   E. HINTZSCHE

Inhaltsverzeichnis

Definition der Mikroveraschung

Grundsätzliches Ziel jeder für die mikroskopische Untersuchung bestimmten Mikroveraschung ist, alle organische Substanz in Zellen und Geweben zu zerstören, ohne daß sich dabei die Lage und die Menge der anorganischen Bestandteile ändert. Erhitzt man dünne Totalpräparate, Ausstriche oder Schnitte vorsichtig auf dem Objektträger, so bleibt eine Art Mineralskelet des Materiales erhalten, das als Aschenbild (spodogramme, ash-pattern, quadro spodografico, espodograma) bezeichnet wird. Dieses muß in Form und Struktur mit den nach der üblichen histologischen Technik angefertigten Präparaten desselben Gewebs- oder Organstückes völlig übereinstimmen. TSCHOPP (1929) schlug für die Beschreibung von Aschenbildern den Namen Spodographie vor, der aber POLICARD (1929 b) noch zu weit gefaßt schien; er empfahl daher, von Mikro- oder Histospodographie zu sprechen. Der zur Herstellung von Aschenbildern führende Arbeitsgang wird gewöhnlich Mikroveraschung (microincinération, microincineration, microincenerimento, microincineración) genannt. Diese Bezeichnung hat indessen schon gelegentlich, z.B. in Bibliographien, zu Mißverständnissen geführt, weil sie auch bei Chemikern für die Calcination kleinster Materialmengen gebraucht wird. Ihrer Definition entsprechend ist das Studium von Aschenbildern ein Teilgebiet der Histotopochemie.

Historischer Rückblick

Zu allen Zeiten haben sich in der mikroskopisch-anatomischen Forschung Bestrebungen geltend gemacht, die rein morphologischen Befunde mit den Ergebnissen physiologischer Untersuchungen zu verknüpfen. Ein solches Bindeglied ist auch die Mikroveraschung, die erstmals 1833 von dem französischen Arzt F. V. RASPAIL (Abb. 1) an pflanzlichem Material angewandt wurde. Seine Beschreibung ist so charakteristisch, daß sie hier wörtlich angeführt sein mag: «On prend une lanière d'épiderme dont les réticulations cellulaires soient bien distinctes et dont on a préalablement enlevé tous les sels incrustés, au moyen de l'acide hydrochlorique étendu et de lavages répétés. On l'étend sur une lame de verre mince, et on examine ou on en mesure même les compartimens cellulaires au microscope. On place ensuite avec précaution sur le feu cette petite lame que l'on fait chauffer au rouge pendant quelque temps. On la retire en l'éloignant peu à peu et graduellement de la chaleur. En l'observant alors au microscope, on croirait que ce tissu n'a nullement été altéré et que son organisation est restée intacte. Mais une seule goutte d'acide très étendu suffit pour détruire cette illusion, et ces réticulations disparaissent avec rapidité.»

Auf eine frühe — wenn nicht die erste — Anwendung der Mikroveraschung an tierischem Material bin ich bei bio- und bibliographischen Studien über den Berner Physiologen und Mikroskopiker G. G. VALENTIN (Abb. 2) gestoßen (HINTZSCHE 1953). Er schreibt in einer sonst nicht eben gelungenen Untersuchung „Über die Spermatozoen des Bären" (1839): „Durch Glühen der auf eine kleine Glasplatte aufgestrichenen Spermatozoen erhält man Kohle und zum Teil eine Asche, in welcher die Form der Spermatozoen vollständig erhalten ist. Man muß nur im Glühen doppelt vorsichtig sein und die Samenmasse so dünn

als möglich aufstreichen, weil einerseits bei rascher Entwicklung der Hitze die
Kohle sich aufbläht und andererseits die Asche bei etwas zu hoher Temperatur
zusammenschmilzt."

Diese frühen technischen Anweisungen von RASPAIL und VALENTIN sind in
allen Teilen richtig. Sie gelten auch heute noch als unumgängliche Voraussetzung, um brauchbare Aschenbilder zu erzielen. Die weitere Anwendung der
Mikroveraschung an biologischem Material systematisch zu verfolgen, würde die
dieser Monographie gesetzten Grenzen überschreiten. Es sei deshalb nur erwähnt, daß z.B. in allen Auflagen von KÖLLIKERs Handbuch der Gewebelehre (1852—1899) der Befund VALENTINs angeführt wird. P. HARTING hat in sei-
nem Werk „Das Mikroskop" (1859) die Veraschungsmethode gleichfalls genannt und empfohlen, die Erhitzung auf einem Platinblech vorzuneh-
men, „denn die Aschenbestand-
teile mancher, zumal animali-
scher, Substanzen schmelzen mit dem Glase zusammen und lassen sich schwer davon weg-
bringen" (S. 431). Endlich sei noch auf die 5. Auflage des Handbuches der Histologie und Histochemie des Menschen von FREY (1876) hingewiesen, in der die Veraschung zwar nicht mehr als besondere Untersuchungsmethode genannt, aber der alte Befund VALENTINs, wenn auch ohne Nennung seines Namens, an-
geführt wird, heißt es doch

Abb. 1. FRANÇOIS-VINCENT RASPAIL (1794—1878), Lithographie
aus dem Jahre 1848

S. 607 von den Spermien der Säugetiere: „Der Reichthum an Mineralbestand-
teilen (5,21 % FRERICHS) gestattet ein Glühen des Samenfadens mit Bewahrung
der Form."

Der zunehmenden Verbreitung histologischer Färbemethoden dürfte es zuzuschreiben sein, daß die Veraschung tierischer Gewebe in der Folgezeit ganz in
Vergessenheit geriet. Erst LIESEGANG (1910) hat sie bei seinen Studien über
die Verteilung anorganischer Gewebsbestandteile wieder angewandt. Seinen
systematischen Versuchen verdanken wir eine große Zahl richtiger Beobachtungen
über den Veraschungsvorgang, deren Einzelheiten in den betreffenden Abschnitten
angeführt sind. Als wesentlich sei hier aus dem Schlußsatz seiner Mitteilung
nur hervorgehoben, daß „die Asche zweifellos an der richtigen Stelle liegt".
Diese Feststellung eines sehr kritischen Untersuchers ist von besonderem Wert,
weil nur eine sichere Topochemie gegenüber der gewöhnlichen mikrochemischen
Methodik einen wirklichen Fortschritt bedeutet. Etwa um dieselbe Zeit wie
LIESEGANG und unabhängig von ihm hat HERRERA (1912, 1914) Schnittver-

aschungen zum Nachweis von Silicium ausgeführt, doch haben auch seine Mitteilungen trotz der erzielten klaren Untersuchungsergebnisse nicht zur Verbreitung der Methode beigetragen. Gleichfalls ohne generelle Nachwirkung blieb der Bericht von PRENANT (1919) über die Lösung zoologischer Fragestellungen durch Mikroveraschung. Der Grund, warum sich diese Arbeitsweise nicht damals schon allgemeiner durchsetzte, dürfte darin zu suchen sein, daß alle genannten Forscher die Veraschung als Vorbereitung zum Nachweis bestimmter anorganischer Elemente anwandten; so mußte der Eindruck entstehen, daß es sich um eine nur für das Studium von Spezialfragen geeignete Methode handle.

Wie POLICARD (1942) berichtete, ist auch er ursprünglich durch ein chemisches Problem auf den Gedanken gekommen, mikroskopische Präparate zu veraschen. Er studierte 1918 die Vorgänge bei der Knochenbruchheilung und suchte sich in diesem Zusammenhang über die Ablagerung der Calciumsalze zu unterrichten. Sehr schnell erkannte er aber den Nutzen des Studiums von Aschenbildern für die Klärung ganz verschiedenartiger Fragen; erst durch seine unablässigen Bemühungen ist die Mikroveraschung zu einer allgemeinen histologischen Methode und damit zu einem gesicherten Teil der mikroskopischen Untersuchungstechnik geworden.

Abb. 2. GUSTAV GABRIEL VALENTIN (1810—1883), Silberstiftzeichnung aus dem Jahre 1842 von J. F. DIETLER

Auch nach der Wiedereinführung der Spodographie durch POLICARD (1921) wurde deren morphologische Bedeutung anfänglich nur von wenigen Forschern erkannt. Ursache dafür war wohl vor allem, daß zunächst noch manche grundlegende Frage technischer Art abgeklärt werden mußte. Ungenügend bekannt war z.B. die Anwendungsmöglichkeit von Fixationsmitteln verschiedener Art, ferner fehlten Studien über die dabei etwa vorkommenden Verluste an anorganischer Substanz, auch über die mögliche Verdampfung von Salzen wußte man nichts Genaues; endlich mußten die speziell für die Untersuchung von Spodogrammen geeigneten physikalischen und chemischen Methoden erst noch erprobt werden.

Mit der Vergrößerung des interessierten Forscherkreises entwickelte sich indessen die neue Arbeitsweise schnell weiter, dementsprechend häuften sich die Einzelbefunde. Eine erste Zusammenfassung gab TSCHOPP (1929) in seinem Handbuchbeitrag, wobei er sich allerdings der Tatsache bewußt war, daß die Zeit für einen solchen Überblick damals eigentlich noch nicht gekommen war. Bald folgten weitere Berichte von SCOTT (1933c) und von HINTZSCHE (1938);

1*

beide behandelten auch die Technik der Methode, die außerdem von HENCKEL (1929b), POLICARD und OKKELS (1932), von POLICARD (1938) sowie von SANCHEZ-CALVO (1940) beschrieben wurde. Schon damals ließ sich erkennen, daß der Ausbau der Untersuchungsweise durch besser gesicherte Grundlagen wesentliche Förderung erfahren hatte. Die Schnittveraschung war zu einer Spezialmethode histologischer Forschung geworden, deren Anwendung zunächst der systematischen Sammlung neuer Befunde galt. In einzelnen Fällen diente sie auch weiterhin der Durchführung oder wenigstens der Vorbereitung histochemischer Untersuchungen. Über die grundsätzlichen Ergebnisse dieser Entwicklungsphase berichtete ich in meiner oben erwähnten Zusammenfassung von 1938. Seither ist die Mikroveraschung nicht mehr in gleichem Maße als selbständige Untersuchungsart gebraucht worden. Sie dient heute neben und zusammen mit anderen Methoden vorwiegend zur Abklärung cyto- und histologischer Probleme, z.B. des Ablaufes normaler und krankhaft veränderter Funktionen. Damit dürfte sie die Stellung gefunden haben, die ihr im Rahmen der mikroskopischen Technik zukommt. Zwei neuere Berichte lassen das erkennen. Einen Rückblick auf 20 Jahre Mikroveraschungsforschung gab POLICARD (1942) anläßlich des hundertjährigen Bestehens der Royal Microscopical Society in London; er behandelte darin speziell die cytologischen Ergebnisse. Über andere Teilgebiete der Spodographie, besonders ihre Anwendung auf die Gewebelehre und auf Probleme der Pathologie, schrieb HORNING (1951). Obwohl diese beiden sehr lesenswerten Abhandlungen den Stoff bei weitem nicht vollständig erfassen, sind sie doch zu einer schnellen Orientierung über die Möglichkeiten der Mikroveraschungstechnik recht gut geeignet.

Anwendungsbereich der Schnittveraschung

Die Untersuchung von Spodogrammen kann nicht Selbstzweck sein; Studien an veraschten Präparaten dienen vielmehr in erster Linie der Klärung allgemeinbiologischer und histophysiologischer Fragen. Mit POLICARD (1931a) sehe ich die Hauptbedeutung der Mikrospodographie zunächst in dem Nachweis der Lage aller anorganischen Substanzen; außer der normalen Verteilung werden aber auch die funktionellen Schwankungen des Salzgehaltes einer Untersuchung zugänglich. Ferner wird es möglich, manche der durch die Veraschung demaskierten Ionen topochemisch nachzuweisen.

Nicht erkennbar ist im Aschenbild, ob die anorganischen Bestandteile vor der Verbrennung ionisiert oder gebunden vorhanden waren. Diese Frage kann zwar gelegentlich durch vergleichende Untersuchungen unter Beiziehung anderer histochemischer Methoden geklärt werden, doch sind wir von einer wirklich umfassenden Kenntnis dafür geeigneter Arbeitsweisen noch weit entfernt. Einige gesicherte Methoden dieser Art sind in den bekannten Büchern über die histologische Untersuchungstechnik sowie in den Spezialwerken von LISON (1936, 1953), COWDRY (1948) und GLICK (1949) zu finden. Umgekehrt sind die Ergebnisse der Schnittveraschung auch als Kontrolle für andere histochemische Reaktionen bedeutsam.

Nicht zum wenigsten darf endlich die Histopathologie neue Kenntnisse von der Spodographie erwarten, wofür im Schrifttum schon eine ganze Reihe von Beweisen vorliegt. POLICARD (1931a) nannte als derartige wichtige Studiengebiete: die Heilungsvorgänge bei der Tuberkulose, Ossifikationsanomalien, Siderose, Silikose, arteriosklerotische Veränderungen, Schwermetallvergiftungen, Pigmentuntersuchungen und die Geschwulstforschung. Mit der Zusammenstellung der Befunde über die Aschenverteilung in normalen Geweben und Organen, die im folgenden auf Grund des Schrifttumes und eigener Untersuchungen gegeben wird, ist also nicht nur eine Sammlung histophysiologischer Beobachtungen beabsichtigt, sie soll vielmehr auch histopathologischen Studien als Grundlage dienen.

Technik der Schnittveraschung

a) Vorbehandlung des Materiales

Eine sichere Beurteilung von Aschenbildern ist nur bei genauer Kenntnis der angewandten Methodik möglich. Vor der Beschreibung von Ergebnissen muß daher auch kurz über den heutigen Stand der Untersuchungstechnik referiert werden. Als ideal ist die *Veraschung nativen Untersuchungsmateriales* zu bezeichnen (POLICARD 1924), weil dabei die Möglichkeit von Verlust oder Verlagerung anorganischer Bestandteile so gut wie ausgeschlossen ist. Ausstriche, Häutchen und Zupfpräparate lassen sich, sofern sie dünn genug gewonnen werden können, in dieser Form direkt veraschen.

Freihandschnitte unfixierter Organe können kaum in der nötigen Feinheit hergestellt werden. Es lag daher nahe, zu ihrer Anfertigung die *Gefriermethode* heranzuziehen (TSCHOPP 1929); hervorragend geeignet ist dazu die von SCHULTZ-BRAUNS (1931a, b) entwickelte Messertiefkühlvorrichtung, die auch sehr wenig zusammenhängendes Material, wie etwa Placentarzotten, unfixiert zu schneiden ermöglicht. Die der Gefriermethode anhaftenden Nachteile wurden häufig übertrieben; ungleiche Schnittdicke und Faltenbildung (HENCKEL 1929b) oder überhaupt zu große Schnittdicke (SCOTT 1933b) sind bei guter Übung zu vermeiden. RODDY (1941) empfahl deshalb erneut, native Gefrierschnitte zu veraschen, wenn die Lage diffusibler oder löslicher Salze zu bestimmen ist. Natürlich darf man nicht wahllos für jede Fragestellung Gefrierschnitte verwenden wollen, insbesondere nicht für feinste cytologische Beobachtungen. Bedeutsamer sind die Bedenken über mögliche Verlagerung anorganischer Substanzen durch das Gefrieren und Wiederauftauen der Schnitte sowie durch die unvermeidliche Wasserkondensation (HENCKEL 1931). Diese Fehlerquellen können indessen durch das *Gefrier-Trockenverfahren* von GERSH (1932) als überwunden gelten. GERSH (1947) betonte jedenfalls als besonderen Vorteil seiner Methode, daß sie die Bildung von Artefakten vermeide, sofern die Evaporation bei genügend tiefer Temperatur vorgenommen wird. Über zufriedenstellende Ergebnisse mit dieser Behandlungsweise bei Veraschungsarbeiten berichteten unter anderen SCOTT (1935, 1940a), ENGSTRÖM (1943) und HYDÉN (1943a, b).

Zweifellos ist die Trocknung der gefrorenen Organstücke im Vakuum jeder anderen Fixationsart überlegen. Trotzdem wird man gelegentlich, wenn äußere Gründe eine sofortige Untersuchung der Gewebsstücke unmöglich machen, oder wenn feinere cytologische Einzelheiten im Aschenbild studiert werden sollen, nicht ohne *Fixation* auskommen. POLICARD und OKKELS (1930) empfahlen die Verwendung fixierten Materiales sogar als Gewohnheitsmethode. Zweifellos sind bei jeder Art von chemischer Fixation mehr Fehlerquellen vorhanden, als sie native Präparate bieten. Da alle Flüssigkeiten, die Salze enthalten oder solche lösen, von vornherein ausscheiden (POLICARD 1923a), gelten besonders Alkohole verschiedener Art als empfehlenswert, ihre Eignung wurde durch RIVELLONI (1938) bestätigt. GAGE (1938) nennt neben Äthyl- auch Butyl- und Propylalkohol sowie Dioxan. Völlig einwandfrei ist aber auch deren Verwendung nicht. Der von POLICARD (1923a) empfohlene absolute Äthylalkohol kann z.B. gewisse Salze lösen (SCHEID 1930, HENCKEL 1931); selbst wenn deren Menge nur äußerst gering zu veranschlagen ist (HERRMANN 1932, SCOTT 1933c, MARZA 1938), so ergibt sich doch aus der Möglichkeit von Salzverlusten während der Fixation die

Notwendigkeit, vergleichende Untersuchungen nur an identisch behandelten Spodogrammen auszuführen.

Als weiterer Nachteil der Fixation in absolutem Alkohol muß die *Salzver-lagerung* angeführt werden, auf die zuerst BETHE (Diskussionsbemerkung zu GANS 1932) hingewiesen hat. Wenn HERRMANN (1932) demgegenüber die Auffassung von BECHHOLD zitiert, wonach die Grenzflächen zwischen den Gewebselementen größere Verschiebungen verhindern, so lassen sich doch im Schrifttum manche Bilder finden, die gleich der Alkoholflucht des Glykogens eine Verlagerung der anorganischen Substanzen erkennen lassen (vgl. Abb. 3).

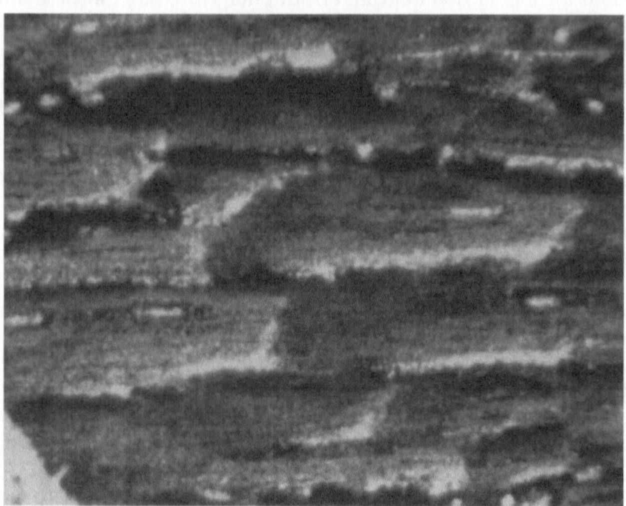

Abb. 3. Herz, Triebmuskulatur längs, Ratte. Absoluter Alkohol, Paraffinschnitt $2^{1}/_{2}\,\mu$, verascht in Luft bei 520° C, Vergr. 570×, Cardioid-Kondensor. Ein Teil der anorganischen Substanzen ist durch den eindringenden Alkohol gegen die Faseroberfläche bzw. gegen die Glanzstreifen verlagert. Aus DEUCHER 1941

Endlich ist bei alkoholfixierten Objekten auch die an manchen Geweben recht beträchtliche *Schrumpfung* zu beachten. Sie ist die Hauptursache für die im Schrifttum mehrfach angeführte „deutlichere Strukturierung" der Aschenbilder nach Alkoholfixation (vgl. Abb. 4). Bei Paralleluntersuchungen erwies sich die Asche in den Spodogrammen nativer Gefrierschnitte stets diffus und mehr homogen verteilt, auch war die Dichte des Gesamtaschen- und des Kalkaschenbildes (vgl. S. 24) bei den Gefrierschnitten höher (ELIASSOW 1933).

Durch die von SCOTT (1933b) für Aschenbilder empfohlene und seither von vielen Untersuchern gebrauchte Fixation in Formol-Alkohol 1:9 wird zweifellos die Schrumpfwirkung bedeutend verringert; andererseits kann sich aber durch Herabsetzung der Konzentration des Alkohols auf 90% die Löslichkeit von Salzen erhöhen. HUEPER (1934), dessen Arbeit ich nicht habe einsehen können, soll nach KOOYMAN (1935) Differenzen in Vorkommen und Menge der Kernasche bei Fixation in Formol-Alkohol und bei Anwendung der Gefriermethode gefunden haben. Im ganzen wird jedoch wahrscheinlich die Gefahr des Salzverlustes beim Gebrauch wäßriger Fixationslösungen überschätzt, haben doch GODLEWSKI (1937) und KRUSZYŃSKI (1939) sogar BOUINsche Lösung mit bestem Erfolg für Veraschungsuntersuchungen angewandt; auch SANCHEZ-CALVO (1940) nennt Pikrinsäure als geeignete Fixationsflüssigkeit. POLICARD und OKKELS

(1932) berichteten, daß in 10%igem Formol gehärtete Präparate gegenüber alkoholfixierten kaum geringere Resultate geben, und UOTILA und JÄÄSKE-LÄINEN (1937) fanden sogar Aschenbilder nach Formolfixation wegen des besseren Erhaltungszustandes den in Alkohol fixierten Präparaten überlegen. RODDY (1941) empfahl gleichfalls 10%iges Formol, speziell wenn nichtlösliche Salze nachzuweisen sind. Formol-Kochsalzlösung, die POLICARD und DOUBROW (1924) gebrauchten, ist als Fixationsmittel für zur Veraschung bestimmte Gewebsstücke

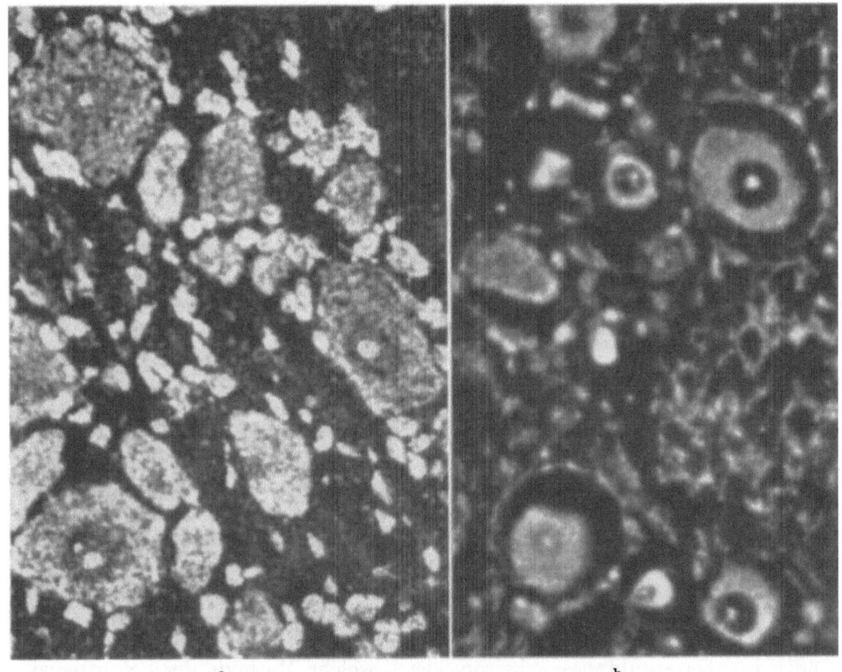

Abb. 4a u. b. Ganglion n. trigemini, Meerschweinchen. Verascht im Stickstoffstrom bei 520° C, Vergr. 450×, Cardioid-Kondensor. a Nativer Gefrierschnitt 5 μ, entfettet in Äther-Chloroform; b absoluter Alkohol, Paraffinschnitt 5 μ. Der Alkohol bewirkt starke Schrumpfung der Ganglienzellen. Aus HINTZSCHE 1939b

allerdings ihres Salzgehaltes wegen abzulehnen (ANGELINI 1931), trotzdem wurde sie noch neuerdings von CHIARA (1950) benutzt.

Ein noch wenig angewandter Vorteil des Formaldehyds liegt in der Möglichkeit, die Fixation im Dampf vorzunehmen (OSTERTAG 1927). In der Literatur wurde mehrfach über gute Ergebnisse dieser Fixationsart berichtet (HACKMANN 1933, WEPLER 1935). KRUSZYŃSKI (1939) benutzte außer Formol- auch Osmiumdämpfe, um zur Veraschung bestimmte Paramecien zu fixieren.

Ob und welche Art der *Einbettung* derart gehärteten Materiales vorzunehmen ist, hängt vom Ziel der Untersuchung ab. Gefrierschnitte wird man entgegen der Angabe von POLICARD (1924) besser nicht in Wasser, sondern wegen der geringeren Benetzbarkeit der Schnitte in Petrol (HACKMANN 1933) oder Xylol (RODDY 1941) auffangen und aus diesem direkt auf die Objektträger aufziehen.

Celloidineinbettung kommt wohl nur für die seltene serienweise Veraschung größerer Gewebsstücke in Betracht (OSTERTAG 1927). Vor der Veraschung ist das Celloidin durch Methylalkohol herauszulösen, da sonst bei Erhitzung der

Präparate durch Verpuffen beträchtliche Zerstörungen eintreten können (LIESE-GANG 1910).

Weitaus am häufigsten findet man im Schrifttum Veraschungen von Paraffin-schnitten beschrieben. Die Einbettung erfordert außer Verwendung reinster Substanzen keine besonderen Vorsichtsmaßnahmen. Als Intermedium empfiehlt HENCKEL (1929b) Xylol, in dem die in Betracht kommenden Salze praktisch unlöslich sind. KRUSZYŃSKI (1934) verwandte für den gleichen Zweck Chloro-form. Ein besonderer Vorteil der Paraffineinbettung ist nach GANS (1930), daß die Blöcke zu wiederholter Untersuchung z. B. mit neu bekanntgewordenen Methoden aufbewahrt werden können.

Die *Schnittdicke* muß sich nach den zu entscheidenden Fragen richten. TSCHOPP (1929) hat mit 10—30 μ zweifellos für die meisten histo- und cyto-chemischen Probleme zu dick geschnitten. KRUSZYŃSKI (1938) konstatierte, daß 10—15 μ dicke Schnitte leicht schrumpfen und daß die einzelnen Zellen dann im Dunkelfeld nur als unstrukturierte Ascheanhäufungen erscheinen, was bei 3—5 μ dicken Paraffinschnitten, die bereits SCOTT (1933) empfohlen hat, nicht der Fall sei. Als allgemein gültige Regel hat schon LIESEGANG (1910) festgestellt, daß die feineren Strukturen um so besser erhalten bleiben, je dünner die Schnitte sind. Die Ursache dafür liegt unter anderem in der Tatsache, daß dünne Schnitte bei der Erhitzung viel weniger zum Schrumpfen neigen als dicke. Auch HORNING (1951) empfahl wieder, nicht dicker als 5 μ zu schneiden.

Nur ganz nebenher sei bemerkt, daß selbstverständlich das Aufziehen der Schnitte auf die Objektträger bzw. Deckgläser, wenn man auf solchen veraschen will, nicht mit Hilfe von Eiweißglycerin und Wasser geschehen darf: Eiweiß-glycerin hinterläßt eigene Asche (LIESEGANG 1910) und destilliertes Wasser vermag nach KRUSZYŃSKI (1934) selbst aus paraffindurchtränkten Schnitten anorganische Substanzen zu lösen, was immer noch nicht genügend beachtet wird (z.B. CHIARA 1950). Das Mittel der Wahl ist Paraffinum liquidum (OKKELS 1930), dessen Überschuß abgesaugt werden kann, wenn die Objekte durch leichte Erwärmung gestreckt sind. Absoluter Alkohol, oder wie BAGIŃSKI (1938) wegen dessen zu geringer Oberflächenspannung vorschlug, 80%iger Alkohol sind weit weniger gut geeignet. Eine Entparaffinierung der Schnitte vorzunehmen ist überflüssig, da reines Paraffin rückstandlos verbrennt (LIESEGANG 1910). Un-erläßlich ist aber staubfreies Arbeiten, gleich welche Methode der Schnittgewin-nung angewandt wird. Die von HERRERA (1925) empfohlene Veraschung zwischen Objektträger und Deckglas wird wohl kaum noch geübt.

Eine besondere Behandlung können *Gefrierschnitte lipoidreicher Organe* (Ner-vengewebe, Nebenniere) erfordern. TSCHOPP (1929) hatte deren Extraktion mit Äther-Chloroform empfohlen, da die Anwesenheit größerer Lipoidmengen die Veraschung stört, eine Erscheinung, die SCHEID (1930) auch in Modellversuchen mit Lecithin und Cholesterin beobachtet hat. SCHEID entfettete die nativen Gefrierschnitte vom zentralen Nervensystem 3—5 Std lang, war sich jedoch dabei der Tatsache bewußt, daß mit der Lipoidextraktion auch eine Verringerung der Aschenmenge einhergeht. Nach ALLARA (1937b) kann man bei genauer Beachtung der richtigen Temperaturhöhe und Veraschungsdauer die Vorbehand-lung der Schnitte lipoidreicher Organe mit fettlösenden Mitteln vermeiden und damit die Vorteile der nativen Gefrierschnitte unverändert erhalten, was mit meinen Erfahrungen übereinstimmt (vgl. Abb. 16). Bei Formol-Alkoholfixation und Paraffineinbettung ist eine besondere Entfettung naturgemäß überflüssig. Systematische Untersuchungen über die Wirkung verschiedener fettlösender Mittel stellte KOOYMAN (1935) an. Sie sind besonders wichtig für die nach der Gefriertrockenmethode in Paraffin eingeschlossenen Gewebsstücke; zum Vergleich dienten Gesamttaschenbilder von Schnitten ohne jegliche Vorbehandlung mit Extraktionsmitteln. Durch kaltes und warmes Wasser werden nach KOOYMAN beträchtliche Mengen anorganischen Materiales aus dem Gewebe entfernt, so daß z.B. die ursprünglich ziemlich aschereiche Epidermis dann nur noch 8—10% der Lichtreflexion von unbehandelten Präparaten gibt (gemessen mit der photoelektrischen Zelle von SCOTT nach der auf S. 20 erwähnten Methode). Trotz dieser Abnahme der Salze bleibt auch in den mit Wasser extrahierten Schnitten noch so viel anorganisches Material erhalten, daß die Präparate gleichmäßig verteilte bläuliche Asche zeigen. Nach Extraktion von Schnitten mit fettlösenden Mitteln (Alkohol, Äther, Chloroform, Aceton) entstehen ziemlich gleichartige Spodogramme, alle diffusen, bläulich erscheinenden Salze fehlen aber jetzt im Gesamttaschenbild. Alkohol und Aceton verursachen außerdem beträchtliche Schrumpfung. Wird ein entparaffinierter Schnitt zuerst in Alkohol und dann noch in Wasser ausgezogen und nach Trocknung verascht, so findet sich auffälligerweise wieder ein diffus verteilter bläulicher Aschenrückstand. Diese Versuche geben vielleicht einen Hinweis auf die Faktoren, durch die einige Unstimmigkeiten in den Ergebnissen der Mikroveraschung von in Formol-Alkohol fixierten oder mit der Gefrierschneidetechnik gewonnenen Präparate zustande gekommen sein können.

Eine recht interessante Vorbehandlung zu veraschender Schnitte haben POLICARD und PILLET (1928b) angegeben. Um

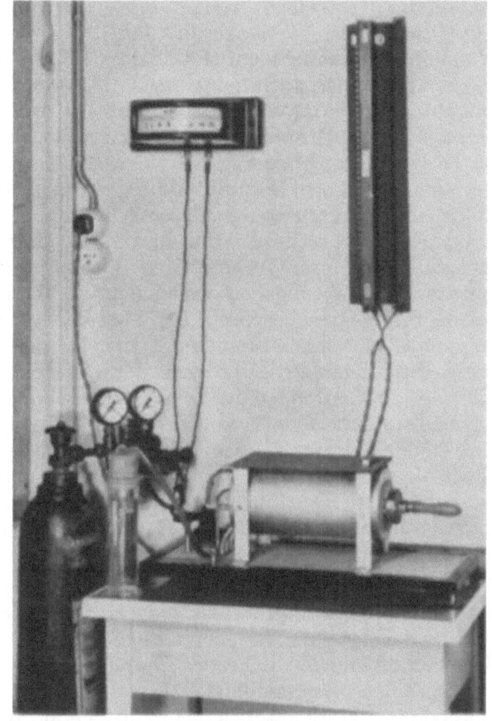

Abb. 5. Veraschungsapparat nach SCHULTZ-BRAUNS. Temperatur direkt am Galvanometer ablesbar; angeschlossen ist die Einrichtung zum Durchleiten von Stickstoff

das verhältnismäßig leicht flüchtige Natrium- und Kaliumchlorid im Gewebe zu erhalten, suchten sie durch Einwirkung von Schwefelsäureanhydrid-Dämpfen die entsprechenden schwer flüchtigen Sulfate zu erzeugen. Da die Reaktion nur an den völlig getrockneten Schnitten vorgenommen werden darf, ist ihr Erfolg etwas fraglich, doch liegen empfehlende Hinweise im Schrifttum vor.

Die behelfsmäßige Veraschung von Schnitten, wie sie noch JACOBI und KEUSCHER (1927) sowie OSTERTAG (1927) ausführten, kommt wohl bei den heute an die Präparate gestellten Anforderungen nicht mehr in Betracht. Immerhin sei wenigstens auf die von WEPLER (1935) beschriebene einfache *Veraschungseinrichtung* verwiesen, die staubfrei arbeitet, Temperaturmessungen gestattet und regulierbar ist, also die grundsätzlich an einen Veraschungsapparat zu stellenden Anforderungen erfüllt. Persönlich benutze ich für meine Untersuchungen seit vielen Jahren den nach den Angaben von SCHULTZ-BRAUNS

(1931 b) durch die Firma C. Gerhardt, Bonn a. Rh. konstruierten Veraschungs-
ofen (vgl. Abb. 5), der sich bestens bewährte. Andere Konstruktionen sind von
POLICARD (1924) und von SCOTT (1944) angegeben (erhältlich bei P. Couprie,
Lyon bzw. der A. S. Aloe Comp. St. Louis USA).

b) Der Veraschungsvorgang

Für eine sichere Beurteilung der Präparate ist notwendig, auch das Geschehen
während der einzelnen Stadien des Veraschungsvorganges zu kennen. Als wichtigste Regel gilt, die Steigerung der Temperatur bis zur erforderlichen Höhe nur
allmählich vorzunehmen (POLICARD 1923 b, d), um die besonders bei binde-
gewebsreichen Organen manchmal recht erhebliche Schrumpfungstendenz zu ver-
ringern. Nach POLICARD (1940a, 1946) ist wahrscheinlich, daß die *Hitzeretraktion*
eine Folge der ultramikroskopischen Struktur ist. Je nach der mehr oder weniger
festen Verbindung der kugel- bzw. kettenförmigen Makromoleküle wird das Maß
der Schrumpfung oder Rißbildung in den Präparaten verschieden sein; der
mikroskopische Charakter der Aschekörnchen, durch den das Aussehen der
Spodogramme bestimmt wird, hängt also letzten Endes von der Art der Makromoleküle und ihrer gegenseitigen Verknüpfung ab. Daß die eventuell eingetretene Schrumpfung bei vergleichenden Messungen an Kontrollpräparaten der
Spodogramme zu beachten ist, hat RAVAULT (1928a) besonders betont. Er
empfiehlt, wie schon POLICARD (1923b), die Schnitte auf dem Tragglas sorg-
fältig antrocknen zu lassen, weil dann die Schrumpfung am geringsten sei. Für
die sehr gut haftenden nativen Gefrierschnitte kann ich das übereinstimmend
mit SCHULTZ-BRAUNS (1931c) bestätigen. Stets ist übrigens die bei etwa 60—70⁰ C
eintretende Schrumpfung in dünnen Präparaten geringer als bei dicken Schnitten.
Nach ALLARA (1937a) ist die Hitzeschrumpfung nativer Gefrierschnitte erheblich
bei Sehne und Haut, noch ziemlich stark im kollagenen Stroma der Organe und
schwach im Mesenterium. Die Reticulumfasern schrumpfen angeblich überhaupt
nicht. Auch embryonales Material schrumpft kaum oder gar nicht (HORNING
und SCOTT (1932a).

Die Hitzeschrumpfung bei langsam ansteigender Temperatur ist als Methode
zur vergleichenden Festigkeitsbestimmung in den verschiedenen Knorpel- und
Knochenabschnitten nahe der Epiphysenfuge von POLICARD (1928c) gebraucht
worden, ebenso bedienten sich POLICARD, PÉHU und BOUCOMONT (1932a) dieser
Methode für die Charakterisierung des chondroiden Gewebes bei Rachitisstudien.

Bei weiterer langsamer Steigerung der Temperatur bis auf etwa 150⁰ C beginnen die Präparate, sich zu bräunen und schließlich zu schwärzen, da die *Verkohlung* der organischen Substanz einsetzt. In dieser Phase des Veraschungsvorganges können teerartige Substanzen in Form feiner Tropfen auftreten, die
besonders bei weiterer beschleunigter Erwärmung zusammenfließen und dadurch
sogar Artefakte im Präparat verursachen. Eine Unterbrechung des Verbrennungs-
vorganges zur Vornahme mikroskopischer Untersuchungen ist im Stadium der
Verkohlung durchaus möglich, wenn nur die Traggläser vorsichtig abgekühlt
werden. Fortlaufende Beobachtungen während der Verkohlungsphase haben
gezeigt, daß die Struktur der Gewebe und Organe bei der Verbrennung erhalten
bleibt, daß aber die einzelnen Zell- und Gewebsbestandteile verschieden schnell
verkohlen und ungleich lange Zeit zur Veraschung brauchen (LIESEGANG 1910,
POLICARD 1924). Während der Verkohlungsphase und besonders nahe ihrem
Ende ergeben sich daher sehr fein differenzierte Präparate, die im durchfallenden
Licht betrachtet alle Einzelheiten des geweblichen Aufbaues genau hervortreten
lassen (vgl. Abb. 6).

Um den Verbrennungsvorgang auch im Mikroskop ständig beobachten zu können, hat POLICARD (1936b) die Veraschung des auf einem dünnen Pyrexglas liegenden Schnittes mit Hilfe eines darüber gehaltenen Thermokauters vorgenommen. UBER und GOODSPEED (1936) bedienten sich einer kleinen heizbaren Aluminiumkammer mit einem Thermoelement und eingebauter Optik, die Vergrößerungen bis 200fach ermöglichte, um die Verbrennung zu verfolgen. GODLEWSKI (1937, 1938) baute zum gleichen Zweck eine kleine Heizkammer, die auf dem Tisch des Mikroskopes angebracht werden kann. SCOTT (1943) gelang es, an quergestreifter Muskulatur und an Vorderhornzellen durch Filmaufnahmen bei 700—800facher Vergrößerung nachzuweisen, daß während der Veraschung keinerlei Lageänderung der Partikelchen eintritt.

Als besondere Methode ist die Untersuchung verkohlter Schnitte durch JOHN (1929, 1930) sowie durch TERNI und DE LUCCHI (1937) und neuerdings von CHIARA (1950) angewandt worden; auch BARIGOZZI (1938b) bediente sich ihrer mit Nutzen. Andere Autoren haben mehrfach verkohlte Präparate abgebildet, um Unterschiede in der Verbrennungsgeschwindigkeit der einzelnen Gewebs- und Zellbestandteile darzutun (JACOBI und KEUSCHER 1927, POLICARD 1933c, SCUDERI 1948). SCHULTZ-BRAUNS (1929) sah zuerst die bindegewebigen Anteile im Schnitt verkohlen, bei länger dauerndem und etwas stärkerem Erhitzen werden dann auch die epithelialen und die muskulären Partien im Schnitt dunkel. Der Eintritt der Verkohlung ist jedoch nicht nur von der Art des Gewebes, sondern auch von dessen Menge abhängig. SCUDERI (1948) hat z.B. angegeben, daß dichtes

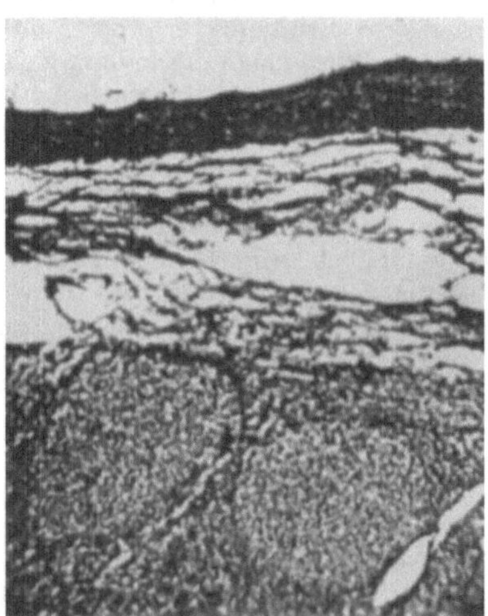

Abb. 6. Anthrakogramm (Verkohlungsbild) einer menschlichen Tonsilla palatina nach Erhitzung auf 300° C. Der breite dunkle Streifen am oberen Bildrand entspricht dem Epithel, dessen oberflächlichste Zellage besonders stark verkohlt ist; in lockerer Anordnung darunter das Bindegewebe der Tunica propria und in der unteren Bildhälfte die kugeligen Lymphfollikel. Präp. Zorzoli

kollagenes Gewebe schneller verkohlt als lockeres Bindegewebe. Weniger deutlich als zu Beginn heben sich Einzelheiten im Stadium der völlig gleichmäßigen Verkohlung ab; erst gegen ihr Ende hin wird wieder eine Differenzierung deutlich, da auch die Veraschung — kenntlich an der hellen Färbung der betreffenden Stellen — nicht in allen Geweben gleichzeitig eintritt. SCHULTZ-BRAUNS (1929) sah sie zuerst im Epithel und in der Muskulatur beendet, was ich bestätigen kann; SCUDERI (1948) gibt dagegen an, daß dichtes kollagenes Bindegewebe, z.B. des Periostes, vor dem Epithel und den Drüsen der oberen Luftwege verascht sei. Möglicherweise ist verschiedene Vorbehandlung der Präparate die Ursache solcher gegensätzlichen Befunde. Besonders schön ist nach SCHULTZ-BRAUNS (1929) zu Anfang des Veraschungsstadiums die Querstreifung in der Skeletmuskulatur erkennbar, da die isotrope und die anisotrope Substanz nicht gleich schnell verbrennen; dunkle, noch kohlehaltige und hellgelbliche, fast kohlefreie Querbänder wechseln dann miteinander ab. Das Bindegewebe und die Blutgefäße sind zur selben Zeit noch gleichmäßig geschwärzt, sie veraschen besonders bei hohem Gehalt an elastischen Fasern erst, wenn das Präparat einige Zeit bei 500° C gehalten wurde (EICKEN 1932). Im allgemeinen geben Gebiete mit reichlich verkohlter Substanz wie Epithelien, Gefäßwände, Züge straffen Bindegewebes und Muskelfasern auch viel anorganischen Rückstand (CHIARA 1950). LIESEGANG (1910) fand, daß der Kohlenstoff besonders aus phosphorreichen Verbindungen erst sehr spät verschwindet; Modellversuche mit Nucleinpulver bestätigten diese Beobachtung. Phosphorreichtum dürfte wohl auch der Grund für die oft recht langsame Veraschung der Zellkerne sein, die POLICARD (1923d) dem Vorhandensein von Substanzen der aromatischen Reihe zuschrieb. Durch Versuche mit Fleischpulver haben POLICARD und OKKELS (1930) festgestellt, daß sich calcium- und natriumreiche Präparate leicht veraschen lassen, während vermehrter Kaliumgehalt eine weniger hohe aber verlängerte Erhitzung erfordert, um auch die letzten Kohleteilchen zu verbrennen. Würde man das kaliumreiche Material sofort stark erhitzen, so könnten die Kaliumsalze zusammenfließen und dabei sogar noch kohlehaltige Teilchen einschließen, wodurch eine völlige Veraschung des Präparates äußerst erschwert würde.

Um eine möglichst gleichmäßige Veraschung zu erzielen, empfahl POLICARD (1923a), einen schwachen Luftstrom durch den Verbrennungsofen zu leiten; von anfänglich gemachten Versuchen mit angefeuchtetem *Sauerstoff* ist er bald wieder abgekommen, doch hat TSCHOPP (1929) diese Arbeitsweise erneut empfohlen, auch RICHARDS (1956) hat sie an besonders schwierigem Material wieder angewandt. Es hat sich jedoch herausgestellt, daß bei diesem Vorgehen die gesamte Aschenmenge eher vermindert wird, weil dann besonders bei höherer Temperatur anscheinend Kaliumsalze abdampfen. Dagegen erzielte SCHULTZ-BRAUNS (1931b) bei Verbrennung der Schnitte im *Stickstoffstrom* wesentlich bessere Spodogramme (keine Schrumpfung, keine Teerbildung). Die Stickstoffdurchleitung kann dabei entweder während der ganzen Veraschungsdauer erfolgen oder aber nach Erreichung von etwa 500° C eingestellt werden. Die höchsten Mengen anorganischer Substanz geben native Gefrierschnitte bei Verbrennung im Stickstoffstrom. Präparate, die nach Alkoholfixation unter Durchleitung von Stickstoff verascht werden, hinterlassen schon etwas weniger Salze und die geringsten Mengen anorganischer Substanz erhält man bei Verbrennung nativer Gefrierschnitte im Sauerstoffstrom. Ausgedehnte Vergleichsuntersuchungen von SCHULTZ-BRAUNS (1931c) zeigen außerdem, daß die Mengenunterschiede der Aschen nach Verbrennung im Sauerstoff- oder Stickstoffstrom bei den verschiedenen Gewebsarten erheblich differieren. Sie sind gering in Bindegewebe und Knorpel, bedeutend dagegen im Epithel der Haut, der Schleimhäute und von Drüsen. Im Sauerstoffstrom veraschte Schnitte verdienen deshalb den Namen „Gesamtaschenbild" nicht. Eine interessante Kombination verschiedener Methoden stammt von WULF (1934), der im Stickstoffstrom veraschte, diesen aber vorher durch konzentrierte Schwefelsäure leitete; er erhielt damit die besten Spodogramme.

Über die *Veraschungsdauer* und die zur völligen Verbrennung erforderliche *Maximaltemperatur* finden sich in der Literatur recht verschiedene Angaben. Die Art des Untersuchungsmateriales, seine Vorbehandlung und die Schnittdicke sind die wichtigsten Faktoren, die verhindern, eine allgemein gültige Regel über die Veraschungsdauer und die günstigste Höchsttemperatur aufzustellen. Immerhin ist festzuhalten, daß alle Autoren, unter anderen z.B. TSCHOPP (1929) und neuerdings noch HORNING (1951), die von kurzer Veraschungsdauer berichten, ziemlich hohe Maximaltemperaturen (bis 650° C) angewandt haben. Da aber nach TSCHOPP (1929) die Oxyde der Alkalien bei 600° schon flüchtig sind, hat man in solchen Fällen mit Salzverlusten zu rechnen. Als weiterer Nachteil starker Erhitzung ist — wenigstens bei Verwendung gewöhnlicher Objektträger —

das mögliche Einschmelzen von Ascheteilchen in das Glas zu erwähnen (POLICARD 1923 b); sie können mit diesem auch Verbindungen eingehen und so zu weiterer Aschenverminderung beitragen, entziehen sich diese Teilchen doch völlig einer eventuellen späteren chemischen Aschenanalyse. Erhitzt man sehr schnell, so besteht sogar die Gefahr, daß sich noch kohlehaltige Partikel ins Glas einschmelzen, wodurch ihre weitere Verbrennung völlig verhindert wird. TURCHINI (1924) hat, um alle diese Möglichkeiten auszuschließen, auf Platinplättchen verascht, was schon HARTING (1859) empfohlen hatte. Da solche Präparate aber nur Auflichtuntersuchung bei schwacher Vergrößerung zulassen, hat sich diese Methode nicht durchgesetzt.

Vorsichtige Untersucher halten sich an die Regel, mit möglichst geringer Höchsttemperatur bei etwas längerer Veraschungsdauer auszukommen. Man braucht sie deshalb nicht gleich auf mehrere Tage auszudehnen, wie das HERRERA (1925) angibt. Nützlich ist, durch langsame Steigerung der Wärme die Schrumpfung und Teerbildung einzuschränken, zumal dadurch auch zugleich für kaliumreiches Gewebe ein Schutz gegen das Zusammenfließen der Salze gegeben ist. SCHULTZ-BRAUNS (1929, 1931 b), der dieses Vorgehen systematisch erprobte, empfiehlt für 10 μ dicke Gefrierschnitte langsame Verkohlung bei 150° C und Abschluß der Veraschung bei 510—530° C. EICKEN (1932) nahm die Steigerung der Temperatur jenseits 150° C in Schritten von 50° C vor, die je 10 min beibehalten wurden. HERRMANN (1932) will die gleiche stufenweise Temperaturerhöhung sogar in Schritten von je 30 min Dauer durchgeführt wissen. RICHARDS (1956) hielt seine Präparate 6—10 Std bei 300—400° C und erhitzte erst dann kurz auf 600—650° C, weil die spröde Cuticula der Arthropoden sonst leicht kräuselt und in Stücke zerbricht.

Um die Veraschung unter stets gleichen Bedingungen vorzunehmen, hat SCOTT (1944) als Verbrennungsofen ein Quarzrohr von etwa $^1/_2$ m Länge empfohlen, das drei aufeinanderfolgende Hitzestufen aufweist. Im ersten Abschnitt mit 80° Wärme verdampfen das Wasser und die leicht flüchtigen Substanzen; im zweiten, auf 300° erhitzten Teil erfolgt die Verkohlung der organischen Gewebsbestandteile; im dritten wird bei 600° die eigentliche Veraschung vorgenommen. Durch eine besondere Vorrichtung gleiten die Objektträger in ungefähr 35 min durch die ganze Länge des Apparates; als ein weiterer Vorteil dieser Anordnung wird erwähnt, daß fortlaufend neue Präparate eingeführt werden können, ohne den Arbeitsgang zu unterbrechen. Dieser lange Quarzofen bietet außerdem Sicherheit, daß die Temperatur im zentralen Teil besser auf gleicher Höhe gehalten wird, was nach RICHARDSON (1935) bei den kurzen, beidseitig offenen Quarzröhren, die z.B. POLICARD verwandte, nicht der Fall ist. HORNING (1934a) hatte deshalb schon einen Mikroincinerator mit längerer und engerer Quarzröhre empfohlen.

Von besonders niedrigen Höchsttemperaturen berichtete HACKMANN (1933), der seine Präparate in $^1/_2$ Std auf 350° C erhitzte, und der bei Temperaturen von 350 bis höchstens 400° C in $^1/_2$—2 Std stets völlige Veraschung erzielt haben will. 30—45 min lange Erhitzung auf 400 bis höchstens 500° C nennt KRUSZYŃSKI (1938) als Regel. Ich selbst habe übereinstimmend mit HENCKEL (1931) bei Temperaturen unter 500° C kaum befriedigende Aschenbilder erhalten und finde, daß eine schrittweise Steigerung von 50 zu 50°, die je 20 min beibehalten werden, bis auf 520° C nötig ist, die mindestens 40—60 min beizubehalten sind. Zu den gleichen Ergebnissen kam auch ENGSTRÖM (1943, 1944), der insbesondere noch die mögliche Verdampfung der Phosphate bei dieser Temperatur studierte, jedoch fand, daß der größte Teil derselben bei der Mikroveraschung erhalten bleibt.

Im vorstehenden ist wiederholt die granuläre Form der Ascheablagerungen erwähnt worden. Lange Zeit hat man sie einfach als etwas Gegebenes hingenommen, bis sich schließlich POLICARD genauer mit den *strukturellen und ultrastrukturellen Grundlagen der Spodogramme* befaßte. In einer ersten Mitteilung, die sich vorwiegend auf Beobachtungen an veraschten Erythrocyten stützt, hat POLICARD (1940a) erkannt, daß das körnige Aussehen des anorganischen Rückstandes durch verschiedene Faktoren bedingt wird. Das Grundphänomen jeder Veraschung ist die durch die Erhitzung eintretende Schrumpfung der Gewebsbestandteile; sie wird aus deren ultrastrukturellem Bau verständlich. Diesen Kräften der thermischen Retraktion stehen die der Adhäsion des Gewebes auf der Unterlage entgegen. Aus dem Widerspiel dieser beiden Tendenzen ergibt sich, daß die trocknende organische Substanz schließlich zerreißen muß, wobei je nach dem ultrastrukturellen Bau der Gewebsbestandteile eine mehr oder weniger gerichtete Aufsplitterung erfolgt. Jedes so entstandene Bruchstück verkohlt dann und verbrennt schließlich unter weiterer Größenabnahme zu einer kleinen Anhäufung anorganischer Substanz, dem Aschekörnchen. Dessen Größe und Eigenschaften hängen also von 4 Faktoren ab: 1. Dem Haften des zu veraschenden Materiales auf der Unterlage, 2. dem Grade seiner thermischen Retraktion, 3. der dabei auftretenden Fragmentierung und 4. der schließlich völligen Zerstörung aller organischen Substanzen. Alle diese verschiedenen Faktoren wirken teils nach-, teils nebeneinander und machen die Bildung der Aschegranula zu einem sehr komplexen Vorgang.

Überlegungen derselben Art hat POLICARD (1942) weitergeführt. Er stellte damals für Aschenbilder fixierter Gewebe klar, daß deren Struktur weitgehend von der Fixationsart abhängt. Durch die Fixation werden zunächst die Eiweißkörper coaguliert; unter der Hitzewirkung schrumpfen dann diese Coagula, die weitere Verbrennung setzt die anorganischen Bestandteile frei und so erscheint schließlich jedes Aschekörnchen als Rückstand der in jedem einzelnen Coagulum enthalten gewesenen Salze. Werden unfixierte Gewebe verascht, z.B. native Gefrierschnitte, die direkt auf Objektträger aufgezogen wurden, so entstehen gleichfalls Aschekörnchen, deren Größe aber schon nahe der unteren Grenze der lichtmikroskopischen Sichtbarkeit liegt, doch sind auch diese Aschekörnchen noch weit größer als die Makromoleküle der Proteine. POLICARD schätzte, daß ein einzelnes derartiges Aschekörnchen etwa dem Rückstand von $1—5\,\mu^3$ Eiweißsubstanz entspricht. Für die Bildung dieser feinen Aschegranula aus unfixierten Geweben sind natürlich wieder die schon vorstehend genannten Faktoren maßgebend. Jedes einzelne Körnchen ist also der schließliche Verbrennungsrückstand einer kleinen coagulierten Eiweißmasse, deren molekularer Bau den Grad und die Richtung der durch die Hitze bewirkten Schrumpfung wesentlich beeinflußt. Spodogramme von fixierten und unfixierten Geweben unterscheiden sich deshalb durch die sehr verschiedene Größe der Aschekörnchen. Differente Größe der Aschengranula kommt jedoch auch an verschiedenen Stellen desselben Spodogrammes vor, sie ist dann Ausdruck unterschiedlichen Mineralgehaltes der dort gelegenen Eiweißkörper. Form, Größe und Verteilung der Aschekörnchen lassen also primär keine Rückschlüsse auf die chemische Natur der zurückgebliebenen Mineralstoffe zu, sie sind bedingt durch den physikalisch-chemischen Charakter der Eiweißmicellen und die Vorgänge bei deren Coagulation. Endlich hat POLICARD (1946) noch dargetan, daß alle die hier als wesentlich für die Entstehung des Aschenbildes genannten Faktoren mancherlei verändernden Einflüssen unterliegen. Unter pathologischen Umständen kann etwa die Retraktionsfähigkeit der Eiweißsubstanzen vermindert oder die Neigung zur Fragmentierung durch Hitzeeinfluß vermehrt sein, woraus gewisse Schlüsse auf ihren strukturellen Zustand möglich werden.

Mikroskopische Untersuchung der veraschten Präparate

a) Das Spodogramm

Die starke *Hygroskopie der Aschen* macht nötig, daß die Präparate sofort nach der Abkühlung mit einem Deckglas bedeckt werden, das mit Paraffin oder Wachs zu umranden ist. Zuvor sollte man sich jedoch immer durch vorsichtige Untersuchung im durchfallenden Licht überzeugen, daß keine schwarzen, also unveraschten Teile mehr im Präparat vorhanden sind, was durch eine nochmalige Erhitzung auf die maximale Temperatur zu korrigieren wäre. Die im älteren Schrifttum erwähnten Versuche, die Aschepräparate in Canadabalsam, Anilin- oder andere Öle oder in Phenol einzuschließen, können als überholt gelten, da diese Behandlung die Untersuchung nur erschwert; auch von der Sicherung der Präparate durch Übergießen mit einer dünnen Kollodiumlösung (LIESEGANG 1910) ist wenig Erfolg zu erwarten, sie kann höchstens vor der Ausführung chemischer Reaktionen von Nutzen sein, um auch die leicht löslichen Salze zu erhalten. Die von TSCHOPP (1929) empfohlene *Anfärbung der Asche* mit der freien Farbsäure des Jodeosins wird kaum noch ausgeführt, seitdem geeignetere optische Untersuchungsmethoden entwickelt worden sind. HERRMANN und ORBAN (1935) fanden jedoch diese Methode bei ihren Untersuchungen an alten Sammlungspräparaten recht geeignet.

b) Die optischen Untersuchungsmethoden

Voraussetzung für eine erschöpfende Durchforschung der veraschten Schnitte ist eine genaue Kenntnis von Zustand und Beschaffenheit des Ausgangsmateriales. Große Erleichterung hat in dieser Beziehung das *Phasenkontrastverfahren* gebracht, ist es doch dadurch möglich, einen Schnitt nativ zu untersuchen, eventuell auch eine bestimmte Stelle zu photographieren und danach dasselbe Präparat zu veraschen, so daß direkte Vergleichsmöglichkeiten bestehen (s. Abb. 7). Trotz dieser schönen Methode wird man jedoch nicht umhin können, auch *Kontrollpräparate* mittels der gewöhnlichen histologischen Technik anzufertigen; am meisten ist zu empfehlen, abwechselnd je einen Schnitt zu veraschen und zu färben. Nur so wird es möglich sein, an Stellen zweifelhafter Deutung die Befunde im Aschenpräparat sicher abzuklären, z.B. etwaige pathologische Veränderungen auszuschließen (HENCKEL 1931). POLICARD und OKKELS (1932) rieten die Verwendung eines Vergleichsoculares an, bei dessen Gebrauch natürlich die eventuell eingetretene Hitzeschrumpfung des Spodogrammes zu berücksichtigen ist.

Binoculare Untersuchung der Aschepräparate ist vorteilhaft, da sie das Relief des Aschenbildes steigert (POLICARD 1924) und so Mengenunterschiede deutlicher erkennbar werden. Mit durchfallendem Licht wird man dabei nur arbeiten, wenn besondere Farbunterschiede der Aschen (s. dazu S. 21 Eisennachweis) ermittelt werden sollen. POLICARD (1923 c) hat allerdings auch für diesen Spezialfall unter 10—20° einfallendes Auflicht angeraten.

Einzelheiten über die Aschenstruktur lassen sich im *Dunkelfeld* sehr gut erkennen. Für ein Übersichtsbild dienen dazu entweder eine mattschwarze Papier- oder Glasunterlage oder die bekannten Einlegescheiben mit zentraler Blende. Letztere eignen sich besser, da die richtige Beleuchtung durch Abblenden sehr leicht zu erzielen ist. Bei Untersuchung auf schwarzer Unterlage ist es dagegen schwer, die schräg seitlich einfallende Belichtung mittels einer Bogen- oder einer starken Nitralampe immer wieder gleich einzustellen.

TSCHOPP (1929) hat den Gebrauch des *Opak-Illuminators* besonders für etwas stärkere Vergrößerungen empfohlen. SCHULTZ-BRAUNS (1931 b) hält dessen

Verwendung jedoch nicht für vorteilhaft, da nur Umrißbilder entstehen, die z. B.
die Aschenmenge nicht zu beurteilen gestatten. MONSCH (1932/33) und BA-
GIŃSKI (1934) benutzten aber doch mit Erfolg das Ultropak Leitz, das ihnen selbst
bei starker Vergrößerung (750—900fach) gute Bilder geliefert hat; auch KRUS-
ZYŃSKI (1934) empfiehlt dieses System, wobei er die Schichtseite des Präparates
vom Objektiv wegkehrt, um Rückstrahlung des Lichtes von der Objektträger-
unterseite zu verhindern. Untersuchungen mit Objektiven kurzer Brennweite
erleichtert übrigens die von POLICARD (1928b) eingeführte Veraschung auf Deck-
gläsern, die auch KRUSZYŃSKI (1938) empfiehlt. Er glaubte, dadurch mittels
der Ultropak-Immersion erstmals stärkste Vergrößerungen von Spodogrammen

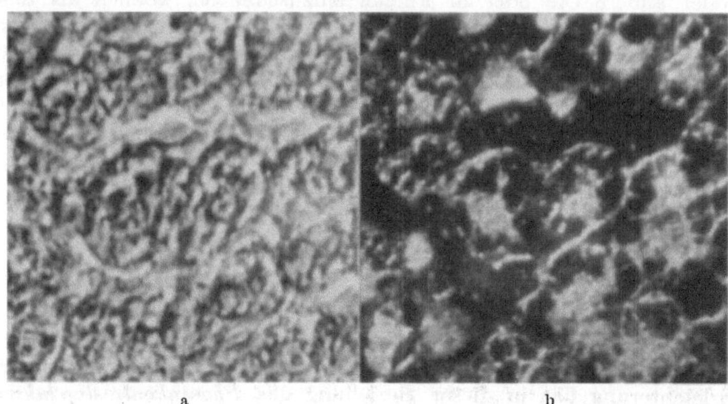

Abb. 7a u. b.   Leberzellen, Ratte.   Carnoy, Paraffinschnitt 4 μ,   Vergr. 360×.   a Phasenkontrastaufnahme;
b dieselbe Stelle im Dunkelfeld nach Veraschung. Aus LAGERSTEDT 1947

erzielt zu haben. Das war jedoch nicht der Fall, da schon SCOTT (1930c) zu
sehr starken Vergrößerungen übergegangen war. SCOTT konnte bei Verwendung
des Zeissschen *Cardioid-Kondensors* auch unter Zuhilfenahme von Öl-Immersionen
Beobachtungen an Spodogrammen mit gutem Erfolg anstellen. Aus eigener
Erfahrung kann ich den Gebrauch dieses Dunkelfeldkondensors für die Untersuchung von Aschepräparaten sehr empfehlen. Eine Luftschicht zwischen Objekt
und Deckglas stört die optischen Bedingungen nicht, nur soll sie zwischen der
Einstellebene und dem Deckglas sehr dünn sein, weil sonst die sphärische Korrek-
tion der Immersion leidet. Übrigens muß das Immersionssystem zur Ausschaltung von Überstrahlungen eine eingebaute Irisblende besitzen. Auch bei Trocken-
objektiven stärkerer Vergrößerung (möglichst mit Deckglasdickenkorrektur) ist
genügende Belichtung durch den Cardioid-Kondensor möglich, wenn nur die
Aschenschicht sehr dünn ist und unmittelbar auf dem Objektträger aufliegt.

Neben der Auflichtbeleuchtung und der Dunkelfelduntersuchung mittels eines
Paraboloid-Kondensors haben ROSSI und PESCETTO (1949) auch das *Phasenkontrastverfahren* zum Studium von Aschenbildern gebraucht; besonders ein-
dringlich hat es KRUSZYŃSKI (1950—1955) in mehreren Mitteilungen empfohlen.
Tatsächlich erhält man von Spodogrammen mit Phasenoptik ein klares Bild;
ob dieses aber einer Dunkelfeldaufnahme überlegen ist, wird im einzelnen jeweils
zu prüfen sein. Um die wesentlichsten Unterschiede zu demonstrieren, gebe ich
2 Beispiele von Aufnahmen derselben Stellen mit Phasenoptik und im Dunkelfeld wieder. Leukocyten leuchten wegen der reichlichen Kernasche im Dunkelfeld gegenüber den Erythrocyten sehr stark auf. Für die subjektive Unter-

suchung ist das nicht weiter hinderlich, dagegen muß man bei der Mikrophotographie solcher Präparate die Belichtungszeit immer auf die eine oder die andere Art der Blutzellen abstellen, weil sonst entweder die Erythrocyten noch unterbelichtet sind oder die Leukocyten durch Überstrahlung unscharf werden (Abb. 8). Im Phasenkontrastbild sind die Helligkeitsunterschiede nicht so groß, weiße und rote Blutkörperchen können deshalb gleichzeitig dargestellt werden. Im Dunkelfeld erscheinen also Unterschiede in den Mengen des anorganischen Rückstandes verstärkt; bei hohen Differenzen dürfte sich deshalb empfehlen,

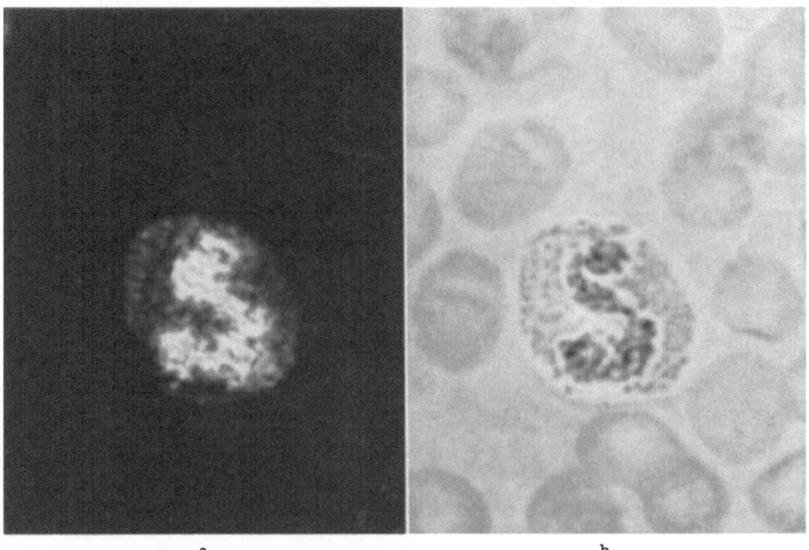

a   b

Abb. 8a u. b. Segmentkerniger neutrophiler Granulocyt, Mensch. Nativer Blutausstrich, verascht in Luft bei 520° C, Vergr. 2000×. a Dunkelfeld durch Cardioid-Kondensor; b Phasenkontrastaufnahme der gleichen Zelle. Starke Unterschiede der Aschenverteilung werden durch die Phasenkontrastaufnahme besser wiedergegeben

Phasenkontrastbilder zu verwenden. An solchen sind jedoch Quantitätsschätzungen oder gar -messungen schwieriger. Daß bei geringeren Differenzen in der Aschenverteilung die Photographie im Dunkelfeld vorzuziehen ist, scheint mir Abb. 9 zu beweisen. Die dort gezeigte Dunkelfeldaufnahme des Spodogrammes von Epidermis mit schwach entwickelter Hornschicht wird an Brillanz von dem Phasenkontrastbild nicht erreicht; bei letzterem dürfte es insbesondere schwer sein, sich von den Salzmengen in der Hornschicht und im Corium eine richtige Vorstellung zu machen.

KRUSZYŃSKI hat das Phasenkontrastverfahren für die cytochemische Untersuchung von Aschenbildern vor allem empfohlen, weil hydrierte Partikel im Dunkelfeld mehr Licht reflektieren als amorphe Asche, weil die zurückbleibenden Aschekörnchen durch Nimbuseffekt größer erscheinen können, als sie wirklich sind, und weil amorphe Asche in der Nähe hydrierter Teilchen unsichtbar werden kann. Zweifellos wird es nötig sein, bei künftigen Untersuchungen diese kritischen Bemerkungen zu beachten, doch scheinen die angegebenen Nachteile der Dunkelfelduntersuchung vor allem darauf zu beruhen, daß KRUSZYŃSKI die Spodogramme meist zur Ausführung mikrochemischer Reaktionen benutzt, sie also mindestens zeitweise ungedeckt untersucht. Unter solchen Umständen muß natürlich wegen der Hygroskopie des anorganischen Rückstandes mit baldiger Hydrierung von Ascheteilchen gerechnet werden. Richtig ist, daß allein ein Phasenkondensor langer Brennweite ermöglicht, Mikropipetten bei stärkerer Vergrößerung an die Spodogramme heranzuführen. Zweifelhaft bleibt indessen beim

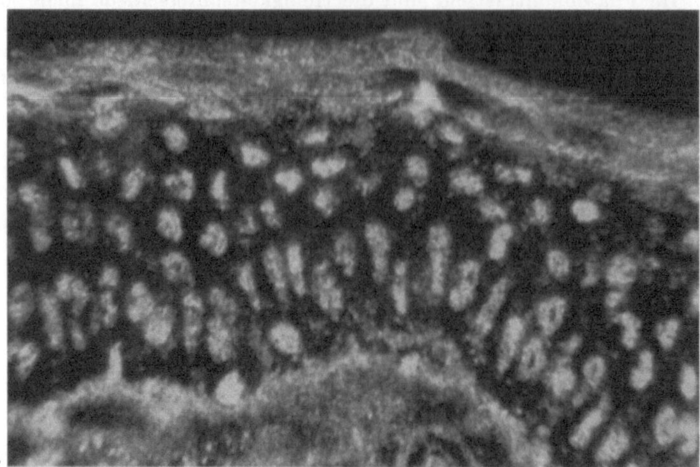

Abb. 9a

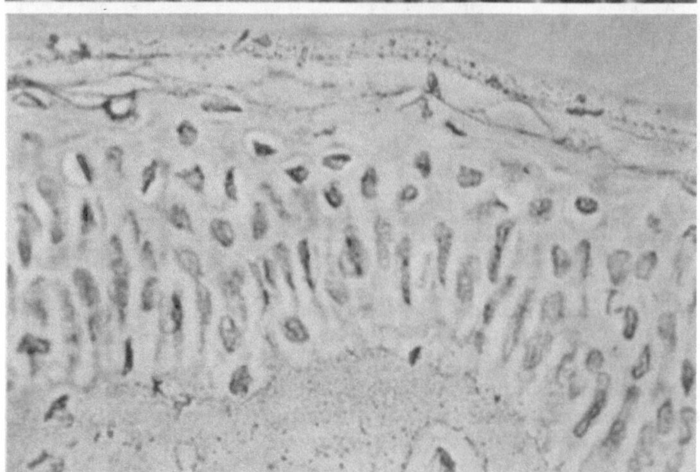

Abb. 9b

Abb. 9a u. b. Epidermis, Bauchhaut, 57jähriger Mann. Nativer Gefrierschnitt $7^1/_2$ μ, entfettet in Äther-Chloroform-Alkohol, verascht in Luft bei 520⁰ C, Vergr. 760×. a Dunkelfeld durch Cardioid-Kondensor; b Phasenkontrastaufnahme derselben Stelle. Die Dunkelfeldaufnahme ermöglicht bessere Schätzung der Menge des anorganischen Rückstandes, wenn die örtlichen Differenzen des Aschengehaltes geringen oder mittleren Grades sind

gegenwärtigen Stande der Technik doch, wie weit mit solchen immer noch groben Methoden die Topochemie des Mineralgerüstes der Zelle aufgeklärt werden kann. Angaben über entsprechende Arbeitsweisen finden sich S. 25.

Als *Lichtquelle* ist eine in ihrer Stärke regulierbare Lampe besonders geeignet, damit je nach Art und Menge der Aschen einmal mehr, einmal weniger Helligkeit gebraucht werden und eine eventuelle Überstrahlung gemindert werden kann. Für die Wiedereinstellung gleicher Lichtintensität leistet ein in den

Stromkreis eingebautes Ampèremeter gute Dienste. KRUSZYŃSKI (1950) empfahl
speziell monochromatisches Licht, z. B. die grüne Linie des Quecksilberspektrums.

Die Untersuchung eines Spodogrammes erstreckt sich zunächst auf eine
allgemeine Charakterisierung: Die Aschen sind entweder gleichmäßig oder ungleichmäßig verteilt, fein- oder grobkörnig, dicht oder locker angeordnet, zuweilen kristallin, häufiger amorph, manchmal kreideartig matt oder glänzend
weiß, von grauer, bläulicher, gelblicher oder rötlicher Farbe. Da durch eine
derartige Beschreibung kaum eine rechte Vorstellung vom Aussehen der Aschenbilder zu geben ist, und auch die mit einem Deckglas geschützten Präparate
nicht längere Zeit zu Nachuntersuchungen haltbar bleiben, ist es notwendig,
wichtige Befunde durch Zeichnung (POLICARD (1924a) oder Photographie sofort
festzuhalten. Für die *zeichnerische Wiedergabe* hat OKKELS (1927) empfohlen,

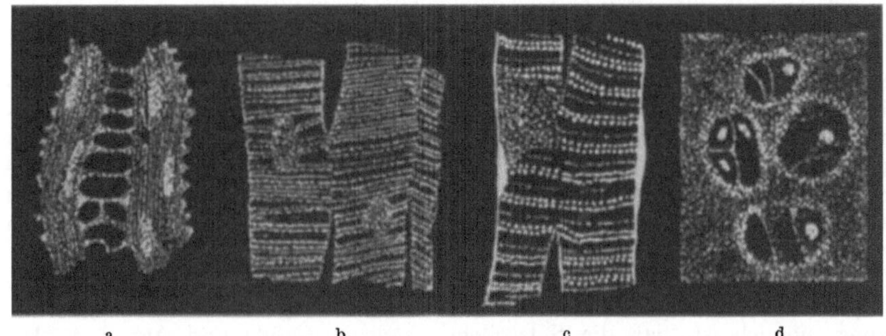

a   b   c   d

Abb. 10a—d. Gezeichnete Aschenbilder. a Glatte Muskulatur aus dem Uterus einer trächtigen Katze; b Herzmuskulatur, Katze; c M. rectus abdominis, Katze; d Knorpelzellen vom Femur eines Katzenembryos.
Aus SCOTT 1933b

mit feinen Glasnadeln verschiedener Dicke auf einem mit Ruß gleichmäßig
geschwärzten weißen Glanzpapier zu arbeiten, wobei natürlich auch Zeichen-
apparate und ähnliche Hilfsmittel verwendet werden können. Die fertigen Abbildungen werden zur Fixation durch eine Schellacklösung gezogen. SCOTT
(1933b) kratzt die Zeichnung mit einer scharfen Graviernadel auf geeignetes
Papier, das mit chinesischer Tusche bedeckt und dann getrocknet wurde (vgl.
Abb. 10). Da eine auch die Einzelheiten richtig wiedergebende Abbildung durch
Zeichnung sehr mühevoll anzufertigen ist, ziehen viele Untersucher die *Photographie* der Aschenbilder vor. In diesem Fall empfiehlt sich, schon die subjektive
Untersuchung mit einem Instrument vorzunehmen, das leicht auf mikrophoto-
graphische Aufnahmen umgestellt werden kann, etwa eines der Universalmikro-
skope oder eine Einrichtung mit schwenkbarem Kamerabalgen. Als Aufnahme-
material kommen am meisten orthochromatische oder panchromatische Filme
in Betracht, da die Asche je nach ihrer Zusammensetzung feine Farbunterschiede
aufweisen kann. Bei Verwendung von hart arbeitenden Platten, wie sie POLICARD
und OKKELS (1932) empfehlen, können manche Einzelheiten des Aschenbildes
verlorengehen, andere dagegen übertrieben stark wiedergegeben werden.

Photographische Aufnahmen sind gelegentlich auch zu *vergleichenden Untersuchungen* über den Mineralgehalt in Schnitten von Organen verschiedener
Individuen benutzt worden. SCHULTZ-BRAUNS (1931b) hat dafür sehr ins einzelne gehende Vorschläge gemacht, die z.B. von ZINKANT (1931) mit Erfolg
eingehalten worden sind. Grundsätzlich sind zu diesem Zweck gleich dicke Schnitte
gemeinsam zu veraschen, ferner alle Aufnahmen bei derselben Lichtintensität
und Belichtungszeit auszuführen und auch die Bildabzüge genau gleich lang zu

2*

belichten und zu entwickeln. Gröbere Unterschiede im Aschengehalt lassen sich auf diese Weise wohl im Übersichtsbild darstellen, für die feineren Unterschiede, z.B. funktionelle Differenzen in Salzgehalt und -verteilung, die nur bei stärkerer Vergrößerung deutlich werden, ist diese Methode bisher nicht angewendet worden und ein sicheres Urteil über ihren Wert daher noch nicht abzugeben. HACKMANN (1933) hat darauf hingewiesen, daß über die Aschenmenge differenter Stellen desselben Schnittes wohl einigermaßen sichere Angaben gemacht werden können, daß aber der Vergleich verschiedener Schnitte untereinander wesentlichen Einschränkungen unterliegt; er fordert, daß die Beurteilung der Aschenmenge auf das Volumen des Schnittes bezogen werden muß, da sonst die verschiedene Gewebsdichte zu Trugschlüssen führt. Bei Untersuchungen über den funktionell bedingten Wechsel von Aschegehalt und -verteilung in Speicheldrüsen habe ich (1935b) mir eine Vergleichsmöglichkeit dadurch geschaffen, daß ich die vor und nach der Reizung entnommenen Drüsen in einem Block zusammengefrieren ließ und die davon gewonnenen nativen Schnitte, deren Einzelbestandteile untereinander fest genug zusammenhängen, veraschte; damit ist eine Gewähr für übereinstimmende Schnittdicke und gleiche Behandlung der verschiedenen Stücke wenigstens für jeden einzelnen Objektträger geboten und im Bereich der Berührungsflächen der zu vergleichenden Stücke eine einwandfreie Untersuchung leicht möglich (s. Abb. 49). Diese Methode, bei der ich bis zu acht verschiedene Drüsenstücke im selben Block verarbeiten konnte, ist sehr zu empfehlen.

SCOTT (1933a) benutzt das vom Spodogramm im Dunkelfeld ausgestrahlte Licht, um die Aschenmenge abzuschätzen, was allerdings nur unter der Voraussetzung möglich ist, daß die Salzteilchen gleicher Größe und Art sind. Die Messung erfolgt mittels einer photoelektrischen Zelle bei geeigneter Verstärkung (40000mal) an $4\,\mu$ dicken Schnitten bei einwandfrei zentriertem Dunkelfeld. Das zu untersuchende Gebiet wird scharf eingestellt, die nicht erwünschten Teile eventuell mit schwarzem Papier abgedeckt und das bei Beleuchtung von bestimmter Intensität ausgestrahlte Licht durch eine plankonvexe Linse auf die Photozelle gerichtet; die Ablesung erfolgt in Teilstrichen des Galvanometers und ermöglicht damit wenigstens objektive Vergleiche. Genauer wurde die Apparatur und ihre Anwendung durch WILLIAMS und SCOTT (1935) beschrieben, ebenso findet man bei GLICK (1949) die notwendigen Einzelheiten samt Gebrauchsanweisung. Als Maß der Empfindlichkeit sei angeführt, daß der Kern einer Leberzelle bei $5\,\mu$ Schnittdicke nach Veraschung eine Abweichung des Galvanometers von etwa einer halben Skalenlänge (25 cm) bewirkt.

WULF (1934) beschrieb eine einfache Arbeitsweise für die Auswertung von Spodogrammen; er setzte vor die der Beleuchtung dienende Lampe eine Irisblende, deren Hebel er zu einem Zeigearm verlängerte. Endpunkte einer Meßskala waren die Zeigerstellungen bei der Blendenöffnung, die gerade die schwächst bzw. stärkst leuchtenden Aschen erkennbar werden ließ. Vier gleiche Skalenteile zwischen diesen Endpunkten erlaubten die Ablesung der Aschenhelligkeit in 4 Stufen. Zur Ausschaltung von Adaptationsfehlern wurden die Untersuchungen im Dunkeln vorgenommen; sie sollen verhältnismäßig schnelles Arbeiten erlauben. Andere Autoren haben diese Methode offenbar nicht angewandt; ihre Hauptschwierigkeit dürfte darin liegen, daß verschiedene Untersucher nie mit übereinstimmender Skala arbeiten würden, so daß doch keine absoluten Vergleichszahlen gewonnen werden.

Zuverlässiger zu handhaben scheint das von POLICARD (1936a) für die Untersuchung der Aschepräparate empfohlene Ocularphotometer nach HASCHEK und HAITINGER (REICHERT-Wien) zu sein. Bei diesem Instrument ist das Gesichtsfeld in 2 Hälften geteilt, deren eine von einer in ihrer Lichtstärke stets gleichbleibenden Lampe (Niedervoltbirne, 10 V, 0,65 A) beleuchtet wird, während die andere Hälfte das Bild des Präparates im Auflicht bei schräg seitlicher Beleuchtung oder im Dunkelfeld zeigt. Eine Irisblende erlaubt, auch nur kleinste Teile des Präparates einzustellen. Die Lichthelligkeit der Vergleichslampe wird durch Änderung einer Blendenöffnung gleich der des Präparates eingestellt und der Skalenwert der Blendenstellung abgelesen. Nach Einschaltung von Filtern (rot, grün, blau) können genaue Messungen auch zur Bestimmung der Wellenlänge der betreffenden Aschenfarbe ausgeführt und ihr Sättigungsgrad sowie der Grad des Glanzes mit Hilfe einfacher Berechnungen ermittelt werden. Mit diesen 3 Werten ist eine objektive Charakterisierung jeder Stelle des veraschten Präparates und damit auch ein Vergleich verschiedener Teile untereinander möglich.

c) Physikalische Methoden der Aschenanalyse

POLICARD (1923a, c, f) erkannte die Spezifität der *Farbe des Eisenoxydes* im Aschenpräparat; je nach der Konzentration erscheint es gelblich-orange bis rötlich. Da auch das maskiert vorhanden gewesene Eisen nach der Schnittveraschung als Oxyd sichtbar wird (Abb. 11), ist der Eisennachweis im Spodogramm quantitativ. Er ist ferner sehr empfindlich, gibt doch ein kleiner Tropfen einer Eiweißlösung, die 1:50000 Eisen enthält, noch gelbliche Asche (POLICARD 1923c). Nach ANGELINI (1931) ist der Eisennachweis durch die Farbe im Spodogramm deutlicher als bei der ohne Veraschung im Schnitt ausgeführten Preußischblau-Reaktion. Mittels des Ocularphotometers konnte

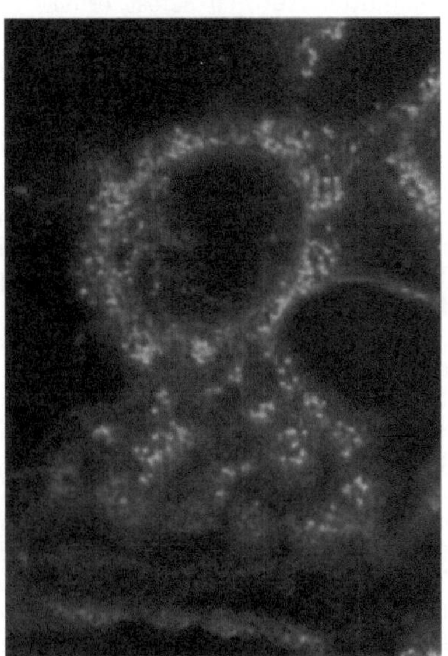

Abb. 11. Quer- und Flachschnitt eines Hauptstückes der Niere, Winterfrosch. Absoluter Alkohol, Paraffinschnitt 5 μ, verascht in Luft bei 520° C, Vergr. 800 ×, Cardioid-Kondensor. Hoher Eisengehalt der Kerne in Form orangegelber Körnchen

POLICARD (1936a) die Wellenlänge einer sehr stark eisenhaltigen roten Asche zu 605 Å bestimmen, während einer schwach gelblichen Asche 558 Å entsprechen. OKKELS (1929a) hat, um das Eisen noch besser sichtbar zu machen, in den Spodogrammen durch Schwefelammonium das schwarze Eisensulfid erzeugt, das dann auch im durchfallenden Licht gut erkennbar ist (vgl. dazu S. 27). Übrigens mahnt KRUSZYŃSKI (1938) zu Vorsicht bei Interpretation gelblichroter Färbung der Aschen als Beweis für Eisengehalt, weil auch ungenügend verbrannte Teile im auffallenden Licht diesen Farbton aufweisen können. DEMPSEY und WISLOCKI (1944) glaubten, ausschließlich die Eisensalze abbilden zu können, wenn sie die im Dunkelfeld untersuchten Spodogramme durch ein Rotfilter (Wratten A) photographierten. Diese Methode muß aber als unzulänglich bezeichnet werden, selbst wenn zum Vergleich ungefilterte Dunkelfeldaufnahmen derselben Stelle herangezogen werden.

In den ersten Jahren der Schnittveraschungsforschung ist ferner von manchen Autoren ein *bläulicher Rückstand* als für Natriumsalze bezeichnend angesehen worden. Nach MASON (1931) ist jedoch die blaue Farbe nur Folge der Verteilung und der Größe der Substanzteilchen, auch SCHULTZ-BRAUNS (1931 b) und SCHEID (1930) sehen sie nur als konzentrationsbedingt an; sie ist neben Natrium- auch Kalium-, Calcium- und Magnesiumsalzen eigen. In Testversuchen haben HORNING und SCOTT (1932a) gewisse Farb- und Brechungsunterschiede einiger Calciumverbindungen festgestellt: Calciumcarbonat hinterläßt bläulich-weiße Asche in feiner Verteilung; Calciumphosphat dagegen gibt ganz weiße, grob verteilte Asche, die von ihrer Oberfläche große Mengen Lichtes zurückstrahlt. Inwieweit die direkte Übertragung solcher im Kontrollversuch erhobenen Befunde auf das Studium von veraschten Gewebsschnitten möglich ist, lassen aber auch die genannten Autoren selbst offen.

HACKMANN (1933) hat versucht, durch *künstliche Anfärbung der Asche*, z. B. mit Bromthymolblau, Aufschluß über ihre Einzelbestandteile zu gewinnen. Seiner Methode liegt folgende Überlegung von TSCHOPP zugrunde: Wasserlösliche Farbstoffe werden aus indifferenten, mit Wasser nicht mischbaren Lösungsmitteln von der in der Asche vorhandenen geringen Wassermenge aufgenommen und die Ascheteilchen dadurch je nach ihrer Hygroskopie mit verschiedenem Farbton angefärbt. Verascht man gleichzeitig mit dem zu untersuchenden Schnitt auf demselben Objektträger Tropfen der Chloride, Phosphate und Carbonate von Natrium, Kalium, Calcium und Magnesium und führt dann eine derartige Anfärbung durch, so kann man durch Vergleich der Testpräparate rund um den Schnitt mit den Befunden im Objekt selbst Aufschluß über die Art der verschiedenen Ascheteilchen gewinnen. Zieht man ferner noch die verschiedene Wasserlöslichkeit der Salze, die Geschwindigkeit ihrer Anfärbung und ihr Aussehen im durchfallenden und im auffallenden Licht in Betracht, so können insbesondere die Erdalkali- und die Alkalicarbonate und -phosphate, die die Hauptmasse der Aschen ausmachen, lokalisiert erkannt werden. Die Methode scheint einen gangbaren Weg aufzuzeigen, wie die Untersuchungen von KLOSTERMEYER (1934, 1937) beweisen, über die bei den Ergebnissen im einzelnen berichtet wird. Zu beachten ist allerdings, daß die im Aschenpräparat in Form von Carbonaten nachgewiesenen Salze keineswegs auch im lebenden Gewebe in dieser Form vorhanden gewesen zu sein brauchen; die Kationen können z. B. vorher in organischer Bindung vorgelegen haben und sind erst durch die Veraschung in Oxyde oder Carbonate überführt worden (KLOSTERMEYER 1934). Weiterhin macht WEPLER (1935) darauf aufmerksam, daß sich manche Salze bei der HACKMANNschen Arbeitsweise sehr stark anfärben, so daß sie die nur schwach angefärbten Salze verdecken und damit der Beobachtung entziehen. Die Methode HACKMANNs gestattet also vor allem, im normalen Gewebe das Vorherrschen eines bestimmten Salzes zu erkennen, außerdem kann sie bei krankhaften Veränderungen die Anreicherung oder Ablagerung gewisser Salze aufzeigen.

Die Aschenbestandteile durch die verschiedene Farbe ihrer *Fluorescenz im ultravioletten Licht* genauer zu bestimmen, ist bisher nur unbefriedigend gelungen. POLICARD und OKKELS (1930) erwähnen die so ermöglichte Lokalisierung von Uranium in veraschten Schnitten der Niere bei mit Uransalzen experimentell behandelten Tieren. KRUSZYŃSKI (1934) berichtete von ähnlichen, aber negativ gebliebenen Versuchen, da die Aschenmenge zur Bestimmung der Fluorescenz im allgemeinen wohl zu klein ist. Selbst bei der Untersuchung normalen und pathologischen Knochengewebes ist das der Fall. Wenigstens stützt SESTINI (1934) seine Feststellung, daß die Fluorescenz des Knochens im wesentlichen durch den organischen Anteil und weit weniger durch Knochensalze (speziell Calciumcarbonat) bedingt ist, nicht auf die Untersuchung von Spodogrammen, sondern von Knochenpulver. Neben dem Ultraviolettlicht kämen als Mittel zur Fluorescenzprüfung auch Röntgen- und Radiumstrahlen in Betracht, da manche

Salze auf diese besser reagieren (Scott 1933c). Policard und Morel (1932) haben die durch Lösung aus einem Spodogramm zu gewinnenden Salze auch spektrographisch nicht analysieren können, was gleichfalls deren nur sehr geringer Menge zuzuschreiben ist.

Scott (1932a) fand bei Paralleluntersuchungen, daß Orte hoher *Ultraviolettabsorption* im lebenden Gewebe (2570 Å) nach Verbrennung als aschereich hervortreten. Auch Engström (1943) studierte dieselben Zellen nativ im Ultraviolettlicht (bei etwa 2600 Å) und nach erfolgter Veraschung (vgl. Abb. 12). Es erwies sich, daß die stark Ultraviolett absorbierenden Teile viel Asche hinterlassen, woraus auf ihren hohen Gehalt an Nucleotiden geschlossen wird, denn

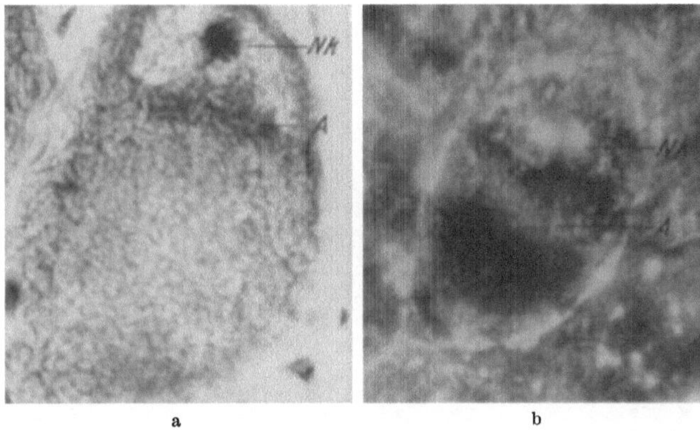

Abb. 12a u. b. Spinalganglienzellen von Lophius piscatorius, Vergr. 700×. a Ultraviolettaufnahme bei 2570 Å Der Nucleolus (*Nk*) absorbiert stark entsprechend seinem hohen Gehalt an Nucleotiden, bei *A* eine gleichfalls stark Ultraviolett absorbierende Kernauflagerung; b Aschenbild einer anderen gleichartigen Zelle im Dunkelfeld; der Nucleolus ist sehr reich an anorganischer Substanz, der übrige Kern erscheint dagegen aschearm. Der Kernauflagerung *A* entspricht eine deutliche Salzanreicherung, während das übrige Cytoplasma fast aschefrei ist. Aus Engström 1943

diese bestehen zu etwa 25% aus aschegebender Substanz (Phosphorsäure). Offensichtlich sind die Cytoplasma-Nucleinsäuren in gewissen großen Zellarten die wichtigste Quelle der im Spodogramm erkennbaren Rückstände.

Auch Besonderheiten der *Lichtbrechung* können zur Identifizierung der Aschenteilchen herangezogen werden. So führten z.B. Uotila und Jääskeläinen (1937) als bezeichnend für Calciumphosphat die weißgelbe Farbe der Asche im Dunkelfeld und ihre Doppelbrechung (Sphäritenkreuz) an. Silicate, deren weit verbreitetes Vorkommen in veraschten Schnitten vor allem Herrera (1925) nachgewiesen hat, sind im natürlichen Zustand gewöhnlich amorph, nach Erhitzung aber werden sie kristallin und erscheinen dadurch im polarisierten Licht doppelbrechend, woran sie leicht zu erkennen sind. Scott (1934) verweist zwar darauf, daß Silicium gewöhnlich in Verbindung mit Kalk vorhanden ist und daß deshalb seine Menge leicht größer erscheint, als sie in Wirklichkeit ist, auch sei mit der Möglichkeit der Verbindung von Silicium des Objektträgers mit Ascheteilchen zu rechnen.

Auf Unterschiede in der *Löslichkeit* der einzelnen Aschenbestandteile hat Schultz-Brauns (1929) — ähnliche Versuche von anderen Autoren, z.B. Okkels (1927) fortsetzend — eine Methode zum Nachweis des *Calciums* gegründet; größere Anhäufungen rein weißer Asche sind nur bei schwer löslichen Salzen möglich, von denen unter den natürlichen Bedingungen die des Calciums am ehesten in Frage kommen. Schultz-Brauns empfiehlt, die veraschten

Schnitte leicht anzuhauchen, um das Calciumoxyd in das nur schwer lösliche Carbonat zu überführen, dann den Schnitt während einiger Minuten in destilliertem Wasser auszuziehen und über einer Flamme vorsichtig wieder zu trocknen. In dem so gewonnenen „Kalkaschenbild" sind regelmäßig die bläulichen Ascheteilchen verschwunden, während die rein weißen erhalten bleiben (s. Abb. 13); anscheinend können nur die schwer löslichen Salze im Gewebe eine so hohe Konzentration erreichen, daß sie im Aschepräparat weiß erscheinen. Die bläuliche Asche ist, wie oben schon erwähnt wurde, in erster Linie auf die feine Verteilung und die geringe Konzentration der Salze zurückzuführen; sie kann aus den verschiedensten Salzen, darunter auch Calciumverbindungen, bestehen. Gelegentlich findet man die Asche nach dem Auswaschen gröber strukturiert als vorher,

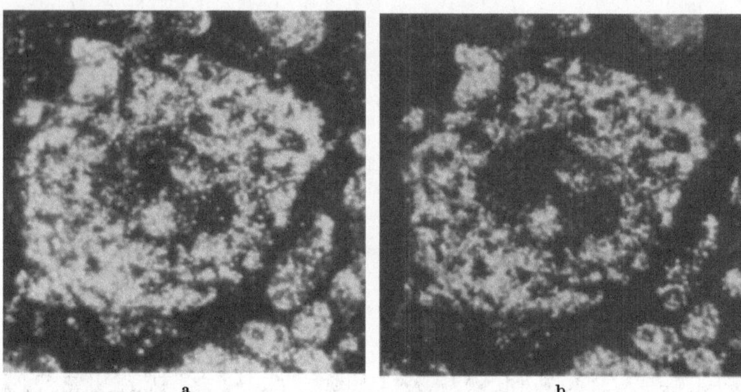

a   b

Abb. 13a u. b. Nervenzelle des Ganglion n. trigemini, Meerschweinchen. Nativer Gefrierschnitt 5 μ, entfettet in Äther-Chloroform-Alkohol, verascht in Luft bei 520° C, Vergr. 750×. a Gesamtasche; b Kalkasche nach Extraktion der leicht wasserlöslichen Salze

ihre Masse erscheint dann vermehrt. Diese Zunahme der Teilchengröße beruht auf der Überführung von ursprünglich organischen Calciumverbindungen in Carbonate, wie HERRMANN und EICKEN (1932) in Modellversuchen zeigen konnten. Die eben beschriebene Methode des Calciumnachweises ist von ZINKANT und EICKEN angewandt worden, auch mir scheint sie bis zu einem gewissen Grade brauchbar. EICKEN (1932) hat indessen schon darauf aufmerksam gemacht, daß auch die rein weißen Aschenrückstände zum Teil wasserlöslich sind und ihre Menge bei der Behandlung nach den Angaben von SCHULTZ-BRAUNS manchmal erheblich verringert wird; nach SHELDON und RAMAGE (1931) ist aber nur ein kleiner Teil des Calciums wasserlöslich. Sicher bleiben nach der Extraktion der Spodogramme mit Wasser neben Calcium auch andere schwer lösliche Salze zurück, vor allem solche des Mangans und des Magnesiums. Letzteres wäre bei Gegenwart von Calcium z. B. auf spektralanalytischem Wege bestimmbar. Mit Erfolg ist dies von POLICARD, MOREL und RAVAULT (1932) durch Veraschung kleiner isolierter Gewebsstücke, also nicht durch echte Schnittveraschung, ausgeführt worden. Gleichfalls nicht mittels der Schnittveraschungsmethode haben WILLIAMSON und GULICK (1944) festgestellt, daß die Kerne sehr reich an Calcium und Magnesium sind. Sie fanden das Calcium überwiegend und sahen nach Behandlung der Präparate mit destilliertem Wasser oder Calciumchloridlösungen den Calciumgehalt der Kerne nicht vermindert.

Für die Löslichkeitsuntersuchungen haben übrigens UOTILA und JÄÄSKELÄINEN (1937) noch eine besonders differenzierende Arbeitsweise vorgeschlagen.

Sie untersuchten das veraschte Präparat erstmals, nachdem es 3 min lang in destilliertem Wasser von 15⁰ C extrahiert worden war, ferner nach weiterer 3 min währender Einwirkung von 40⁰ C warmem Wasser und bei Bedarf auch noch nach 3 min langer Behandlung mit destilliertem Wasser von 80⁰ C.

Mehrfach ist versucht worden, *Aschenbilder spektrographisch zu analysieren* (POLICARD und MOREL 1932, 1933; GERLACH und GERLACH 1933; BENOIT 1933). Einige Aussicht auf Erfolg bietet diese Methode aber nur bei sehr groben Mineralablagerungen, die auch schon einer mikrochemischen Analyse zugänglich wären. Für die Deutung von Zellstrukturen ist die Spektrographie zu wenig empfindlich.

Besser geeignet wäre wohl die *elektronenoptische Untersuchung* der Spodogramme, für die McMILLEN und SCOTT (1937) und — in verbesserter Form — SCOTT und PACKER (1939c) geeignete Instrumente entwickelt haben. Obgleich die Methode in den Händen von SCOTT und PACKER (1939a) sowie von DRAPER und HODGE (1949) sehr genaue Lokalisationen von Calcium und Magnesium in veraschten Präparaten ermöglichte, hat sie doch keine weite Verbreitung gefunden. Der instrumentelle Aufwand scheint wohl den meisten der mit spodographischen Untersuchungen beschäftigten Forscher im Verhältnis zu den Ergebnissen noch zu beträchtlich. Eine ausführliche Beschreibung der Apparatur von SCOTT und PACKER mit Diagrammen findet sich bei GLICK (1949).

Einen anderen Weg der elektronenoptischen Untersuchung von Spodogrammen gingen POLICARD und BESSIS (1952); sie fertigten Formvar-Abdrucke von mit Gold beschatteten Aschenpräparaten an und hatten mit dieser Arbeitsweise bei Studien über Granulocyten guten Erfolg.

d) Chemische Methoden der Aschenanalyse

TSCHOPP (1929) hatte angegeben, daß es ihm gelungen sei, „im Spodogramm alle Anionen und Kationen einzeln zu lokalisieren, ohne daß dabei die Struktur der Asche Schaden genommen hätte". Leider ist die in Aussicht gestellte spätere Mitteilung der angewandten Methoden unterblieben. Indessen ergibt eine Durchsicht des Schrifttums doch einige Hinweise auf brauchbare Untersuchungstechniken.

Alle chemischen Methoden, die zur Aufklärung der Aschenzusammensetzung angewandt werden, sind natürlich der quantitativen Mikroanalyse entlehnt. Schwierigkeiten macht besonders die genaue *Lokalisation der Reaktionen* auf kleinstem Raum (HACKMANN 1933). JAKOBI und KEUSCHER (1927) erwähnen als eines Versuches wert, daß man die Asche um eine bestimmte Zelle herum entfernen soll, um dann an dieser chemische Untersuchungen vorzunehmen. OSTERTAG (1927) hält allerdings die genügende Reinigung des Objektträgers um die zu isolierende Zelle herum für schwierig. POLICARD und OKKELS (1932) kreisen die Gegend, in der die Asche zu prüfen ist, durch leises Andrücken einer gerade abgeschnittenen und am Rande eingefetteten Glascapillare ein, der später aufgesetzte Reagenstropfen breitet sich dann nicht darüber hinaus aus. Die Reagentien werden aus einer Mikropipette (Mündungsdurchmesser höchstens 100 μ) mittels des Mikromanipulators aufgesetzt. LOCQUIN (1950) empfahl zur Ausführung lokalisierter Mikroreaktionen ein feines Netz, wie es in der Elektronenmikroskopie als Materialträger üblich ist, durch Eintauchen in eine verdünnte Lösung von Aluminium- oder Magnesiumstearat mit einem feinen lyophoben Überzug zu versehen. Dieses Netz wird mit größter Vorsicht auf das Spodogramm gebracht und an den Ecken mit Paraffin fixiert. Da das Präparat im Phasenkontrastbild durch das Netz hindurch sichtbar bleibt, kann man in jeder Netzmasche eine Mikroreaktion — am besten im stehenden Tropfen — ausführen. Ein Mikroskop mit umgekehrtem Stativ erleichtert diese Arbeitsweise, zu der ferner Mikromanipulatoren erforderlich sind, um die Reagentien aufzutropfen bzw. abzusaugen.

Natrium und *Kalium*, die nach HACKMANN (1933) 40—60% der Gesamtasche
ausmachen, bleiben wahrscheinlich bei der Verbrennung der Schnitte nicht vollständig erhalten, es sei denn, ihre Chloride wären vorher nach der von POLICARD
und PILLET (1928b) angegebenen Methode (vgl. S. 9) in Sulfate umgewandelt
worden. JACOBI und KEUSCHER (1927) benutzten Platinchlorid zum Kaliumnachweis in Hirnzentren von einiger Ausdehnung mit Erfolg. Ähnlich gute
Ergebnisse hatte BAGIŃSKI (1938) mit Platinchlorür, von ihm stammt auch ein
Natriumnachweis mittels Uranylacetat. Feiner ausgebaut wurden diese kristallographischen Methoden durch COLFER und ESSEX (1947a, b). Zwei Wege schienen
ihnen gangbar: 1. Das direkte Auftragen eines Mikrotropfens auf die gewählte
Region des Aschenpräparates und Beobachtung der aus Asche und Reagens
entstehenden Kristalle oder 2. Lösung der Aschen bestimmter Bezirke des
Schnittes und Analyse dieser Lösung im Capillarröhrchen mit Hilfe kristallographischer Methoden. Beide Arbeitsweisen erfordern einen Mikromanipulator
mit Zusatzgeräten (feuchte Kammer, Mikroinjektionsspritzen). Als Reagens für
den Natriumnachweis wird Zinkuranylacetat verwendet, zum Kaliumnachweis
dient Chlorplatinsäure. Wenn Zahl und Größe der gebildeten Kristalle sowie
die Schnelligkeit ihres Entstehens beachtet werden, sind auch vergleichende
quantitative Untersuchungen möglich.

Zum chemischen Nachweis von *Calcium* wird meist die Gipsreaktion angewandt, indem zunächst ein kleiner Tropfen n/10 Salzsäure, dann ein Tropfen
n/10 Schwefelsäure auf die zu untersuchende Stelle gebracht werden. Es entstehen, zuerst am Tropfenrand, die bekannten Einzelkristalle oder Kristallbüschel von Calciumsulfat. KRUSZYŃSKI (1934) benutzte als Reagens 2%ige mit
Alkohol verdünnte Schwefelsäure, ebenso BAGIŃSKI (1938), der nach Anwärmen
und bei genügend hoher Konzentration Nadelpakete, bei mäßiger Konzentration
dagegen einzelne Prismen von Gips fand. Übrigens empfahl er auch Oxalsäure
als Reagens zum Nachweis von Calcium, die schon OSTERTAG (1927) wegen
ihrer Empfindlichkeit gelobt hatte. OKKELS (1927) hat nach Übergießen des
Aschepräparates mit einer dünnen Kollodiumschicht die Calciumreaktion mit
Crétins réactif gallo-formique ausgeführt; die entstehende Färbung ist leider
wenig beständig, sie scheint auch nur bei ziemlich hohem Kalkgehalt und bei
Vorhandensein von gelöstem Calcium zu gelingen (MOUREAU 1931). LANSING
(1938) benutzte zum Calciumnachweis eine Mischung aus gleichen Teilen konzentrierter Gallussäurelösung und 40% Formol, die mittels NH_4OH auf p_H 9,0
eingestellt wurde. Übrigens ist auch durch Natriumalizarinsulfonat eine mit
zunehmendem Calciumgehalt immer kräftigere Rotfärbung zu erzielen (LANSING
1940). Ganz allgemein läßt sich feststellen, daß Kalkanreicherungen im Gewebe
durch die Veraschung immer größer dargestellt werden als sie mit den früher
üblichen Färbemethoden erschienen, sofern sie durch diese überhaupt aufgedeckt
werden konnten (TSCHOPP 1929).

Neben Calcium ist in dem schwer löslichen Aschenanteil vor allem *Magnesium*
enthalten. HERRMANN (1932) verwendet zu dessen Nachweis nach LIESEGANGs
Vorschlag das HAHNsche Reagens (Tetraoxyanthrachinon), das bei alkalischer
Reaktion den positiven Befund durch einen blauen Niederschlag anzeigt. Um
von der Menge des wasserlöslichen Magnesiums eine Vorstellung zu erhalten,
muß man die Reaktion im Gesamtaschenbild und in dem durch Extraktion mit
destilliertem Wasser gewonnenen Kalkaschenbild vergleichen. BAGIŃSKI (1938)
empfiehlt zum Magnesiumnachweis im Spodogramm, einen Tropfen 10—15%iger
Salzsäure mittels der Mikropipette aufzuträufeln, nach einer Weile einen kleinen

Kristall von Natriumphosphat oder einen Tropfen von dessen gesättigter Lösung hinzuzufügen, dann leicht anzuwärmen und nach Abkühlung einen Tropfen Ammoniak zuzugeben. Die anfänglich entstehenden charakteristischen Nadeln gehen später in sargdeckelartige Kristalle über.

SCUDERI (1948) hat Magnesium durch Natriumbiphosphat und Ammoniumchlorid (je in 2,5%iger Lösung zu gleichen Teilen gemischt) nachzuweisen gesucht. Die entstehenden Kristalle sind von verschiedener, jedoch spezifischer Form, indessen befriedigte deren Lokalisation nicht völlig.

Als eine indirekte Methode zum Nachweis von Calcium und Magnesium muß noch die von LANSING und SCOTT (1942) angegebene Organdurchspülung mit 0,9%iger Natriumcitratlösung genannt werden. Beim Vergleich der Aschenbilder solcher Präparate mit denen unbehandelter Kontrollen zeigt sich, daß die glänzend weiße Asche von Kern und Zellmembran bei den mit Citrat behandelten Tieren beträchtlich abgenommen hat, so daß z.B. die Epithelkerne der Duodenalschleimhaut nur noch als Ringe von Ascheresten erkennbar sind. Diese Beobachtungen stimmen völlig mit den elektronenoptischen Befunden über die Verteilung von Calcium und Magnesium überein.

Phosphate können durch salpetersaures Ammoniummolybdat nachgewiesen werden; sie sind anscheinend vor allem an Calcium gebunden, denn auch, wenn die Aschenpräparate einige Minuten in destilliertem Wasser ausgezogen worden sind, fällt die Reaktion noch positiv aus (OKKELS 1927). Die gleiche Methode benutzte HERRMANN (1932), daneben hat er noch besonders den Phosphatnachweis durch Ausfällung von Eisenphosphat mittels Eisenacetat empfohlen. Die Untersuchung ist, um Verlagerungen zu vermeiden, unter einem geschliffenen Deckglas auszuführen, die Reagentien werden capillar durchgesaugt; LÜDERITZ (1937) hat sie bei Linsenuntersuchungen mit besserem Ergebnis direkt vorsichtig auf den Schnitt aufgetropft. Beide Methoden zum Phosphornachweis können keinen Anspruch auf Vollkommenheit erheben, sie sind aber zur Erkennung wesentlicher Unterschiede des Phosphatvorkommens in den einzelnen Gewebsbestandteilen gut geeignet. Einiger Phosphor geht bei der Erhitzung sicher durch Bindung an das Silicium des Glases verloren (SCOTT 1933c). BARIGOZZI (1936a) empfiehlt deshalb, auf Quarzplättchen zu veraschen. An solchen Spodogrammen führt er die Phosphorreaktion mit einem in der Mineralogie gebräuchlichen Reagens aus, das 1 g Ammoniummolybdat in 12 cm³ Salpetersäure (spez. Gew. 1,18) enthält. Die bei positivem Ausfall gebildeten Kristalle von Ammoniumphosphomolybdat sind gelblich glänzend. Sie können durch Ammoniak gelöst werden, ohne daß der übrige anorganische Rückstand sich verlagert.

Zum Nachweis von *Sulfaten* hat HERRMANN (1935) einen gangbaren Weg in der Reaktion mit Bariumchlorid gefunden. Das entstandene schwefelsaure Barium wird durch Herauslösung der übrigen Asche mit Salzsäure isoliert. Um Verlagerungen zu vermeiden, ist das Reagens in alkoholischer Lösung und nur in allmählich steigender Konzentration zu verwenden.

Eisen ist im Spodogramm durch die charakteristische Färbung seines Oxydes zu erkennen. Zum chemischen Nachweis hat OKKELS (1929a) durch Schwefelammonium Eisensulfid erzeugt, dessen schwarze Farbe auch im durchfallenden Licht deutlich wird. ZINKANT (1931) benutzte die von KOCKEL ausgearbeitete Rhodaneisenprobe: Nach Einwirkung des gasförmigen Rhodanwasserstoffes wird Eisen durch die blutrote Färbung erkennbar, die allerdings in wenigen Stunden verblaßt. MELTZER (1936a) empfiehlt die Berliner Blau-Methode oder noch mehr die Turnbullblau-Reaktion. Nach KRUSZYŃSKI (1939) gab Ferrocyankalium bessere Resultate als Ammoniumrhodanat.

Gold ist nach Okkels (1930) in veraschten Präparaten in freiem Zustand nachweisbar, jedoch sollen sich nur Ablagerungen von einiger Größe sicher erkennen lassen. Als charakteristisch für Gold kann auch im Spodogramm seine Löslichkeit in KCN gelten.

Blei kann entweder schon als Sulfid (Seifert 1924, 1925) in der Asche vorhanden sein, oder dieses läßt sich durch Behandlung der Präparate mit Schwefelammonium bei Vorhandensein des Metalles erzeugen (Tada 1926, Policard und Okkels 1932). Nach Eicken (1932) dagegen sind Blei und andere Schwermetalle *(Quecksilber, Wismut, Kupfer)* nur während der Verkohlungsphase noch erkennbar, nach völliger Veraschung (2 Std bei 500⁰ C) sollen sie nicht mehr nachzuweisen sein, da sie schon bei niedrigerer Temperatur flüchtig seien. An ihrer Stelle findet sich als Ausdruck reaktiver Entzündungsvorgänge im Gewebe eine Anhäufung weißer, in Wasser unlöslicher Asche, die wahrscheinlich aus Calciumsalzen besteht. Die Beobachtungen anderer Untersucher stimmen teils mit diesen Befunden überein, teils wird aber auch über abweichendes Verhalten berichtet; so zählen z.B. Policard und Okkels (1932) das Wismut zu den glühfesten Substanzen und Seifert (1925) gibt an, Quecksilber und Kupfer in veraschten Schnitten nachgewiesen zu haben.

Ergebnisse der Veraschungsforschung

1. Das Aschenbild von Protozoen und Avertebraten

Während der ersten Jahre der wieder aufgenommenen Forschung über die Salzverteilung im tierischen Organismus sind vor allem Gewebsuntersuchungen ausgeführt worden, da der Stand der Technik feinere Ermittlungen, z.B. über die anorganischen Stoffe in der Zelle, noch nicht zuließ. Die Versuche, durch die Mikroveraschung auch einen Einblick in die Zellchemie zu gewinnen, sind dann zunächst an Protozoen, insbesondere an Ciliaten, angestellt worden, deren cytologische Differenzierung eine leichtere Deutung der Befunde ermöglichte, zumal zur Kontrolle gleichzeitig die Lebendbeobachtung, die Vitalfärbung und die gewöhnlichen Färbemethoden anwendbar sind.

Genauere Angaben über die Ascheverteilung in Vorticellen, speziell bei Carchesium polypinum, hat zuerst Policard (1929a) mitgeteilt; er konnte dabei unter anderem ältere Befunde von Herrera (1925) über das Vorkommen von Silicium bei Infusorien bestätigen. Horning und Scott (1933) haben Opalina ranarum und Nyctotherus cordiformis als Typen saprozoischer und holozoischer Ernährungsweise bearbeitet. Von MacLennan (1934) stammt eine Beschreibung der Beobachtungen an 3 Arten des Flagellaten Trichonympha; endlich haben MacLennan und Murer (1934) alle diese früheren Beobachtungen zusammengestellt und mit Befunden an Paramecium caudatum verglichen. Die hier folgenden kurzen Angaben sind vor allem der zuletzt genannten zusammenfassenden Darstellung entnommen. Ein ins einzelne gehender Vergleich der Mikroveraschungsbefunde bei den eben genannten Protozoen zeigt, daß das Aschenbild dieser Species bestimmt wird einerseits durch deren morphologische Differenz, andererseits durch tätigkeitsbedingte Unterschiede der einzelnen Zellgebiete. Die Hauptmenge der Ascheablagerungen findet sich in der Protozoenzelle stets in den spezialisierten aktiven Teilen, im Kern, dem Chondriom, dem Vakuom, den Nahrung resorbierenden Teilen und in den der Bewegung dienenden Einrichtungen; die relativ untätigen Gebiete, das Hyaloplasma und die Pellicula, lassen hingegen wenig oder gar keine anorganischen Reste zurück. Als wichtigster Unterschied zwischen den Protociliaten (Opalina) und den übrigen zur Gruppe der Euciliaten gehörenden Tieren ist der geringe Aschengehalt der Kerne bei den Opalinen zu nennen, der dem zerstreuten und geringen Chromatingehalt dieser Kerne entspricht (bestätigt durch Lucas und Evans 1935). Bei den übrigen Protozoen, die einen Makronucleus und einen oder mehrere Nebennuclei besitzen, hinterlassen alle Kerne wegen ihres hohen Chromatingehaltes reichliche Aschenmengen. Die die Nahrung absorbierenden Gebiete des Cytoplasmas zeigen höheren Salzgehalt als die übrigen Teile des Zelleibes. Opalina als astomatische Form hat infolge der Nahrungsdiffusion durch die Zelloberfläche hindurch Ascheanhäufungen unter der Pellicula, die übrigens je nach dem Wirt beträchtlich schwanken können. Vorticella und Nyctotherus nehmen feste Stoffe auf und resorbieren das verdaute Material aus Nahrungsvacuolen. Sie zeigen im Bereiche der Mundbucht eine stark lichtbrechende Ascheauskleidung (Silicium in Form länglicher Kristalle, deren Längsachse senkrecht zur Oberfläche des Organismus steht), und um die Vacuolen herum Anhäufungen anorganischer Substanzen, die teils eisenhaltig sind. Bei Paramecium entspricht der Aschereichtum um die Vacuolen der großen Zahl von Vakuomgranula und Mitochondrien, die die Nahrungsvacuolen während der verschiedenen Stadien der Verdauungstätigkeit umgeben. Im ganzen bestätigt sich damit die Annahme von Horning und Scott (1933), daß die aktive Resorption mit der Gegenwart von reichlichen Mengen anorganischer Stoffe zusammenfällt. Asche osmiophiler Cytoplasmabestandteile konnte nicht mit Sicherheit erkannt werden (MacLennan und Murer). Im Hyaloplasma ist im allgemeinen wenig oder gar keine anorganische Substanz vorhanden (keine bei Opalina, nur wenig bei Paramecium, etwas mehr in Form eines feinen Netzwerkes bei Nyctotherus). Der neuromotorische Apparat aller untersuchten Ciliaten ist relativ aschereich; Basalknötchen und Cilien von Opalina und Paramecium können auch im veraschten Präparat noch in Form feinster Ablagerungen erkannt werden. Bei Vorticella und Nyctotherus ist der in der Mundregion besonders stark entwickelte Ciliarapparat stärker aschehaltig als die übrige Körperoberfläche.

Die histochemischen Reaktionen an veraschten Paramecien, die Lansing (1938) und Kruszyński (1939) anstellten, haben ergeben, daß die Kernasche vorwiegend aus Kalksalzen besteht, daneben aber Eisen und wahrscheinlich auch Magnesium enthält. Calcium und Eisen sind ferner in der Cytoplasmaasche vorhanden. Beträchtliche Unterschiede im Salzgehalt des Ekto- und des Endoplasmas verschiedener Tiere werden als Folge wechselnder funktioneller Zustände gedeutet. Sehr calciumreich ist die Asche der abgestoßenen Trichocysten (Kruszyński). Die von Lansing (1938) bei Paramecium in der corticalen Schicht nachgewiesene Anhäufung von Calciumsalzen ist von Monroy (1946) am Seeigelei und von Lansing (1940, 1942) in den Zellen des Rädertierchens Euchlanis und der Planarie Phagocata wiedergefunden worden. In diesen Untersuchungen wird geradezu von einem mit steigendem Alter zunehmenden Calciumgehalt der Zellmembran oder wenigstens der Gegend der Zellmembran gesprochen, der als ein für das Altern bedeutsamer Vorgang angesehen wird (Lansing 1952).

Diese kurze Übersicht mag genügen um zu belegen, daß die Aschenanordnung einen wesentlichen Teil der Zellorganisation ausmacht und daß sie daher bei allen cytologischen Studien berücksichtigt werden sollte, vor allem wenn es gilt, Funktionsstadien zu differenzieren.

Daß Aschenpräparate von Einzellern bei kritischer Auswertung auch ein geeignetes Material für biologische Experimentalforschungen darstellen, beweisen die zu wenig bekanntgewordenen Befunde von Berner (1942) und von Roth (1943). Beide bedienten sich der Veraschungsmethode, um die nach Röntgenbestrahlung eintretende Änderung des Mineralgehaltes von Paramecien zu studieren. Trotz gewisser Schwankungen in der Dichte des Aschenbildes

normaler Vergleichspräparate konnte BERNER (1942) nachweisen, daß nach
Röntgenbestrahlung der Salzgehalt der Paramecien zunächst abnimmt, worauf
nach gewisser Zeit ein Wiederanstieg bis zu normalen oder diese sogar über-
schreitenden Werten folgt. Die Verringerung des Mineralgehaltes trat um so
früher ein, je höher die Strahlendosis war, sie äußert sich nicht nur im Gesamtspodogramm, sondern ist sogar im Kalkaschenbild noch deutlicher ausgeprägt.
Eine charakteristische zweiphasische Reaktion derselben Schwankung des Salzgehaltes stellte BERNER als Folge verschiedener Intensität der Röntgenstrahlung
fest. Wegen weiterer Einzelbefunde, z.B. über die Wirkung fraktionierter Bestrahlung usw., muß auf die Originalarbeit verwiesen werden. ROTH (1943)
ermittelte am gleichen Material und mit gleicher Methodik, daß der Mineralgehalt von mit 160 000 r bestrahlten Paramecien mit zunehmender Zeit nach
Abschluß der Bestrahlung immer geringer wird (Beobachtungsdauer $3^1/_2$ bis
27 Std). Mikroskopisch zeigten die lebenden Tiere keine Abweichungen vom
normalen Aussehen. Nach ROTH ist wahrscheinlich, daß die Bestrahlung eine
Schädigung des Salzstoffwechsels verursacht, die reversibel ist. Die wenigen,
hier aus den Untersuchungen von BERNER und ROTH angeführten Ergebnisse
sollen zeigen, daß die Mikroveraschung von Einzellern für experimentelle Forschungen verwendbar ist.

Auch an etwas weiter organisierten Avertebraten ist die Veraschungsmethode
anwendbar, wie die Befunde von ROSSI und CAPURRO (1950) an Sepia officinalis
und Loligo vulgaris beweisen. Sie veraschten Gefrierschnitte von in Formol-
Alkohol fixiertem Material der Arme, des Verdauungs- und Atmungsapparates
sowie der Genitalorgane. Einzelne ihrer rein beschreibenden Beobachtungen sind
in den folgenden Kapiteln angeführt.

2. Das Aschenbild der tierischen Zelle

Eine besondere Besprechung der Verteilung anorganischer Substanzen in der
Zelle erweist sich bei deren biologischer Wichtigkeit und den bisher noch immer
zu wenig verbreiteten Kenntnissen auf diesem Gebiet als notwendig, obwohl
die Einzelbefunde bei Zellen verschiedener Art und Herkunft manchmal sogar
gegensätzlich sind. Die oben erwähnte verschiedene Verbrennungsgeschwindigkeit der Zellbestandteile hat schon die ersten Untersucher speziell auf den Aschengehalt des Kernes hingewiesen. Genauere Befunde ermöglichten hier aber erst
die Untersuchungen an isolierten Zellen, die POLICARD (1928b) sowie POLICARD
und PILLET (1928a, b) z.B. an Blutausstrichen, an dünnen Epithelhäutchen und
an Explantaten von Makrophagen der weißen Ratte ausführten. Die cyto-
chemischen Befunde an Säugetiergeweben sind dann besonders durch SCOTT
(1933b) wesentlich erweitert und von POLICARD (1934b) zusammengestellt
worden.

Form und Größe des Kernes bleiben entsprechend dem Zelltypus erhalten, so
daß verschiedenartige Zellen auch im veraschten Präparat am Aussehen der
Kerne erkannt werden können. Im allgemeinen ist der Kern reich an anorganischen Bestandteilen. Neben Aschen aus sehr gleichmäßig verteilten feinen
Körnchen, z.B. in Kernen von Histiocyten und Fibroblasten, kommen solche
aus kreidig weißen, stark lichtbrechenden, gröberen Granula vor, z.B. in Epithelien (s. Abb. 14) und in der Skeletmuskulatur. Diese bestehen meist aus in
Wasser schwer löslichen Verbindungen, unter denen neben Calcium, dessen
Vorkommen im Kern auch durch andere histochemische Methoden nachgewiesen
ist, wahrscheinlich Magnesium eine Rolle spielt. Wenn auch anfangs nicht über-
all, besonders nicht in allen Schnittpräparaten, die Kerne deutlich dargestellt
werden konnten, so war mit dem sicheren Calciumnachweis doch eine Erklärung

für die starke Absorption ultravioletter Strahlen durch den Kern erbracht
worden.

Eisen ist im Kern durch die Veraschungsmethode seltener nachgewiesen, als
gewöhnlich angenommen wird; einen positiven Befund gibt die Abb. 11 auf S. 21
wieder. Vielen Kernen fehlt es ganz, wie POLICARD (1934a) betont. Doppelbrechendes Material (Silicium?) ist dagegen im Kern manchmal in beträchtlicher
Menge vorhanden. KLOSTERMEYER (1934, 1937) findet bei Anwendung der
HACKMANNschen Arbeitsweise, daß vorwiegend die Kernsubstanz kaliumreich sei.
KOOYMAN (1935) sah nach wäßriger Extraktion entparaffinierter Hautschnitte
in einigen Zellen den Ort des Kernes arm an anorganischen Stoffen oder sogar

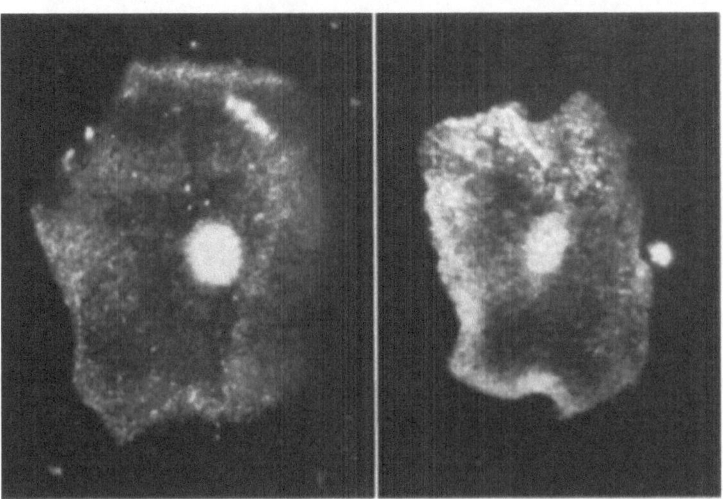

Abb. 14. Plattenepithelzellen der menschlichen Mundhöhle. Nativer Speichelausstrich in Luft bei 520° C
verascht, Vergr. 720 ×, Cardioid-Kondensor. Aschereicher Kern im salzarmen Cytoplasma

ganz frei davon; in solchen Fällen sind offenbar die wasserlöslichen Kernsalze
vorherrschend gewesen.

Nachdem schon FUNAOKA und OGATA (1930) nach Untersuchungen am Ei-
leiter von Ascaris megalocephala die Vermutung ausgesprochen hatten, daß die
anorganischen Substanzen des Kernes an das *Chromatin* gebunden seien, hat
SCOTT (1930a) diesen Befund an Speicheldrüsenkernen des Meerschweinchens
gesichert. Seine Beobachtungen betreffen sowohl die Zellen der Haupstücke
wie die der Speichelrohre. Serienschnitte erwiesen die Übereinstimmung von
Form und Lage der Chromatinstücke gefärbter Kerne mit den Ascheanhäufungen
im Kern, wobei deren Größe etwas geringer ist als die der ihnen entsprechenden
Chromatinschollen. Es muß also wohl eine enge Verbindung zwischen dem
Chromatin und den anorganischen Substanzen angenommen werden. Auch die
Kernmembran ist in den veraschten Schnitten oft deutlich. HUGHES (1952)
glaubt allerdings nicht, daß die Kernmembran lebender Zellen hohen Mineral-
gehalt haben könne, weil Calciumproteinat auf der sauren Seite des isoelektri-
schen Punktes nicht gebildet werden kann. Daß gelegentlich Kerne trotz nach-
weisbaren Chromatingehaltes wenig oder keine Asche erkennen lassen, haben
SCOTT und HORNING (1932a) bei den oben erwähnten Untersuchungen an
Opalina und BAGIŃSKI (1934) an Follikelepithelien von Säugerovarien bewiesen.
SCOTT (1933b) konnte aber zeigen, daß die meisten Kerne von Säugetiergeweben

unabhängig von der Art der Vorbehandlung Asche entsprechend der Anordnung des basischen Chromatins im Kern zeigen. Eine scheinbare Ausnahme machen hier vor allem die Kerne der Nervenzellen (KRUSZYŃSKI 1934), die nach der Veraschung als ein an Salzen armer Raum erscheinen, der vom Cytoplasma durch eine der Kernmembran entsprechende größere Aschenmenge getrennt wird; zu diesem besonderen Aschenbild führt die relativ zur Kerngröße geringe Chromatinmenge und deren typische Lage (Abb. 15). Nach COWDRY (1933) ist auch das Oxychromatin der Leberzellkerne in Form weniger, kleiner, schwach lichtbrechender Körnchen zu erkennen.

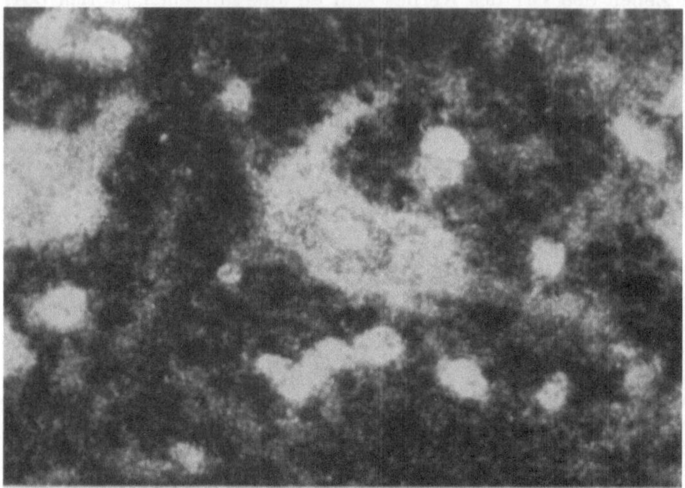

Abb. 15. Multipolare Ganglienzelle aus dem zentralen Weiß des Kleinhirns, Meerschweinchen. Nativer Gefrierschnitt 5 μ, entfettet in Äther-Chloroform-Alkohol, verascht im Stickstoffstrom bei 530° C, Vergr. 800 ×, Cardioid-Kondensor. Im aschereichen Zelleib erkennt man den deutlich ascheärmeren Kern, in dem das Kernkörperchen wieder mehr anorganischen Rückstand gibt

BAGIŃSKI (1934) glaubt, daß die Kerne mit reichlicher, körniger, glänzender und nicht speziell strukturierter Asche (z. B. in Zellen mesenchymatösen Ursprungs und in Epithelien) noch teilungsfähig sind, während Kerne mit herabgesetzter oder fehlender Teilungsfähigkeit (Drüsenzellen, Muskelzellen, Nervenzellen) auch im Aschenbild immer klar strukturiert seien. Er leitet daraus eine besondere Bedeutung des Calciums für den Vorgang der Mitose und für die Kernplasmabeziehungen ab.

SCOTT (1930b) gelang es erstmals, *Kernteilungsfiguren* im Spodogramm der Epidermis von Froschlarven nachzuweisen. Die Aschenmassen des Kernes folgen bei der Teilung den Chromosomen, so daß gelegentlich sogar deren Einzelform vollständig erhalten ist. Die Kerngrenzen waren während der Anaphase als feine Aschelinien erkennbar. Auch zwischen den Chromosomen ist feingranulierte Asche vorhanden, die — wenn überhaupt — in Form feinster Fäden strukturiert ist. Weitere Kernteilungsfiguren sind in Spodogrammen seither von SCOTT (1933b) und von POLICARD (1933b) bei der Spermiogenese beschrieben worden. BARIGOZZI und SCHREIBER (1937) fanden im Hoden eines Süßwasserkrebses während der Metaphase sogar die Spindelfasern aschegebend, ebenso gibt MONROY (1946) an, im Spermastadium des befruchteten Seeigeleies starken Mineralrückstand der Spindel gesehen zu haben. BARIGOZZI (1936a, 1937a, b) ist es ferner gelungen, Einzelheiten der Salzverteilung auch in den Chromosomen der

Speicheldrüsen von Drosophila und Chironomus darzustellen. Bei seinen weiteren Untersuchungen (1937c, 1938) hat sich ergeben, daß in diesen Chromosomen aschehaltige und aschefreie Stücke abwechseln. Die aschegebenden Abschnitte enthalten teils Phosphate, teils sind sie frei von solchen; letztere werden unbestimmten Eiweißen zugeordnet. Erwähnt sei noch, daß nach SCOTT (1933b) die Asche in Teilung befindlicher Zellen durch höheres Lichtbrechungsvermögen ausgezeichnet ist.

Gute Abbildungen veraschter Mitosestadien von Zellen des Mäusesarkoms 37 gab MacCARDLE (1948, 1951). Nach Behandlung mit dem Methyläther von N-acetyliodocolchinol trat das Gebiet der Spindel durch erhöhten Gehalt an mattweißer Asche besonders hervor. Sehr hohen Mineralrückstand (Calcium und/oder Magnesium) hinterlassen die Chromosomen der in der Metaphase blockierten Zellen, sie umgeben ein zentrales, kugelförmiges Gebiet geringen Aschegehaltes, das in wechselnder Menge auch Partikel von Eisenoxyd erkennen läßt. Werden solche in der Metaphase blockierten Zellen ultrazentrifugiert und anschließend verascht, so zeigt sich, daß die ganze zentrale Kernkugel samt den ihrer Oberfläche anliegenden Chromosomen in toto verlagert wird, während die Chromosomen nicht gestoppter Mitosen von Sarkomzellen bei gleicher Behandlung von der Spindel losgerissen oder entlang deren Achse verschoben werden. MacCARDLE deutet diesen Befund als ein Zeichen, daß durch Mitosegifte die organische Komponente verlagert wird, an die die Mineralsalze gebunden sind.

Der *Nucleolus* ist als ein besonders aschereicher Bestandteil des Kernes zuerst von SCHULTZ-BRAUNS (1929) in Knorpelzellen gesehen worden. SCOTT (1930a) hat diesen Befund in Speicheldrüsenkernen bestätigt und später (1934) vor allem auf den hohen Siliciumgehalt des Kernkörperchens hingewiesen. Diese Tatsache scheint jedoch kein Charakteristikum des Nucleolus zu sein, denn COWDRY (1933) hat für die Leberzellen ausdrücklich das Fehlen von doppelbrechenden Substanzen im Kern betont, dagegen sah er zuweilen die Asche des Kernkörperchens eisenhaltig. GANS (1932) glaubt, daß der Verhornungsvorgang wahrscheinlich mit dem Kalkgehalt der Kernkörperchen in engstem Zusammenhang steht. In den Spinalganglienzellen des Meerschweinchens hat KRUSZYŃSKI (1934) nahe dem Hauptnucleolus noch 3—4 Nebennucleoli aschereich gefunden. Wie verschieden das Kernkörperchen im Aschenbild aussehen kann, beweisen die Abb. 16 und 17: Gleichmäßige Verteilung der anorganischen Substanz, Anhäufung der Aschen entlang der Oberfläche oder gar vacuolenartige Leere des Nucleolus sind nebeneinander zu finden. Eine ausgezeichnete Deutung dieser Befunde ermöglichen die Studien von ENGSTRÖM (1943), HYDÉN (1943a) und von LAGERSTEDT (1949), nach denen das Kernkörperchen an der Bildung der Eiweißsubstanzen des Cytoplasmas beteiligt ist.

LANSING (1942) fand bei Untersuchungen in Schnitten von Euchlanis dilatata, Phagocata sp. und Bufo Fowleri, daß in allen daraufhin geprüften Zellen der Calciumgehalt der Zellmembran und der Kerne mit dem Alter zunimmt. Die Eisenmenge variiert gleichfalls beträchtlich, doch ist bei ihr keine Abhängigkeit vom Alter erkennbar. HUGHES (1952), der eine knappe Darstellung von der anorganischen Histochemie der Zellkerne auf Grund von Mikroveraschungsbefunden gab, hat merkwürdigerweise den Eisengehalt mancher Kerne ganz unbeachtet gelassen.

Im *Cytoplasma* ist der Gehalt an anorganischer Substanz im allgemeinen gering. Sie ist dort sehr fein granuliert und ziemlich gleichmäßig verteilt (SCOTT 1934). TSCHOPP (1929) fand, daß nach Erhitzung auf über 600° C, wo die Alkalioxyde flüchtig sind und nur die der Erdalkalien zurückbleiben, die Zellkonturen

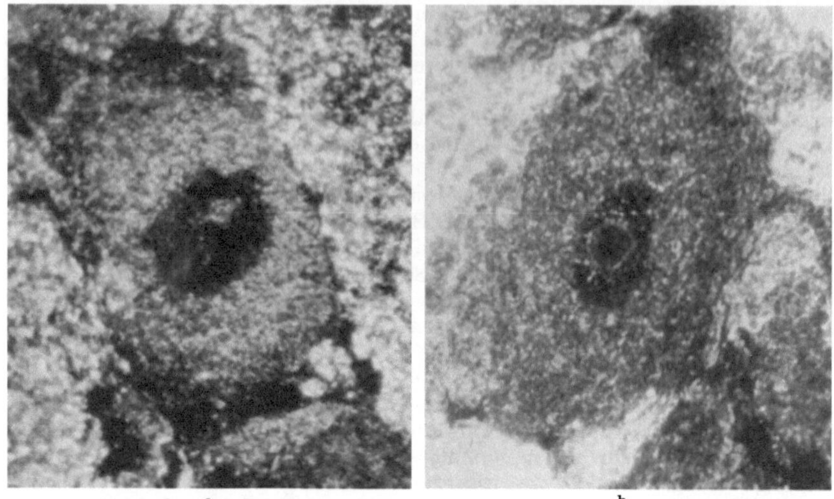

a   b

Abb. 16a u. b. Nervenzellen des Ganglion n. trigemini, Meerschweinchen. Native Gefrierschnitte 5 μ, nicht entfettet, verascht in Luft bei 520° C, Vergr. 900×, Cardioid-Kondensor. a Aschegebender Nucleolus im salzarmen Kern; sehr feinkörniger, fast homogen verteilter anorganischer Rückstand im Zelleib; b fast aschefreier Nucleolus, dessen Abgrenzung nur durch eine ringförmige Ablagerung eisenhaltiger Asche möglich ist; der Kern enthält etwas mehr Salze als im Bilde a. Teilweise aus HINTZSCHE 1939 b

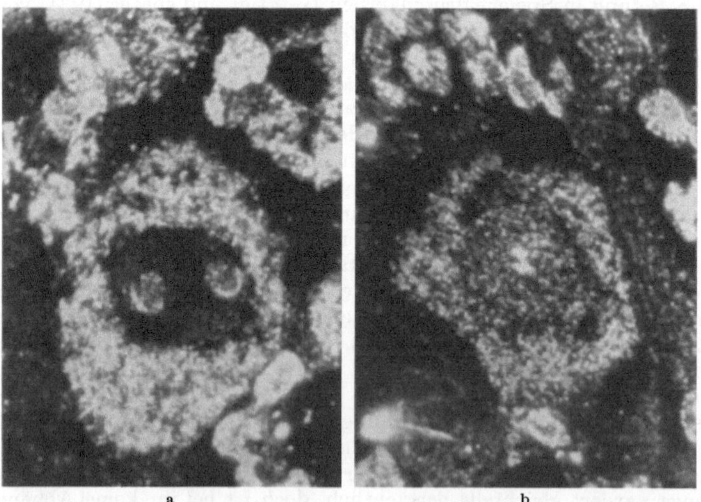

a   b

Abb. 17a u. b. Nervenzellen des Ganglion n. trigemini, Meerschweinchen. Native Gefrierschnitte 5 μ, entfettet in Äther-Chloroform-Alkohol, verascht in Luft bei 520° C, Vergr. 900×, Cardioid-Kondensor. a Der anorganische Rückstand beider Nucleoli ist ungleichmäßig verteilt und wenigstens stellenweise an der Oberfläche dichter; als Folge der Entfettung erscheinen die Aschekörnchen im Zelleib vergröbert und inhomogen verteilt; b der Salzgehalt des Kernes übersteigt das gewöhnlich beobachtete Maß, das Cytoplasma ist im kernnahen Bereich ascheärmer als in der Peripherie. Teilweise aus HINTZSCHE 1939 b

bei einer größeren Zahl von Organen erhalten waren. Er schließt daraus, daß die Kalksalze auf Aufbau des Zellgefüges wesentlich beteiligt sind. Häufig ist auch in der Asche des Zelleibes Eisen enthalten (SCOTT 1934). Manchmal erscheint dagegen das Cytoplasma überhaupt aschefrei, was z.B. POLICARD vom Hyaloplasma in vitro gezüchteter Monocyten und Fibroblasten angibt. Die Mitochondrien, das Binnennetz und das Vakuom sind nach SCOTT (1933b) von dem übrigen Zelleib nicht zu unterscheiden; auch POLICARD (1934b) hält die Untersuchung der Mitochondrien auf ihren Aschengehalt für sehr schwer, da sie kaum andere Salze hinterlassen als das übrige Cytoplasma. UOTILA und JÄÄSKELÄINEN (1937) finden — möglicherweise den Chondriosomen entsprechend — in verhältnismäßig inaktiven Zellen der menschlichen Schilddrüse wenig, in aktiven Zellen viel granula- und vacuolenartige Asche. Den GOLGI-Apparat bezeichnen sie als wahrscheinlich aschearm.

Von weiteren *Zelleinschlüssen* mögen hier noch die Pigmentgranula genannt sein. Melaninkörnchen geben nach der Verbrennung eine rein weiße Asche ohne jede Eisenspur (z.B. in Zellen der Chorioidea, POLICARD 1934b), wodurch ihre Unterscheidungsmöglichkeit gegen Pigmente gegeben ist, die sich vom Blutfarbstoff herleiten. Nach SCOTT (1930b) ist das Pigment der Froschhaut nach der Veraschung gänzlich verschwunden.

Über den Aschengehalt anderer Arten von Zelleinschlüssen (Sekretgranula, Fibrillen) wird bei den einzelnen Geweben und Organen berichtet werden. Hier folgt zunächst eine allgemeine Charakterisierung der Gewebsarten nach ihrem Mineralgehalt.

3. Das Aschenbild des Epithelgewebes und der Drüsenzellen

Wie berichtet, setzt bei den *Epithelien im allgemeinen* der Verbrennungsprozeß ziemlich spät ein; die Verkohlungsphase selbst dauert aber nicht sehr lange, so daß diese Zellen verhältnismäßig früh reine Asche zeigen, in der aber die Kerne noch lange kohlehaltig erkennbar bleiben. Nach Abschluß der Veraschung sind die Epithelkerne meist kreidig weiß, sie bestehen aus gröberen, stark lichtbrechenden Teilchen (POLICARD 1934b). Mehr Einzelheiten ergeben Untersuchungen von KRUSZYŃSKI (1938) an Epithelien von Amblystoma; aschereich sind danach besonders die Kerne der BOWMANschen Kapsel der Niere, aschearm dagegen die Kerne der Nierenhauptstücke und der Darmepithelien, so daß in diesen die Kernkörperchen, Chromatinbrocken und die Kernmembran sichtbar sind. Unregelmäßige Verteilung der anorganischen Substanzen in der Kernmembran, wie sie besonders im Hautepithel von Amblystoma vorkommt, wird von KRUSZYŃSKI als Artefakt gedeutet. Hauptbestandteil der Epithelkerne ist Kalk, Eisensalze sind dagegen nicht nachweisbar. Sehr unterschiedlich ist der Aschegehalt im Cytoplasma der Epithelien. Optisch fast ganz leer war bei Amblystoma der Zelleib in der Epidermis, während in Niere, Pankreas und Darm mittlerer Aschengehalt beobachtet wurde. Besonders dicht sind die Ablagerungen auf der freien Oberfläche von Epithelien, die einen Bürstensaum besitzen; ebenso können auf der entgegengesetzten Zellseite Ascheanreicherungen vorkommen, die vielleicht schon auf die Basalmembran oder die Tunica propria bezogen werden müssen.

Nach HORNING und SCOTT (1932a, b), die unter anderem auch Epithelien der Haut von Hühnerembryonen in Schnitten und als Gewebekulturen verascht haben, ist die anorganische Substanz anscheinend diffus als Calciumoxyd und auch als Natriumverbindung (Natriumnachweis ist aber nicht sichergestellt!) vorhanden, Eisensalze fehlen. Im ganzen betrachtet ist die Asche explantierter Epithelien weniger dicht als die gleicher Zellen von Embryonen desselben Alters, wo die Salzanhäufung so stark ist, daß Einzelzellen gar nicht mehr abgegrenzt werden können. Möglicherweise hängt dieser Befund mit der Ausbreitung der Zellen in der Kultur zusammen, da die Epithelien besonders am Rand des

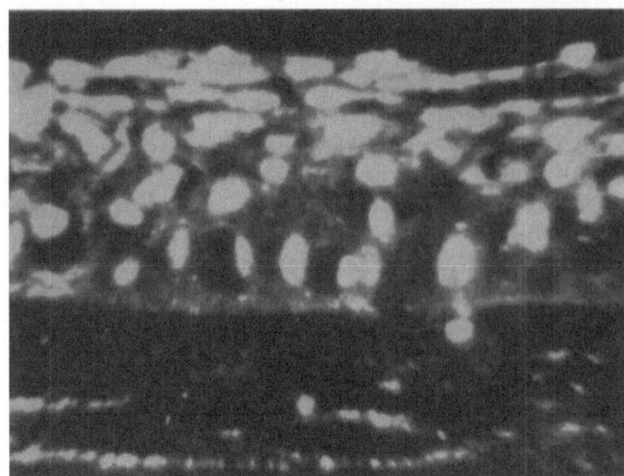

Abb. 18. Vorderes Cornealepithel, Hund. Aschenbild im Dunkelfeld. Präp. Policard

Explantates sogar die Form von Fibrocyten annehmen können. Bei dieser Umgestaltung handelt es sich aber nicht um echte Gewebsdifferenzierung, der Befund beweist nur, daß die Zellform eine sekundäre Eigenschaft ist, die nicht an eine Änderung der chemischen Zusammensetzung des Cytoplasmas gebunden ist.

Aschenbilder der *Cornealepithelien* von Mensch und Hund geben POLICARD und BONAMOUR (1933) wieder (Abb. 18). Beide Epithellagen sind deutlich stärker salzhaltig als die Substantia propria. Das hintere Cornealepithel ist so aschereich, daß eine einzige dichte Lage anorganischer Substanz zurückbleibt, in der cytologische Einzelheiten nicht mehr erkennbar sind. Im vorderen Cornealepithel ist vor allem die oberflächliche Lage abgeplatteter Zellen aschehaltig; auch sie ist nur als eine dichte weiße Linie ausgebildet, in der die gleichfalls sehr aschereichen Kerne nicht oder kaum abzugrenzen sind. In den tieferen Epithellagen sind Ascheanreicherungen außer im Kern nur in den peripheren Zellabschnitten nachgewiesen, gelegentlich ist dort auch anorganische Substanz, deren Bedeutung noch unklar ist, diffus in den Zellen verteilt. Eine leichte Ascheanreicherung findet sich endlich in den basalen Teilen der Cylinderzellschicht.

Vergleicht man damit die Befunde am mehrschichtigen *Plattenepithel der Mundhöhle* (EICKEN 1932, HERRMANN und EICKEN 1932), so fällt die grundsätzliche Übereinstimmung in der Salzverteilung auf. Die oberflächlichste Lage des Epitheles

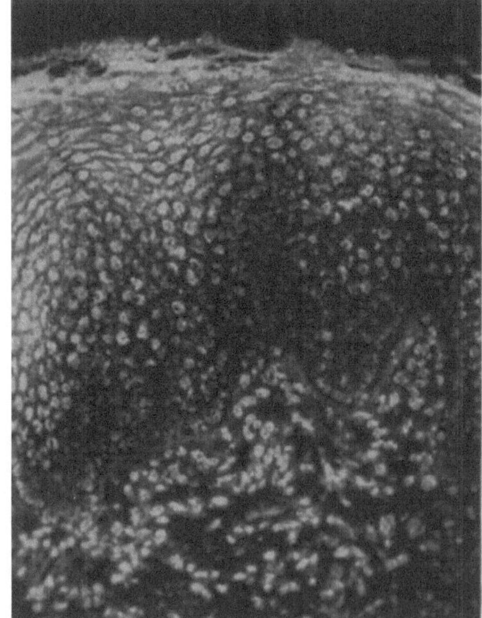

Abb. 19. Mehrschichtiges unverhorntes Plattenepithel, Scheide während der 2. Cyclushälfte, Mensch. Nativer Gefrierschnitt 8 μ, entfettet in Äther-Alkohol, verascht in Luft bei 520° C, Vergr. 180×, Cardioid-Kondensor. Kerne und Zelleiber sind in der Keimschicht aschearm; zunehmende Einlagerung von Salzen in Kernen und Cytoplasma gegen die Oberfläche hin

ist wieder stark aschehaltig und hier in eine breite äußere und eine schmälere innere Schicht gegliedert. Die darunter gelegenen Epithelzellen hinterlassen einen an Menge geringen, leicht bläulichen Rückstand, der nach unten im Bereiche des Stratum spinosum und besonders des Stratum basale zunimmt und dabei grauweiß bis weiß wird. Bei der Löslichkeitsuntersuchung zeigen sich vor allem die Lage der Cylinderzellen und die oberflächliche „hornige" Schicht als calciumreich, sehr ähnlich ist auch die größte Anreicherung des Magnesiums und der Phosphate verteilt (HERRMANN 1932). HERRMANN und EICKEN (1932) haben die oberste Zellage der Mundhöhlenschleimhaut, die echte Hornbildung ja nur in geringem Maß und auf bestimmte Stellen beschränkt zeigt, als ein Stratum corneoidale s. occludens mucosae bezeichnet, um damit die Schutzfunktion dieser Lage darzutun.

Ähnliche, wenn auch nicht immer gleichartige Befunde lassen sich am mehrschichtigen *Plattenepithel der menschlichen Vagina* erheben. Das in Abb. 19 wiedergegebene Präparat stammt aus der zweiten Cyclushälfte. Von den Zellen der basalen Zone sind eigentlich nur die Kerne schwach aschegebend. Mit zunehmender Annäherung an die Oberfläche vermehrt sich aber der anorganische Rückstand zuerst in den Kernen, dann auch im Cytoplasma, nur die intercellulären Spalten bleiben aschearm. Entlang der freien Oberfläche findet sich wieder eine Art Stratum corneoidale mit so hohem Aschegehalt, daß sich die Kerne kaum noch vom Zelleib abgrenzen lassen. Auffälligerweise kehrt sich das Bild völlig um, wenn man vom gleichen Material Kalkaschenpräparate anfertigt (Abb. 20). Das aus demselben Gewebsblock

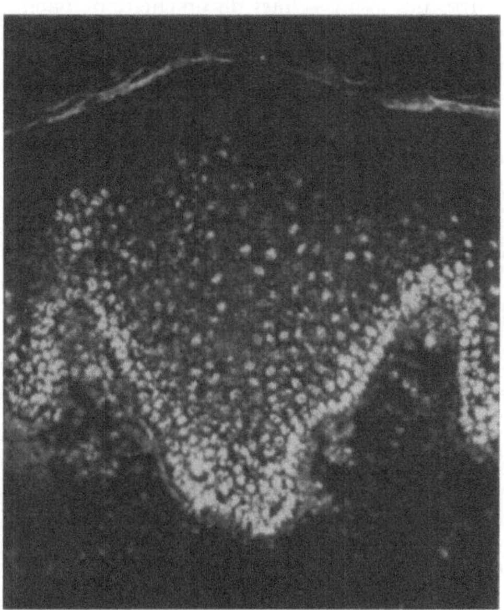

Abb. 20. Mehrschichtiges unverhorntes Plattenepithel, Scheide während der 2. Cyclushälfte, Mensch. Nativer Gefrierschnitt 8 μ, entfettet in Äther-Alkohol, verascht in Luft bei 520° C, Vergr. 180 ×, Cardioid-Kondensor. Kalkaschenbild nach Entfernung der leicht wasserlöslichen Salze. Als ascherreich heben sich vorwiegend die Kerne der Keimschicht, insbesondere die der basalen Zone, ab; außerdem bleibt noch entlang der Oberfläche ein schmaler kernfreier Saum schwerlöslicher Salze erhalten

wie Abb. 19 stammende Spodogramm zeigte nach Entfernung der leicht wasserlöslichen Salze die Kerne der basalen Zone relativ stark aschegebend, gegen die Oberfläche hin verringert sich der anorganische Rückstand der Kerne aber bis zum völligen Fehlen von Salzen; erst an der Oberfläche des Präparates wird wieder eine schmale Linie schwerlöslicher Asche deutlich, sie entspricht wohl dem eigentlichen Stratum corneoidale. Beim Vergleich des Gesamtspodogrammes und des Kalkaschenbildes vom Vaginalepithel ist noch zu beachten, daß die wesentlich geringer gewordene Menge des schwerlöslichen anorganischen Rückstandes eine längere Belichtungszeit des Kalkaschenbildes erfordert; nur diese bedingt in Abb. 20 das starke Hervortreten der Kerne in der basalen Zone.

Das Aschenbild der *Epidermis* ist in früheren Jahren von GANS (1930, 1932), HERRMANN (1932, 1935), SCOTT (1933b), KOOYMAN (1935), RIVELLONI (1937, 1938) sowie von MELTZER und KÜHTZ (1938a) beschrieben worden. Ihre Beobachtungen weichen in Einzelheiten etwas voneinander ab, in den Grundzügen sind jedoch die Befunde an den Hautstücken recht verschiedener Herkunft ziemlich gleich. Im Gegensatz zu den oberflächlichen Lagen embryonaler Haut, die SCOTT arm an Calcium- und Magnesiumsalzen fand, hinterläßt die Hornschicht der Epidermis erwachsener Menschen rein weiße, stark lichtbrechende Asche, die nicht selten auch viel doppelbrechendes Material enthält und größtenteils wasserunlöslich ist. Calcium, Magnesium und Sulfate sind darin reichlich vertreten, Phosphor kommt gleichfalls vor. Haut von verschiedenen Stellen des Körpers scheint vor allem in der Dicke und der Dichte der Asche des Stratum corneum zu variieren (SCOTT). Die übrigen Schichten der Epidermis konnte SCOTT nur wenig scharf unterscheiden; nach seinen Angaben soll der Salzgehalt gegen das Stratum corneum hin allmählich zunehmen. Abweichend davon beschreibt GANS besonders an Stellen mit schon normalerweise stärker entwickelter Hornschicht Unterschiede der einzelnen Epidermislagen. Seine Präparate scheinen jedoch, vielleicht wegen der zu großen Schnittdicke (20 μ Paraffinschnitte von alkoholfixiertem Material), technisch nicht ganz einwandfrei gewesen zu sein (z. B. noch kohlehaltige Kerne?). Dem Stratum basale wird von allen Untersuchern ein ziemlich beträchtlicher Gehalt an anorganischer Substanz zugeschrieben, weshalb RIVELLONI (1937) sowie

Abb. 21. Mehrschichtiges verhorntes Plattenepithel, dünne menschliche Haut. Aschenbild im Dunkelfeld. Das Stratum corneum hinterläßt viel anorganischen Rückstand. Präp. Policard

MELTZER und KÜHTZ (1938a) geradezu von zwei aschereichen Streifen, dem Stratum corneum und dem Stratum germinativum, sprechen, zwischen denen ein an Salzen armes Gebiet liege. Wie in der Hornschicht fallen auch im Stratum basale die Reaktionen zum Nachweis von Calcium, Magnesium, Sulfaten und Phosphaten stark positiv aus. Nicht immer ist jedoch das Stratum basale der Epidermis reicher an Asche, wie die Abb. 21 beweist. SCOTT erwähnt als Besonderheit noch, daß vor allem in den Zellen des Stratum germinativum Unterschiede in der Menge des Kerneisens bestehen. Während dort einzelne Kerne bräunlich-rote Asche geben, erscheinen andere als rein weiße Anhäufungen anorganischer Substanz. Nach SCOTT ist ferner die Kernasche in der Epidermis nicht immer in so großer Menge enthalten wie in anderen Epithelien. KOOYMAN fand sogar, daß sie zuweilen stark wasserlöslich ist, so daß die Kerne nach Extraktion der entparaffinierten Schnitte mit Wasser entweder aschefrei oder wenigstens sehr aschearm werden. Die Zellgrenzen scheinen im veraschten Epithel nicht deutlich dargestellt zu werden. Das Cytoplasma und die Intercellularlücken hinterlassen bläulich-weiße und zuweilen ganz blaue Salzablagerungen, die leicht wasserlöslich sind (Abb. 21).

HORNING (1934b) hat darauf hingewiesen, daß der hohe Mineralgehalt der basalen Epidermiszellen eventuell durch die gedrängte Lage der Kerne vorgetäuscht sein kann. CATHIE (1939) konnte sich dieser Deutung aber nicht anschließen; er hält dafür, daß die Kerne der basalen Zellen wirklich aschereicher sind. Einen gewissen Hinweis darauf gibt auch der von CATHIE und DAVSON (1937) erhobene Befund, daß Basalzellcarcinome mehr Salze hinterlassen als Plattenzellkrebse.

Wegen mancher hier erwähnter Differenzen im Aschenbefund an der Epidermis haben MACCARDLE, ENGMAN und ENGMAN (1943) erneut Spodogramme menschlicher Haut untersucht. Sie veraschten von 70 Personen verschiedenen Alters 5—6 μ dicke Schnitte in Formol-Alkohol fixierter Hautstücke der Ell- und Kniebeuge, des Nackens und der Brust- und Bauchwand. Wesentliche regionale Unterschiede bestehen nach ihren Befunden im Aschenbild der Epidermis nicht, dagegen fanden sie Altersunterschiede recht deutlich ausgeprägt. Haut von Kindern aus dem 1. Lebensjahr gibt im Stratum corneum und granulosum sowie in den oberflächennahen Zellen des Stratum spinosum bläuliche Asche, die von den genannten Autoren noch als für Natrium und Kalium charakteristisch angesehen wird. Die tieferen Lagen der Stachelzellschicht und die basalen Zellen der Epidermis hinterlassen im 1. Lebensjahr schon viel weiße, calcium- und magnesiumhaltige Asche. Bis zum 10. Lebensjahr variiert dann der anorganische Rückstand der Oberhaut ziemlich stark zwischen sehr geringen und schon deutlich erhöhten Mengen; nur die Hornschicht und das Stratum granulosum geben regelmäßig stärkere Ablagerung weißer Asche, die übrigen Schichten der Epidermis sind in diesem Alter teils aschearm, teils aber auch schon reich mineralisiert. Nach dem 10. Lebensjahr setzt eine bis ins Alter zunehmende Einlagerung von Salzen ein. Sie betrifft bei Personen bis zum 50. Lebensjahr alle Schichten der Epidermis mit Ausnahme der basalen Zellage, die meist nur feine bläuliche Asche hinterläßt. Die basalen Zellen und die der Stachelzellschicht haben bei Menschen zwischen 10 und 50 Jahren dicke perinucleäre Mäntel aus Calcium- und Magnesiumsalzen. Eine Sonderstellung nehmen die in allen Lebensaltern vorkommenden „hellen Zellen" ein, die bläuliche Asche geben und deren Kerne beträchtlichen Eisengehalt aufweisen.

ROSSI und CAPURRO (1950) haben nach Untersuchungen an der Haut von Cephalopoden hervorgehoben, daß der anorganische Rückstand der Epithelzellen immer dem Bilde isolierter Zellelemente entspricht, während die von diesen abstammende Cuticula im Spodogramm stets als ungegliederte Bildung erscheint. Die Körperdecke von Arthropoden hat RICHARDS (1956) eingehend auf ihren Salzgehalt untersucht. Werden sehr dünne Schnitte besonders vorsichtig verascht so zeigt sich die Cuticulin-Unterschicht der Epicuticula als besonders reich an anorganischem Material. Offenbar sind die Salze an Proteine gebunden. Die Procuticula dagegen ist verhältnismäßig aschearm, im Spodogramm bleibt ihre gewöhnlich erkennbare lamelläre Struktur deutlich erhalten. Durch die Erhärtung wird das Aschenbild der Epicuticula nicht verändert, in der Procuticula dagegen nimmt der anorganische Rückstand ab mit Ausnahme der Tonofibrillen an den Muskelansatzstellen. Sehr aschereich sind die Epidermiszellen.

Weitere Beobachtungen über den Aschengehalt von Epithelien mit vorherrschender Deck- und Schutzfunktion liegen vom *Epithel der harnleitenden Wege* vor (Ureter, Katze; SCOTT 1933 b). Die bläulich-weiße Asche ist hier im ganzen gleichmäßig verteilt, in den tieferen Zellagen jedoch deutlich vermehrt. Lumenwärts ist das Übergangsepithel durch eine schmale dichte Aschenlinie abgegrenzt, die stark lichtbrechend ist, viel Silicium enthält und in Wasser schwer löslich ist. Nach Farbe und Aussehen gleicht im übrigen das Cytoplasma des Übergangsepitheles im Aschenbild den Befunden an der Epidermis, an der Oesophagus- und der Vaginalschleimhaut.

ALLARA (1950) nennt den anorganischen Rückstand des Blasenepitheles der
weißen Ratte spärlich, sehr fein und von grauer Farbe. Nach GÖLDI (1952)
stimmt die Verteilung der Gesamtasche im Blasenepithel von Meerschweinchen,
Schwein, Rind und Mensch bis auf kleine unwesentliche Unterschiede überein.
4 und 5 μ dicke Schnitte alkoholfixierten Materiales gaben sehr fein verteilte
Asche im Cytoplasma und gröbere Partikel um die Kerne herum. Wie SCOTT
findet auch GÖLDI die basale Zellage etwas reicher an anorganischer Substanz.
Flachschnitte des Epitheles lassen in dessen mittlerem Bereich eine Anhäufung
der Salze an der Zellperipherie erkennen. Die Deckzellen zeigten immer lumenseitig die schon von SCOTT beschriebene dichtere Aschenlinie (Abb. 22), die nach
Entfernung der leicht wasserlöslichen Anteile sogar noch deutlicher erkennbar ist.

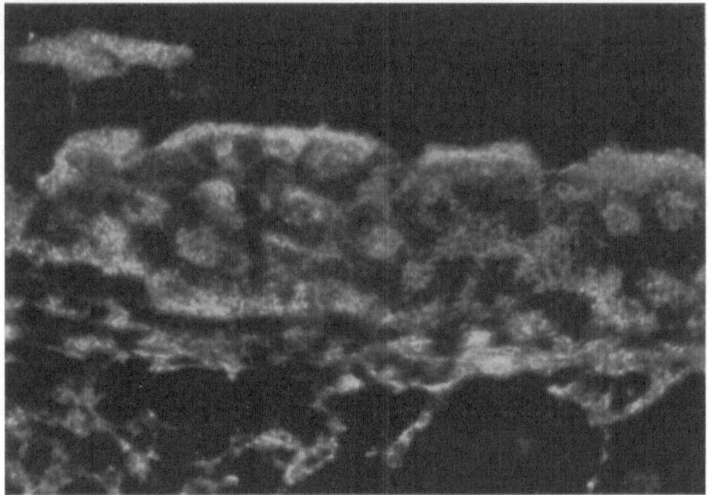

Abb. 22. Übergangsepithel, Harnblase, Meerschweinchen. Absoluter Alkohol, Paraffinschnitt 4 μ, verascht
in Luft bei 520° C, Vergr. 570×, Cardioid-Kondensor. Leichte Vermehrung der Salze in der Crusta der
oberflächlichen Zellen

Während Epithelien also im allgemeinen hohen anorganischen Rückstand
hinterlassen, gibt KROPP (1940) vom *Amnionepithel* an, daß die Kerne aschearm
oder aschefrei gefunden werden. Zweifellos ist seine Ansicht richtig, daß sich
darin funktionsbedingte Unterschiede ausdrücken.

Über das *Flimmerepithel* haben HENCKEL (1931), SCOTT (1933 b) und POLICARD
(1934 c) Beobachtungen veröffentlicht, die sich aber nur zum Teil decken, allerdings auch verschiedenes Untersuchungsmaterial betreffen. HENCKEL beschrieb
in dem aschereichen Epithel eine besonders dichte Lage anorganischer Substanz
nahe dem Lumen, ohne eine Deutung dafür zu geben; die beiden anderen Autoren
berichten dagegen, daß sie die Reihe der Basalknötchen als aschereich erkennen
konnten, obwohl der Salzgehalt des Cytoplasmas so hoch sei, daß Zellgrenzen
nicht deutlich wären. Während SCOTT aber eine gleichmäßige Verteilung der
Asche im Zelleib gesehen hat, beschreibt POLICARD den apikalen Abschnitt
als ascheärmer gegenüber dem gehäuften Salzvorkommen in den basalen Zellteilen.

Auch über den Mineralgehalt der Flimmern weichen die Angaben voneinander
ab: POLICARD findet an ihrer Stelle, wenn überhaupt, so nur ganz wenige Aschekörnchen, nach SCOTT aber hinterläßt jede einzelne Cilie deutlich Asche in Form

einer dünnen fadenartigen Linie, die ganz gleichmäßig dick und nur etwas verschieden lang ist. Sie soll die für den Eisengehalt charakteristische Farbe zeigen. Der gleiche Befund wird von ihm auch für die Nasenschleimhaut und für andere Zellen mit echten Kinocilien beschrieben. KRUSZYŃSKI (1938) glaubt indessen wie POLICARD (1934) nicht an den Eisengehalt der Flimmern, ihre rotgelbliche Farbe sei Folge ungenügender Veraschung der Präparate SCOTTs gewesen.

Das Epithel des Nebenhodenganges wird erstmals hier in Abb. 23 wiedergegeben. Auffällig ist die apikale Anhäufung der Asche in den Zellen und der in Form von Fäden angeordnete Rückstand anorganischer Substanz der Stereocilien.

Nach ihrem Salzgehalt sind schließlich auch die

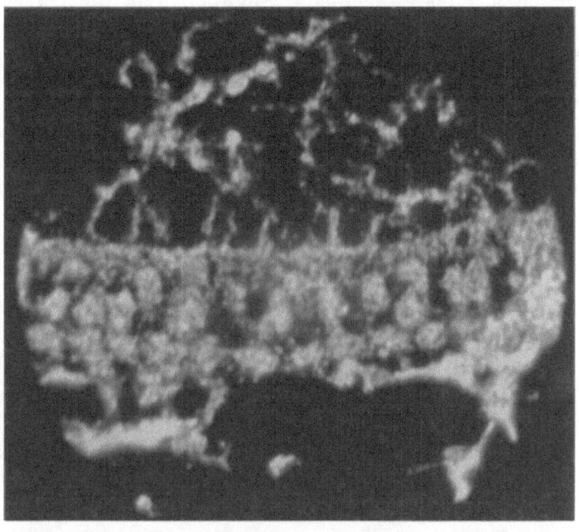

Abb. 23. Epithel des Ductus epididymidis, Mensch. Formol, Paraffinschnitt 4 μ, verascht in Luft bei 520⁰ C, Vergr. 720 ×, Cardioid-Kondensor. Typische Anordnung der Kerne und apikale Anhäufung der Asche in den Zellen, deren Stereocilien sich als aschegebende Fäden in das Lumen erstrecken

Epithelien des Darmkanales typisch differenziert (SCOTT 1933 b). Die Zellen der Magengrübchen geben mattweiße lichtbrechende Asche, die vor allem entlang der freien Oberfläche, aber auch an den seitlichen Berührungsflächen der Zellen angehäuft ist. Die Sammelstellen des schleimigen Sekretes sind aschefrei. Im Dünndarmepithel ist der Mineralgehalt der Stäbchencuticula je nach dem funktionellen Zustand etwas verschieden. Zellen mit stark resorptiver Tätigkeit haben eine scharf begrenzte Cuticula, bei Hungerwirkung wird die Abgrenzung dagegen undeutlich. In der Stäbchencuticula tätiger Zellen sind die Ascheteilchen reichlicher vorhanden als im Cytoplasma, sie sind rein weiß, stark lichtbrechend, zum Teil sogar doppelbrechend. Auch der Salzgehalt des Cytoplasmas

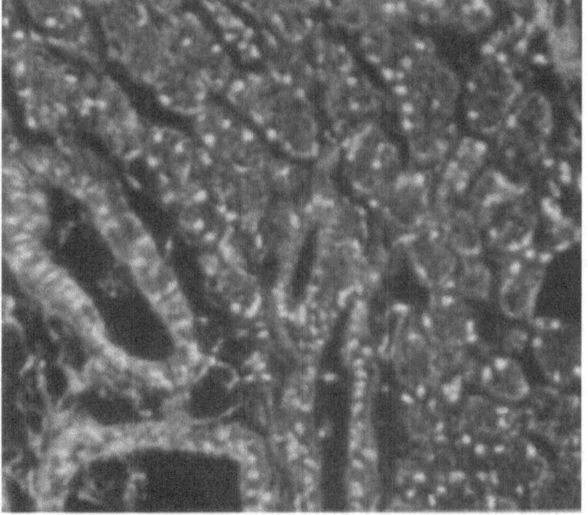

Abb. 24. Seröse Zellen, Glandula parotis, Mensch. Absoluter Alkohol, Paraffinschnitt 4 μ, verascht in Luft bei 520⁰ C, Vergr. 300 ×, Cardioid-Kondensor. Das Cytoplasma der serösen Drüsenzellen ist ziemlich aschereich. Aus HÖBEL 1954

schwankt je nach der Verdauungstätigkeit. Die Epithelien der Dickdarmkrypten sind nur wenig aschehaltig, ihre freie Oberfläche und die seitlichen und basalen Zellgrenzen lassen sich trotz ihres geringen Aschegehaltes erkennen; Sammelstellen des Schleimes sind auch hier ganz frei von Asche.

Anschließend an die Befunde über den Salzgehalt der Darmepithelien, die ja nicht nur Deckfunktion haben, sondern auch dem Stoffwechsel dienen, seien hier noch einige allgemeine Angaben über die verschiedenen Arten der *Drüsenzellen* angeführt. In albuminösen Zellen, von denen ich selbst (1935a, b) zum Teil gemeinsam mit WERNLY (1936), die des Pankreas untersucht habe und über die auch POLICARD, MORIN und NÉTIK (1934) berichteten, sind die apikalen Abschnitte ganz aschearm, die Sekretgranula sind also anscheinend rein organischer Natur. Die basalen Zellteile heben sich dagegen als sehr aschereich von den apikalen salzarmen Gebieten ab. An dieser grob granulierten, stark lichtbrechenden Aschenanreicherung hat der gut abgrenzbare Kern zweifellos Anteil,

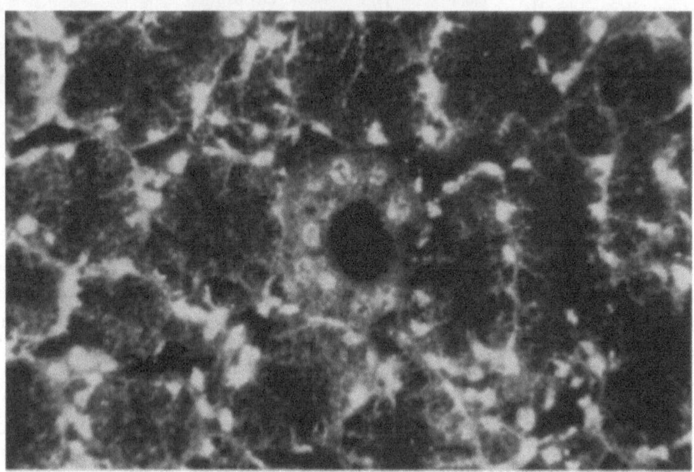

Abb. 25. Muköse Zellen, Glandula sublingualis maj., Ratte. Nativer Gefrierschnitt 5 μ, verascht in Luft bei 520° C, Vergr. 540 ×, Cardioid-Kondensor. Die mukösen Zellen hinterlassen verhältnismäßig wenig anorganische Substanz, dagegen haben die Zellen des in der Bildmitte gelegenen Streifenstückes hohen Aschegehalt im Cytoplasma

doch ist richtig, daß man auch den Basallamellen seröser Zellen hohen Salzgehalt zuschreibt (Abb. 24). Im Gegensatz zu POLICARDs Angabe, die sich auf die Bauchspeicheldrüse des Hundes bezieht, habe ich beim Meerschweinchen die basale Ascheanhäufung deutlich orangefarbig gefunden. MAXIA (1941) bestätigte durch Untersuchungen an der Gl. parotis verschiedener Species grundsätzlich die vorstehend beschriebenen Befunde; weniger differenziert scheint nach ALLARA (1949) die Aschenverteilung in serösen Zellen der Gl. submandibularis des Hundes gewesen zu sein (vgl. S. 79).

Starken Veränderungen während des postembryonalen Lebens unterliegen die serösen Spüldrüsen unter den Geschmacksorganen (ALLARA 1941). Zur Zeit der Geburt sind die Aschenmengen gering, sie gehören vorzugsweise den Kernen an. Gegen Ende des 1. Lebensjahres tritt starke Zunahme der Salze speziell auch im Cytoplasma ein, sie schreitet bis zum 10. Lebensjahre noch weiter fort. Beim Erwachsenen kommen Acini vor, in denen die Kerne aschereicher sind als das Cytoplasma, aber auch der umgekehrte Zustand, daß nämlich die Kerne wie ausgesparte leere Räume im stark salzhaltigen Zelleib liegen, ist festzustellen. Mit zunehmendem Alter werden die Ascheteilchen gröber, sie gehören dann so gut wie ausschließlich den Kernen an. Die Wände der Speichelrohre und die Ausführungsgänge geben keine höheren Ascherückstände als die Acini. Calcium ist immer vorhanden, Silicium erst von der Pubertät an, dann aber in steigender

Menge. Phosphate kommen anscheinend nur beim Erwachsenen und beim Greise vor.

Muköse Zellen sind aus der Gl. sublingualis maj. der Ratte von Scott (1933b) abgebildet worden, ebenso bearbeitete ich solche (vgl. Abb. 25) gemeinsam mit Wernly (1936). Ich fand (1935a, b) die mukösen Abschnitte der Speicheldrüsen von Meerschweinchen aschefrei oder mindestens sehr aschearm, salzreich dagegen die basalen, auch den Kern enthaltenden Zellteile und die schmalen, cytoplasmatischen Streifen an den gegenseitigen Berührungsflächen der Zellen. Gleichfalls aschehaltig ist die beim Meerschweinchen in den Zellen der Gl. sublingualis maj. vorkommende supranucleäre Lamellenlage. Sehr ähnlich lauten

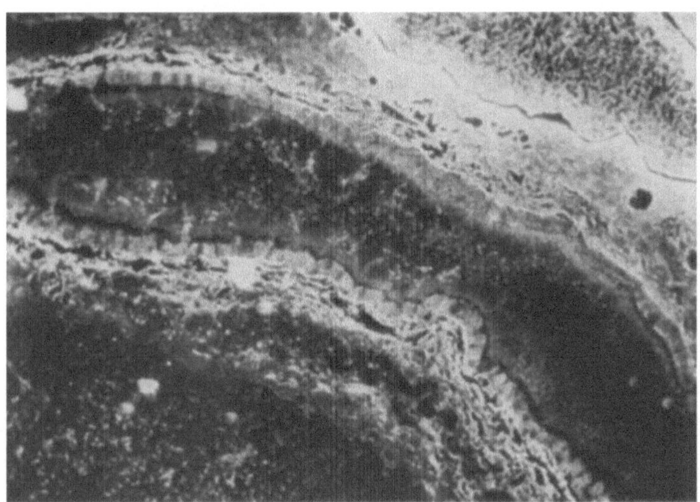

Abb. 26. Ductus submandibularis, Meerschweinchen. Nativer Gefrierschnitt 10 μ, verascht im Stickstoffstrom bei 520° C, Vergr. 90×, Cardioid-Kondensor. Zahlreiche aschearme, daher dunkel erscheinende Aussparungen im Epithel entsprechen Becherzellen. Aus Hintzsche 1935b

die neueren Beschreibungen muköser Zellen von Maxia (1941), während Allara (1949) in der Glandula submandibularis von Hunden auch die verschleimten Abschnitte ziemlich aschereich fand.

Becherzellen beschrieb Scott (1933b) im Dünn- und Dickdarm, ich selbst (1935b) habe sie in Drüsenausführungsgängen untersucht; ihre Sekretsammelstellen weisen außerordentlich geringen Salzgehalt auf (Abb. 26), häufig erscheinen sie überhaupt ganz frei davon. Vereinzelt hat Scott feine, etwas eisenhaltige Asche gefunden.

4. Das Aschenbild der Binde- und Stützgewebe

Im *Mesenchym* von Hühnerembryonen beschreiben Horning und Scott (1932a) nach dem Aschengehalt zwei verschiedene Zellarten. Bei der einen ist die Kernasche stark lichtbrechend und enthält beträchtliche Mengen von Calcium und Eisen, bei der anderen tritt dagegen der Kern nur schwach hervor, seine Asche ist auch nicht besonders lichtbrechend. Über die mögliche Bedeutung dieser Unterschiede fehlen Angaben. Nach Policard (1934c) geben Reticulumzellen, die er in den Lymphfollikeln der Bronchien untersucht hat, eisenhaltige Asche.

In Mischkulturen zusammen mit Epithelien gezüchtete Herzfibroblasten enthalten nach Horning und Scott (1932b) beträchtlich größere Mengen von

Calcium als die Epithelien und deutlich weniger Natrium. Bei sorgfältiger Untersuchung können beide Zellarten auf Grund ihres Salzgehaltes sicher unterschieden werden. Die Kernasche der *Fibroblasten* beschreibt POLICARD (1934b) als aus gleichmäßig verteilten, feinen Körnchen gebildet, deren Kleinheit nicht selten der Asche ein bläuliches Aussehen gibt. Das Hyaloplasma in vitro gezüchteter Fibroblasten scheint überhaupt aschefrei zu sein. Embryonales Bindegewebe ist im ganzen arm an anorganischen Stoffen, *kollagenes Bindegewebe* dagegen aschereich (BAGIŃSKI 1929, 1932); es enthält viel Silicium (TSCHOPP 1929) und verascht ziemlich schnell (POLICARD 1929b) mit Ausnahme der *elastischen Fasern* (EICKEN 1932). Eine ausführliche Beschreibung des Aschenbildes der kollagenen und der

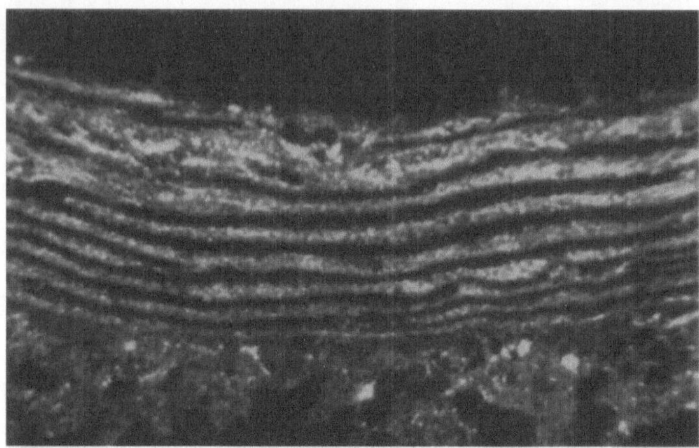

Abb. 27. Aorta, junge Ratte. Formol-Alkohol, Paraffinschnitt 4 μ, verascht in Luft bei 520° C, Vergr. 675×, Cardioid-Kondensor. Die elastischen Lamellen erscheinen als dunkle, d.h. aschefreie Streifen zwischen den an anorganischem Material reichen Bindegewebs- und Muskellagen

elastischen Fasern aus der Haut findet sich bei GANS (1930). Danach hinterlassen die leimgebenden Fasern eine dunkel-weißgraue, klumpige und bröckelige Asche, während die des elastischen Gewebes in Form kurzer Bröckel und Fäden von weißer Farbe erscheint. RAVAULT (1927b) hatte bei der Untersuchung von Gefäßen den Eindruck, daß die in der Media beobachteten Aschestreifen dem elastischen Gewebe entsprechen, was auch SCHULTZ-BRAUNS (1929) annimmt; der gleiche Autor hatte auch angegeben, daß mit steigendem Alter eine Aschenzunahme in den elastischen Fasern eintritt. Mit diesem Befund würde auch die Abbildung eines Lig. nuchae bei GAGE (1938) übereinstimmen. ALEXANDER (1937) sowie ALEXANDER und MYERSON (1937) bestreiten dagegen das Vorkommen von Salzen im elastischen Gewebe der Gefäßwand, auch ich selbst (1939a) habe bei Untersuchungen an der Aorta junger Ratten die elastischen Lamellen aschefrei gesehen (Abb. 27). Diese unterschiedlichen Befunde sind heute dahin zu deuten, daß elastische Fasern im Jugendstadium keine Mineralien enthalten, daß aber die zeitlich und graduell sehr ungleich auftretende Alterung zur Einlagerung von Salzen, speziell von Calcium führt (DEMPSEY und LANSING 1954).

ALLARA (1937a, 1938) hat nach der Technik von SCHULTZ-BRAUNS Untersuchungen an verschiedenen Bindegewebsarten (Sehne, Corium, Mesenterium, Organstroma, Fettgewebe, Darmzotten von Meerschweinchen, Kaninchen und Hund) angestellt und gefunden: Die leimgebenden Fasern sind im allgemeinen aschereich, Sehnen- und Coriumfasern hinterlassen aber oft etwas weniger Salzrückstand als das lockere Bindegewebe und Anhäufungen reticulären Gewebes. Die einzelne kollagene Faser zeigt die Asche nahe der Oberfläche stärker gehäuft als im Zentrum, in reticulären Fasern ist die Ascheverteilung eher gleichmäßig. Dichtfasriges Bindegewebe gibt grobkörnige, lockeres und reticuläres Bindegewebe dagegen feinkörnige Asche; auf diesen Unterschieden beruht wahrscheinlich auch die differente Färbung. Durch chemische Untersuchung der Asche ist Calcium, Silicium, Kalium und Natrium nachweisbar, von denen aber nur das Calcium als regelmäßiger Bestandteil anzusehen ist. Silicium ist vor allem im Sehnengewebe festzustellen. Natrium und Kalium scheinen im kollagenen Gewebe reichlicher vorhanden zu sein als im reticulären. Alle angeführten Unterschiede werden auf physikalische und physikalisch-chemische Abweichungen in der Zusammensetzung der einzelnen Bestandteile des Bindegewebes zurückgeführt. Dabei wird vor allem betont, daß das reticuläre und manche Arten des kollagenen Gewebes nach Aussehen und Zusammensetzung ihres anorganischen Rückstandes nicht sicher zu differenzieren sind, zumal die Unterschiede einzelner Formen des kollagenen Bindegewebes untereinander oft größer sind als die zwischen dem kollagenen und dem reticulären Bindegewebe. Am meisten gleicht das reticuläre Gewebe nach dem Aussehen des Aschenbildes und der Zusammensetzung der Salze dem lockeren Bindegewebe (Stroma) der Organe.

Versuche, Aschenbilder zur Deutung von Befunden an imprägnierten oder gefärbten mikroskopischen Präparaten heranzuziehen, machte ALLARA (1950a, b) beim Studium der *Basalmembran*. Durch histologische Untersuchungen an der Schleimhaut von Uterus, Trachea, Oesophagus und Harnblase der weißen Ratte kam er, wie andere Autoren, zu dem Schluß, daß im Grenzbereich Epithel-Tunica propria 2 Formen der Basalmembran zu unterscheiden sind, eine durch Verdichtung reticulärer Fasern der Tunica propria gebildete Membrana reticularis und eine nichtfasrige, also unstrukturierte Membrana basalis. Während die Membrana reticularis, wenn auch in wechselnder Ausbildung, bei den untersuchten Organen immer vorhanden war, kommt eine unstrukturierte Basalmembran nur inkonstant vor; bis zu einem gewissen Grade kann man den Entwicklungszustand beider als gegensätzlich bezeichnen. In veraschten Präparaten erscheint die unstrukturierte Basalmembran immer als gleichmäßige Linie feinster Aschekörnchen, die mehr dem Epithel als der Tunica propria anhaftet. Die Membrana reticularis dagegen tritt nie unter dem Bilde einer beidseits scharf begrenzten Linie auf, vielmehr geht die grobkörnige etwas verklumpte Asche der Tunica propria mit zunehmender Annäherung an das Epithel in immer feinere und dichter gelegene Granula über. ALLARA glaubte, diese Befunde dahin deuten zu können, daß an Orten mit gut entwickelter Membrana reticularis starker Stoffaustausch zwischen Bindegewebe und Epithel herrscht, während die Aschenlinie der unstrukturierten Basalmembran durch eine Art Stau an Orten geringen Stoffdurchtrittes zustande gekommen sein soll.

Histiocyten und andere amöboide Zellen, die HORNING und SCOTT (1932b) in Gewebekulturen untersucht haben, enthalten gegenüber Fibroblasten sowohl im Zelleib wie in den Pseudopodien außerordentlich hohe Aschemengen, insbesondere Calcium; POLICARD (1928a, d) sah die Asche jedoch vor allem nahe dem Kern angehäuft.

Basophil granulierte Zellen des lockeren Bindegewebes, sog. *Mastzellen*, haben im Vergleich zu Fibrocyten sehr hohen Aschegehalt. Dieser ist vorwiegend in den Granula lokalisiert (Abb. 28), die ja als kaliumreich bekannt sind. Im Kern der Mastzellen sind die Salze — ebenso wie in denen der Fibrocyten — sehr fein granuliert und gleichmäßig verteilt.

Bei POLICARD und DOUBROW (1924) ist das *Fettgewebe* in Wasser aufgefangener Gefrierschnitte arm an anorganischen Substanzen oder selbst frei davon genannt. Veraschte Fettzellen aus dem Subcutangewebe des Menschen hat SCOTT (1933 b) abgebildet, als salzhaltig erweist sich nur der Kern und die periphere Cytoplasmalage, nicht das Fett selbst, wie ich nach eigenen Beobachtungen an nativen Gefrierschnitten bestätigen kann. Auch bei Einlagerung in andere Zellen ist Fett immer aschefrei (POLICARD 1934 a). Zwischen pathologischen Fettablagerungen und Aschevermehrungen soll allerdings nach SCHULTZ-BRAUNS (1931) häufig eine enge Beziehung bestehen. Lipopigmentierte sog. CIACCIO-Zellen, die BAGIŃSKI (1927 a, b) in der Epiphyse verschiedener Tiere untersuchte, enthalten

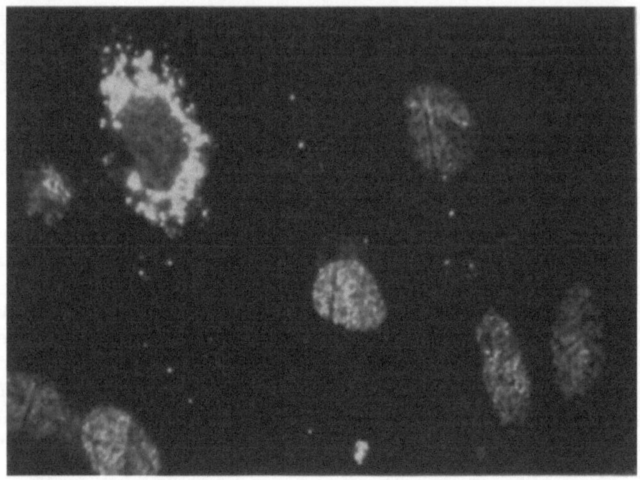

Abb. 28. Mastzelle und Fibrocyten, subcutanes Bindegewebe, Maus. Nativ verascht in Luft bei 520° C, Vergr. 835×, Cardioid-Kondensor. Stark leuchtende Granula in der Mastzelle; die dunklen, über die Bindegewebskerne verlaufenden Linien rühren von überlagernden elastischen Fasern her

an Salzen außer Kalk auch reichlich Eisen im Gegensatz zu melaninhaltigen Zellen, die nach der Verbrennung große Mengen rein weißer, also eisenfreier Asche hinterlassen (POLICARD 1928 a). Pigmentzellen aus den tiefen Lagen der Haut von Triton bleiben nach POLICARDs Angabe (am selben Ort) auch besonders lange kohlehaltig.

Von den Stützgeweben seien *Chorda* und *Vorknorpel* zusammen besprochen, da beide Gewebsarten von HORNING und SCOTT (1932 a) nach Untersuchungen an Hühnerembryonen vergleichend beschrieben sind. Nach $4^1/_2$ Tage dauernder Bebrütung hinterlassen die Chordazellen netzförmig angeordnete Asche, die Intercellularspalten sind dagegen aschefrei. Die Vorknorpelzellen heben sich klar davon ab, da sie so viel Calcium enthalten, daß irgendwelche Einzelheiten nicht mehr erkennbar sind; ihre Asche scheint frei von Eisen zu sein. Weiterhin nimmt die Calciummenge im Vorknorpel noch zu, so daß bei 7 Tage alten Hühnerembryonen beträchtliche Anhäufungen von Kalkasche um die scharf abgegrenzten älteren Teile der Chorda herum beobachtet werden können. Die von den Vorknorpelzellen stammende Ascheanhäufung ist so dicht, daß die Kerne nicht mehr einzeln zu erkennen sind. Im ganzen ist die sich auf etwa 10—12 Zellbreiten erstreckende Anreicherung anorganischer Substanzen auf der dorsalen Seite der Chorda am kräftigsten. Eisen kommt in den näher der Chorda gelegenen Vorknorpelzellen in etwas geringerer Menge vor als in den peripheren Lagen.

Schnitte von *Knorpel* veraschen nach POLICARD und PILLET (1926b) nur langsam. Die Tibiaepiphase vom neugeborenen Menschen hinterläßt sehr reichlich homogene Salze von grauer Farbe, die Zellen selbst erscheinen leer, zuweilen liegt ein schmaler Aschesaum rund um die Zelle herum (POLICARD 1928e). Auch im Knorpel der Wirbelkörper von Selachiern und im Rippenknorpel einer jungen Katze verteilen sich die anorganischen Substanzen im unverkalkten Teil ganz gleichmäßig; Calciumgehalt die-

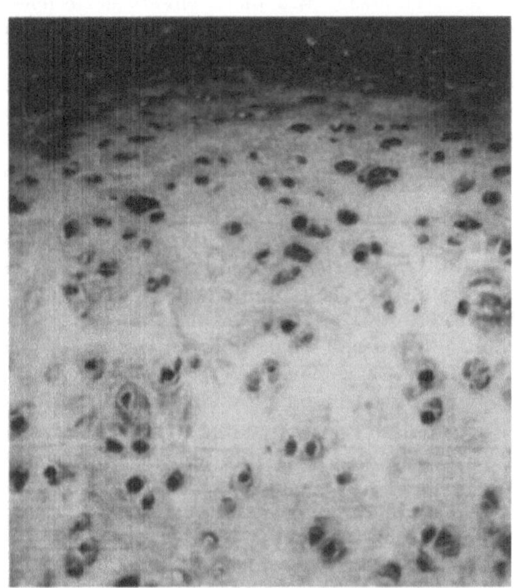

Abb. 29. Trachealknorpel, Mensch. Formol, Paraffinschnitt 4 μ, verascht in Luft bei 520° C, Vergr. 180 ×, Cardioid-Kondensor. Von dem im Bilde oben gelegenen verhältnismäßig salzarmen Perichondrium aus wird die Intercellularsubstanz des Knorpels zunehmend aschereicher. Zum Teil sind die Knorpelzellhöfe und -kapseln durch unterschiedlichen Gehalt an anorganischer Substanz markiert

ser Asche ist durch die Gipsreaktion sichergestellt (BAGIŃSKI 1929). Nach SCHULTZ-BRAUNS (1929) gibt der Knorpel schon beim Kinde reichlich Rückstand von bläulich-weißer Farbe, der oft ganz gleichmäßig in der Grundsubstanz verteilt ist. Beim Erwachsenen kommen daneben noch mehr oder weniger hochgradige rein weiße Ablagerungen vor, die meist in der Grundsubstanz, manchmal aber auch in den Zellen liegen; in den am wenigsten veränderten Knorpelzellen ist die Asche nur in den äußersten Cytoplasmalagen gehäuft. Bei reichlicherem Salzgehalt erscheint der ganze Zelleib damit angefüllt, doch bleibt der Kern dann gleichsam ausgespart; nur in ganz wenigen Fällen kann auch der Kern sehr aschereich werden. Eine ganz ähnliche Beschreibung des Aschenbildes gibt HENCKEL (1931) vom Knorpel der Trachealspangen (Abb. 29). SCOTT (1933b) fand bei Untersuchungen am Femur des neugeborenen Hühnchens und von Katzenembryonen in der Knorpelgrundsubstanz grauweiße Asche in gleichmäßiger Verteilung, nur rund um jede Zellgruppe herum sei ein Ring dichter weißer Salzablagerung vorhanden. Der Kern der Knorpelzellen gab kompakte weiße Asche, das Cytoplasma erschien nur in Form dünner, ungleichmäßig verteilter Flecken (vgl. Abb. 10 auf S. 19). Das Aschenbild des Äquatorialknorpels im Auge von Sepia ist nach KRUSZYŃSKI (1933a) dem oben erwähnten Knorpelspodogramm ähnlich; derselbe Autor (1936) berichtete auch ausführlich über den Kalkgehalt in vitro gezüchteten Knorpelgewebes.

Die der *Knochenbildung* vorangehenden Knorpelveränderungen hat POLICARD (1928e) beschrieben und dabei frühere Befunde, die er zusammen mit PILLET (1926b) veröffentlichte, richtiggestellt; auch in der Mitteilung von POLICARD, PÉHU und BOUCOMONT (1932a) finden sich noch einige hierher gehörende Angaben. Nach all diesen Beobachtungen gleicht der Reihenzellknorpel dem gewöhnlichen hyalinen Knorpel in Salzgehalt und -verteilung weitgehend. Im Gebiete der hypertrophischen Knorpelzellen vermindert sich deren Aschengehalt, während er sich in den Balken der Intercellularsubstanz erhöht, besonders wenn erst die Knorpelzellhöhlen durch eindringende Blutcapillaren eröffnet worden sind.

Osteoblasten aus Gewebekulturen vom Supraorbitalrand $8^1/_2$ Tage alter Hühnerembryonen haben HORNING und SCOTT (1932b) verascht. Gegenüber gewöhnlichen Bindegewebszellen ist ihr Gehalt an Calcium außerordentlich hoch, dagegen sollen sie kein Natrium enthalten, womit die anorganische Individualität dieser Zellen erwiesen wäre. Der Mangel an Natrium ist jedoch nur aus der Aschenfarbe erschlossen, also nicht chemisch gesichert. In der von den Osteoblasten zunächst gebildeten noch nicht erhärteten Knochenschicht hat POLICARD durch Mikroveraschung keine Befunde erheben können, die für eine Anreicherung von Kalkverbindungen sprechen (zit. POLICARD und ROCHE 1937). Fertig verkalktes *Knochengewebe* ist nach der Veraschung gelblich, homogen und hornartig durchscheinend, sehr resistent und nicht brüchig, allerdings durch die Erhitzung oft stark gekräuselt.

5. Das Aschenbild des Muskelgewebes

In veraschten *glatten Muskelzellen* des Uterus und des Ileum von Katzen beschreibt SCOTT (1933b) die Kerne als stark aschegebend, ihre Membran findet er jedoch im Spodogramm nicht so deutlich wie bei vielen anderen Zellarten. Die Myofibrillen erscheinen als längsgerichtete Reihen von Aschekörnchen, an Kontraktionsknoten liegen größere Anhäufungen anorganischer Substanz ohne erkennbare Einzelheiten. Die Oberflächenbegrenzung der glatten Muskelzellen ist nicht durch besonderen Salzgehalt markiert (s. die Abb. 10 auf S. 19).

Obwohl im Aschenbild der Gefäßwand Einzelheiten des Feinbaues der glatten Muskulatur nur schwer zu erkennen sind, wird doch angegeben, daß die Aschenmenge gegen die Zelloberfläche hin etwas zuzunehmen scheint. KRUSZYŃSKI (1938) fand bei seinen Untersuchungen an Rana esculenta, Amblystoma, Salamandra maculosa und Triton ebenfalls eine derartige Häufung anorganischer Substanz an der Oberfläche der glatten Muskelzellen, die wahrscheinlich dem Sarkolemm angehört. Er sah ferner die Kernmembran der glatten Muskelzellen deutlich aschehaltig und stellte fest, daß unter den anorganischen Stoffen in der glatten Muskulatur die Kalksalze überwiegen. Über weitere Einzelheiten berichteten CAREY und ZEIT (1939) nach Befunden an der glatten Muskulatur des Darmes. Es ist ihnen gelungen, darin neben Calciumoxyd und Silicaten auch Eisenoxyd nachzuweisen. In den an sich schon aschereichen Kontraktionsknoten konnten sie eine weitere Zunahme der Menge anorganischer Substanz bewirken, wenn der Grad der Kontraktion durch Wärmeeinwirkung künstlich verstärkt wurde. SCOTT (1940b) fand bei seinen elektronenmikroskopischen Untersuchungen Calcium und Magnesium in der glatten Muskulatur.

TSCHOPPS Angaben von 1929 über das Spodogramm der *Skeletmuskulatur* waren verhältnismäßig knapp und es entsprach daher wohl nur dem damaligen Zustande des Wissens, wenn GERLACH (1931) feststellte, daß die Aschenbilder der quergestreiften Muskulatur „nichts aussagen“. Histophysiologisch ist es jedoch zweifellos interessant, daß sich die Myofibrillen der Skeletmuskulatur nach der Verbrennung deutlich wieder erkennen ließen. Die anisotropen Teile zeigten sich besonders stark aschegebend, während die isotrope Substanz fast ganz frei von anorganischen Stoffen gefunden wurde; auch die KRAUSEsche Zwischenscheibe war an ihrem hohen Aschegehalt deutlich erkennbar (TSCHOPP 1926, 1929). Diese Beobachtungen sind von SCOTT (1932b, 1933b) bestätigt und dahin erweitert worden, daß auch der Rückstand des Q-Streifens gelegentlich noch in 2 Reihen von Aschekörnchen differenziert sein kann und nicht selten eisenhaltig gefunden wird. Das Sarkolemm hinterläßt eine ganz deutliche Linie weißlicher Asche mit einigen Siliciumeinlagerungen (vgl. Abb. 10 auf S. 19). POLICARD (1934b) hat Eisen im Q-Streifen gleichfalls gesehen und des weiteren angegeben, daß das Sarkoplasma nur ganz unbedeutende Mengen anorganischer Substanz enthält. Die Kerne der Skeletmuskulatur fand er kreidig weiß, sie geben kompakt gelagerte gröbere und stark lichtbrechende Aschekörnchen, während die der Herzmuskulatur bläulich-weiße, sehr fein granuläre und gleichmäßig verteilte Asche hinterlassen. Eine eigene Aufnahme gebe ich in Abb. 30 wieder.

Nur nebenher sei auf die Befunde von BUSNEL (1938) verwiesen, der Muskulatur von Torpedo und von Raja im Vergleich zum elektrischen Organ sehr asche-

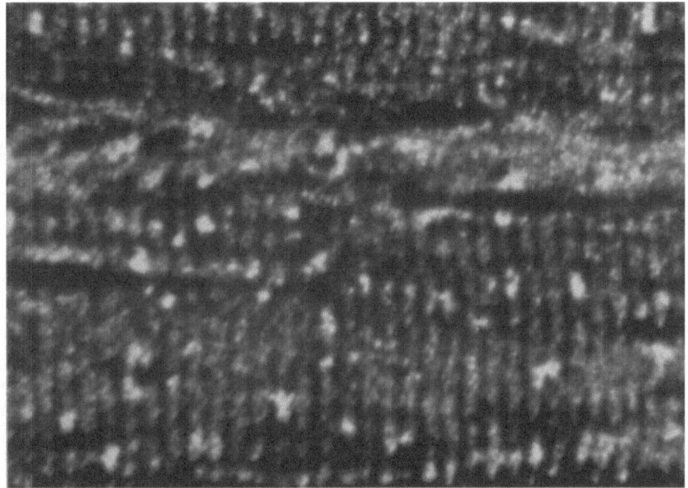

Abb. 30. Skeletmuskel, längs, Mensch. Formol-Alkohol, Paraffinschnitt 3 μ, verascht in Luft bei 520° C, Vergr. 1440 ×, Cardioid-Kondensor. Die Querstreifung bleibt auch im Aschenbild gut erhalten, sie ist deutlich an die einzelnen Fibrillen gebunden. Der an Salzen reichere Streifen oberhalb der Bildmitte ist bindegewebiger Natur

reich fand. Eisenhaltige Asche sah er in der Muskulatur nur als Rückstand roter Blutkörperchen auftreten.

Nach KRUSZYŃSKI (1938) sind bei 400° C veraschte Präparate der Skeletmuskulatur immer deutlich aschereicher als Schnitte gleicher Herkunft nach Verbrennung bei 500° C. Als Ursache denkt er an die Verflüchtigung einiger anorganischer Bestandteile, speziell des Kaliums, bei höherer Temperatur. Ein sicherer Nachweis des Kaliumverlustes ist ihm jedoch nicht gelungen, dagegen hat er Calcium im Muskelspodogramm festgestellt, nachdem BARIGOZZI (1937f) schon vorher Phosphate als vorwiegenden Bestandteil der Q-Streifen gefunden hatte. Im übrigen sah auch KRUSZYŃSKI wie alle anderen Autoren vor ihm die Q-Streifen aschereich, die isotrope Substanz und den Mittelstreifen dagegen aschefrei oder wenigstens aschearm, eine Beobachtung, die von CAREY und ZEIT (1939) bestätigt wurde. Diese Autoren geben ferner an, daß in quergestreifter Muskulatur experimentell erzeugte Kontraktionsknoten im Aschenbild an den schmalen, dicht gelegenen Kontraktionsstreifen erkannt werden können, während die Internodien durch breite, weit voneinander entfernte Q-Streifen gekennzeichnet sind. Das Vorkommen von Calcium und Magnesium in solchen Kontraktionsknoten bestätigten übrigens noch im gleichen Jahr SCOTT und

PACKER (1939) durch elektronenoptische Untersuchungen. LANSING (1940) fand bei Bufo Fowleri den Calciumanteil im aschereichen Querstreifen mit zunehmendem Alter erhöht.

Sehr eingehende Angaben über das Aschenbild der quergestreiften Muskulatur von Insekten, das schon BARIGOZZI (1937f) studierte, sind LORETI (1940a, b, 1941a) zu verdanken. Der anorganische Rückstand nativer Schnitte war nach seinen Beobachtungen immer höher als der gleichartigen aber fixierten Materiales. Hoher Aschengehalt des Q-Streifens ist bei Kontraktion in Form einfacher Körnchenreihen vorhanden; in der ruhenden Faser wird der aschereiche Q-Streifen dagegen breit, er besteht dann aus pallisadenartig aufgereihten Körnchen. Wahrscheinlich handelt es sich dabei um den Salzrückstand der Kolloide, aus denen die Myofibrillen bestehen. In der gedehnten Faser tritt im Q-Streifen eine schmale Zone mit sehr geringem Gehalt an anorganischer Substanz auf, die Qh entspricht. Chemisch konnte LORETI in der Asche der Q-Streifen Calcium und Magnesium nachweisen. Über die Aschenmenge in der Zwischenscheibe ist nach seinen Befunden vorerst noch keine sichere Entscheidung zu treffen. Die Streifen E, N und I enthalten nur geringe Mengen anorganischer Substanz, die schon bei niedriger Temperatur flüchtig ist. Nach vorhergehender Behandlung mit Schwefelsäureanhydrid wird die Thermoresistanz dieser Salze erhöht, und es lassen sich dann Kalium und Natrium als Sulfat darin erkennen. Das Sarkolemm und die chitinösen Sehnenfäden geben eine hitze- und säurebeständige Asche, an der Silicium Anteil hat.

Alle bisher angeführten Autoren sind über die Verteilung der Muskelasche auf die anisotrope und die isotrope Substanz gleicher Meinung, wennschon z. B. BARIGOZZI (1937f) auch immer die Befunde im Sinne der Theorie von D'ANCONA erörtert. Die gegensätzliche Ansicht hat ENGSTRÖM (1944) vertreten. Ausgehend von der Tatsache, daß CASPERSSON und THORELL (1942) reichliche Mengen von Adenylsäure in den isotropen Segmenten lokalisieren konnten, war eine Aschenanhäufung in diesen Teilen der Myofibrillen zu erwarten. Wiederholte Messungen der Absorption bei 2570 Å bewiesen den Nucleotidcharakter der isotropen Substanz; andererseits ließen Aschenbilder subcutaner Muskelfasern von Chironomuslarven reichlichen Rückstand im Gebiete der stark Ultraviolett absorbierenden Teile, also im I-Streifen, erkennen, während die schwach absorbierenden Teile praktisch aschefrei waren. Als aschegebender Anteil im I-Streifen kommt zu 20—30% die Adenylsäure in Betracht; weitere 50% oder mehr müssen auf das Phosphagen bezogen werden, dessen Lage damit erstmals ermittelt worden ist. Da die Ultraviolettmessungen und die Veraschungen jeweils am selben Schnitt ausgeführt wurden, sind Verwechslungen wohl ausgeschlossen. Es wäre nur zu hoffen, daß die Untersuchungen auch noch auf Muskelfasern in verschiedenen Kontraktionszuständen ausgedehnt würden, da die unterschiedliche Breite der einfach- und der doppelbrechenden Scheiben dann eine noch bessere Sicherung dieses auffälligen Befundes ermöglichen würde.

Feinere Lokalisation der Salze innerhalb der Grenzen von 100 Å gestattet ein Vorgehen, das man als Mikroveraschung im Elektronenmikroskop bezeichnen könnte; es wurde von DRAPER und HODGE (1949) auf Skeletmuskulatur angewandt. Zur Untersuchung kamen Suspensionen von Myofibrillen nach Formalinfixation. Sie bestehen aus langen Fäden von Actomyosin, an das in Perioden von 400 Å Abstand Calcium- und Magnesiumanhäufungen gebunden sind. Diesem Gerüstwerk ist die Q-Substanz übergelagert, die wahrscheinlich Eiweiß in kugeliger Form sowie Kalium, Chloride, Phosphate, Adenosintriphosphat und andere Bestandteile enthält, die sich während der Kontraktion innerhalb des Segmentes in charakteristischer Weise verlagern. Die Zwischen- und die

Mittelscheibe haben sicher strukturelle Bedeutung, indem sie die längsgerichteten Bildungen ordnen, darüber hinaus soll ihnen aber vielleicht auch noch ein Anteil an der Erregungsübertragung zukommen.

Herzmuskulatur zeigt nach SCHULTZ-BRAUNS (1931c) große Schwankungen im Aschengehalt; besonders im Alter ist er oft auffällig hoch. Querstreifung ist aber auch im Spodogramm der Herzmuskelfasern meist nachweisbar und dort oft sogar in einzelnen Fibrillen festzustellen. SCOTT (1932b) findet, daß die veraschten Herzmuskelfasern an der Oberfläche nicht so scharf begrenzt sind wie die Fasern der Skeletmuskulatur. Glanzstreifen hat er an Besonderheiten der Aschenverteilung nicht erkennen können (vgl. Abb. 10 auf S. 19). Embryonale

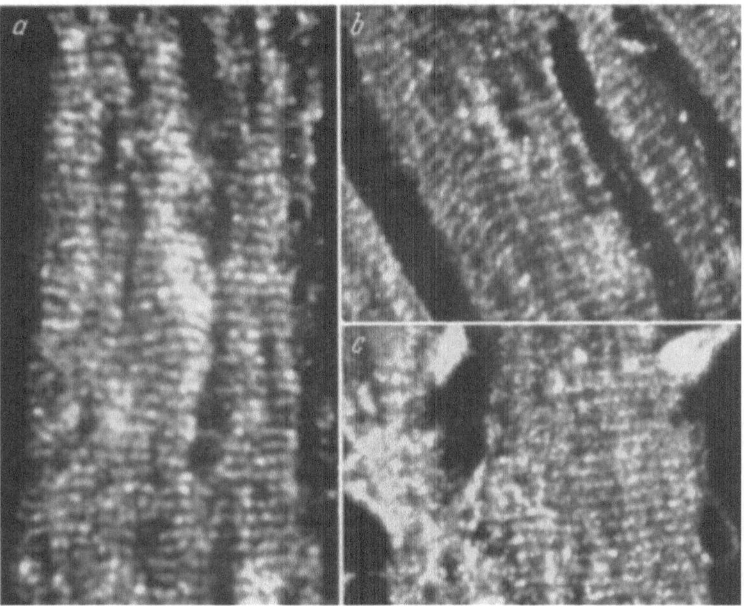

Abb. 31. Herz, Triebmuskulatur längs, Ratte. Absoluter Alkohol, Paraffinschnitte 3 μ, verascht in Luft bei 650° C, Vergr. 1600×, Cardioid-Kondensor. Wechselnde Bilder der Aschenverteilung in verschieden stark verkürzten Muskelfasern. Reich an anorganischer Substanz sind vor allem die Kontraktionsstreifen. Aus DEUCHER 1941

Herzmuskulatur erwies sich bei $4^1/_2$ Tage bebrüteten Hühnchen in ihrem Aschengehalt dem Mesoderm ähnlich (HORNING und SCOTT (1932a).

DEUCHER (1941) fand in entspannten Herzmuskelfasern von Ratten und Meerschweinchen die anisotropen Querscheiben aschereich. Die isotropen Teile der Segmente waren nicht völlig frei von anorganischer Substanz, insbesondere dann, wenn die Schnitte bei nur 400° C (anstatt der sonst üblichen 520° C) verbrannt wurden (Abb. 31). In einer entspannten Faser mit 2,8 μ hohen Segmenten wechselten aschearme Streifen von 0,8 μ mit aschereichen von 2 μ Höhe ab. Letztere wurden als Q gedeutet, sie waren meist in Form zweier paralleler Reihen von Aschenkörnchen ausgebildet. In mäßig kontrahierten Herzmuskelfasern fand DEUCHER die Zwischenscheiben und die an Breite verringerten Querscheiben aschereich, bei größtmöglicher Verkürzung gibt nur noch der Kontraktionsstreifen C reichlich Asche. Die Klarheit des Querstreifungsbildes

4*

ist im Spodogramm also nicht nur von der Fixationsart und der Veraschungstemperatur, sondern auch vom Kontraktionszustand der Fasern abhängig. Je höheren Gehalt an anorganischer Substanz ein Anteil des Fibrillensegmentes hat, um so stärker ist offenbar auch sein Lichtbrechungsvermögen.

6. Das Aschenbild des Nervengewebes und der nervösen Zentralorgane

Über die Salzverteilung während der *embryonalen Entwicklung des Nervensystemes* berichteten HORNING und SCOTT (1932a) nach Untersuchungen an Hühnerembryonen verschiedenen Alters. Bezeichnend ist danach für Rückenmark und Gehirn, daß während der Entwicklung die Calciummenge zunimmt, dagegen der Eisengehalt sich parallel damit, aber nicht ganz so stark, verringert. Im einzelnen findet sich im Neuralrohr nach $4^{1}/_{2}$ Tage dauernder Bebrütung deutlich bläulich-weiße Asche entlang dem äußeren Umfang, unmittelbar darunter liegt eine etwa doppelt so breite matt-weiße Lage von Calciumsalzen. Der Zentralkanal ist mit länglichen, nach ihrem Aschengehalt deutlich verschiedenen Zellen ausgekleidet; die der dorsalen Seite enthalten, besonders in ihren lumennahen Teilen, Eisen und Phosphor in größerer Menge als die der ventralen Seite, wo mehr matt-weiße, für Calcium charakteristische Asche zurückbleibt. Auch im Lumen finden sich geringe Mengen von Salzen, wobei sich die dorsale Hälfte gegenüber der ventralen wieder durch höheren Gehalt an Eisenoxyd auszeichnet. Bei 7 Tage alten Embryonen zeigt die Begrenzung des Zentralkanales im Rückenmark weniger Calcium und mehr Eisen als die Wand der Hirnventrikel; selbst die Fortsätze der Ependymzellen erscheinen als feinkörnige Aschereihen. Die peripheren Teile des Rückenmarkes hinterlassen eine Lage gleichmäßig verteilter weißer Asche. Im Gehirn ist außer einer Abnahme der Eisenmenge eine deutlichere Orientierung der Salze entsprechend dem Faserverlauf bemerkenswert, insbesondere hebt sich die Sehstrahlung durch höheren Calciumgehalt klar von der Umgebung ab.

Auch die Vorderhornzellen sind nach den Untersuchungen von HORNING und SCOTT (1932a) schon früh gut erkennbar. Sie enthalten verhältnismäßig beträchtliche Mengen von Eisen und Calcium mit größerer Anhäufung des Eisens in den Kernen; ebenso sind die Zellen der embryonalen Spinalganglien in ihrem Cytoplasma eher aschereich.

Weitere chemische Untersuchungen am sich entwickelnden Nervensystem stellten ALEXANDER und MYERSON (1937) an. Sie fanden in der Hirnrinde neugeborener Kinder besonders die Kerne der Ganglienzellen und der Gliaelemente in allen Schichten aschereich, während das Cytoplasma keinen oder nur sehr wenig anorganischen Rückstand gab. Im Gegensatz zu den später angeführten Befunden über die Aschenverteilung in Nervenzellen Erwachsener ist also für Neugeborene die Anhäufung der anorganischen Substanz in den Kernen der Ganglienzellen charakteristisch. Überhaupt sollen in Entwicklung begriffene Zellgruppen salzreicher sein als die entsprechenden fertig ausdifferenzierten Neurone derselben Region, wie ALEXANDER und MYERSON (1938) für die Area striata und die Kleinhirnrinde nachwiesen. ALEXANDER (1938) schließt aus dem während der Entwicklung beobachteten Vorkommen größerer Salzmengen in den Ganglienzellen und dem gleichzeitig geringen Gehalt der Nervenfasern an anorganischer Substanz, daß die hitzebeständigen Salze möglicherweise für Wachstum und Stoffwechsel bedeutsam sind.

Über die Chemie von in der Entwicklung begriffenen Nervenzellen berichtete ferner KRUSZYŃSKI (1938) nach Untersuchungen an Larven von Rana und Triton. Er fand im Neuroblastenstadium zwar das Cytoplasma aschegebend, doch war der Hauptanteil der anorganischen Substanz auf die Kerne beschränkt. Mit zunehmender Differenzierung sah er eine Verlagerung der Asche vom Kern in das Cytoplasma; eine diese Befunde ausführlich behandelnde Untersuchung stellte er in Aussicht, doch ist mir deren Publikation nicht bekannt geworden.

TSCHOPP (1929) und SCHEID (1930) haben bei Untersuchungen im durchfallenden Licht die *Kerne veraschter Nervenzellen* nicht mit Sicherheit erkennen können, doch zeigte schon eine von JACOBI und KEUSCHER (1927) abgebildete Vorderhornzelle vom Kaninchen den Kern aschearm. Dieser Befund ist von späteren Bearbeitern [COVELL und DANKS (1932), PATTON (1933, 1934), SCOTT

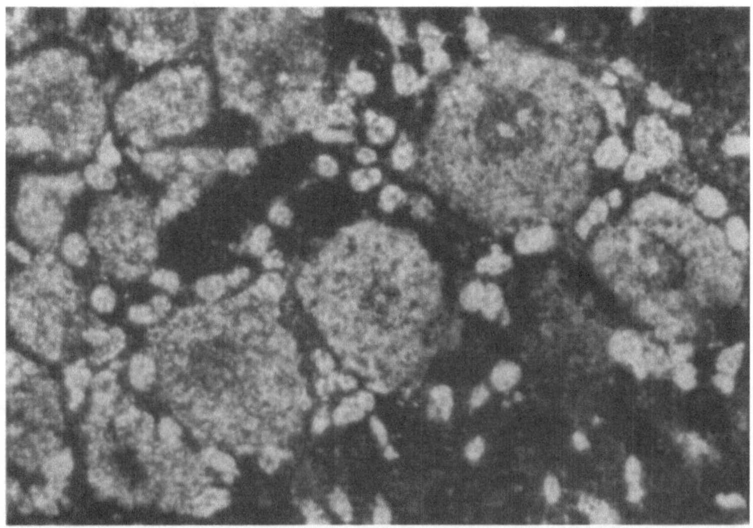

Abb. 32. Ganglion n. trigemini, Meerschweinchen. Nativer Gefrierschnitt 5 μ, entfettet in Äther-Chloroform, verascht im Stickstoffstrom bei 520° C, Vergr. 540×, Cardioid-Kondensor. Die Ganglienzellen zeigen innerhalb des hellen, also aschereichen Cytoplasmas den weniger anorganische Substanz enthaltenden Kern mit ein bis zwei salzreichen Kernkörperchen. Zwischen den Ganglienzellen treten einzig die Kerne der Mantelzellen und des Neurilemms als stark aschegebend hervor. Aus HINTZSCHE 1939b

(1933b, 1934), KRUSZYŃSKI (1933, 1934), COWDRY (1934), ALEXANDER und MYERSON (1937), HINTZSCHE (1937, 1939b), TUREEN (1938), ALEXANDER (1937, 1938), ENGSTRÖM (1943)] an Nervenzellen verschiedener Art immer wieder bestätigt worden. Daß die Kerne vom aschereichen Cytoplasma durch eine deutliche Linie anorganischen Materiales, die Kernmembran, getrennt sind, haben zuerst COVELL und DANKS (1932) erkannt, ihre Beobachtung ist unter anderem von COWDRY (1934), PATTON (1934) und KRUSZYŃSKI (1934) wiederholt worden. Auch der hohe Aschengehalt des Nucleolus ist in der erwähnten Abbildung einer Vorderhornzelle (JACOBI und KEUSCHER 1927) schon festzustellen. Später ist dann noch Silicium und Eisen im Nucleolus beschrieben worden. Auf ungleiche Verteilung oder gänzliches Fehlen der Asche im Kernkörperchen habe ich (1939b) erstmals aufmerksam gemacht. Außer dem Nucleolus sind im Kern noch kleinste Aschekörnchen nachweisbar; da der Kernsaft schon von den ersten Untersuchern als aschefrei erkannt wurde, müssen sie anderen, strukturierten Teilen angehören. Übrigens zeigen die Kerne gefriergeschnittener Ganglienzellen vielfach etwas höheren Gehalt an anorganischer Substanz als veraschte Paraffinschnitte (HINTZSCHE 1939b; vgl. Abb. 4 auf S. 7).

Im *Cytoplasma der Ganglienzellen* sind kleine Körnchen anorganischer Substanz entweder gleichmäßig verstreut oder in mehr oder minder großen Anhäufungen abgelagert. Ein Vergleich mit Kontrollpräparaten macht wahrscheinlich, daß diese Aschehäufchen den NISSL-Schollen entsprechen; ihr auch im Spodogramm wechselndes Aussehen läßt an die Möglichkeit verschiedener funktioneller Zustandsbilder denken (TUREEN 1938). Die von einzelnen Untersuchern erwähnte periphere Ascheanhäufung in Ganglienzellen ist wahrscheinlich nur Folge einer Fixations- oder Hitzeschrumpfung, in nativen Gefrierschnitten habe ich (1939 b) sie nicht gesehen (s. Abb. 32). Die Neurofibrillen scheinen keine Spur von Salz zu hinterlassen, denn es fehlt jede Andeutung reihenförmiger Anordnung der anorganischen Substanz innerhalb der Ganglienzellen. Außerdem beschrieb sowohl SCOTT (1933 b) wie KRUSZYŃSKI (1933, 1934) den Ursprungskegel als aschefrei; nach meinen eigenen Beobachtungen ist er bei veraschten nativen Gefrierschnitten zum mindesten sehr arm an anorganischer Substanz; als Einzelbefund haben das auch schon TUREEN (1938) und ALEXANDER (1938) angegeben. ALEXANDER und LOONEY (1938) bestätigten gleichfalls, daß intracelluläre Neurofibrillen normaler Ganglienzellen keinen anorganischen Rückstand geben. Wichtig ist es noch hervorzuheben, daß nur die Untersuchung von Spodogrammen nicht entfetteter Gefrierschnitte Feststellungen über die Verteilung der anorganischen Substanzen im Nervengewebe zuläßt, die mit den Ergebnissen der quantitativen Analyse übereinstim-

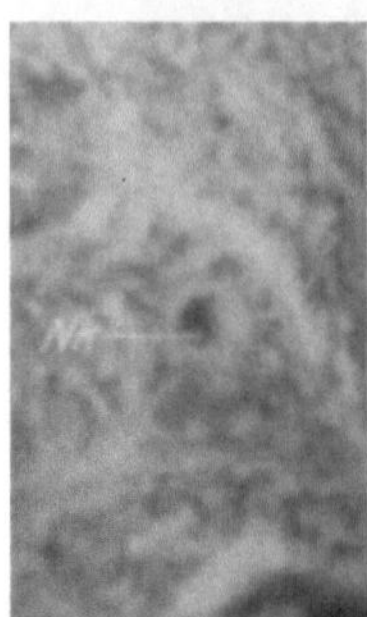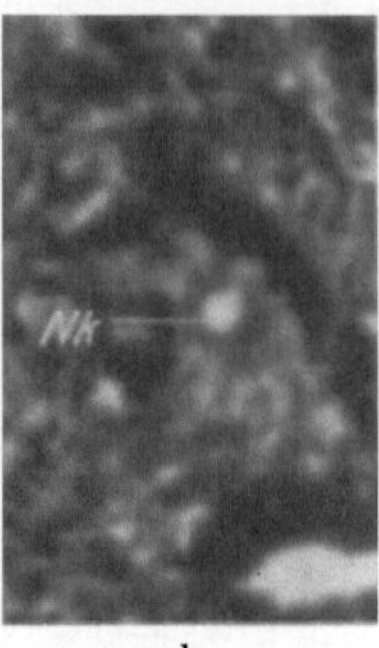

a   b

Abb. 33a u. b. Ganglienzelle, Vorderhorn des Rückenmarkes, Kaninchen. Vergr. 500×. a Ultraviolettbild bei 2570 Å mit hoher Absorption des Nucleolus (*Nk*) und der NISSLschen Schollen; b das Spodogramm derselben Zelle zeigt die Gebiete hoher Ultraviolettabsorption aschereich. Aus ENGSTRÖM 1943

men (HINTZSCHE 1939 b); derartige Präparate zeigen den höheren Gehalt der weißen Substanz an aschegebenden Stoffen ausgeprägter als vorher entfettete Schnitte. Sie lassen auch erkennen, daß die Ganglienzellen weniger aschehaltig sind als die übrige graue Substanz, ein Unterschied, der sich nach vorangehender Entfettung gerade umkehrt und der nach Entfernung der wasserlöslichen Salze noch deutlicher wird.

Versuche zu weitergehender Analyse der Nervenzellasche sind mehrfach unternommen worden. So konnten JACOBI und KEUSCHER (1927) Calcium und Kalium in den nervösen Zentralorganen zwar feststellen, aber nicht lokalisieren. KRUSZYŃSKI (1933, 1934) dagegen gelang es, Calcium, Kalium und Eisen im anorganischen Rückstand der Ganglienzellen zu erkennen. Die Reaktion sah er positiv im Kern wie schon vor ihm COVELL und DANKS (1932), die sie auch im Nucleolus angeben, ferner — wie SCOTT (1933 b) — in den NISSL-Schollen. Einzig der Nachweis von Magnesium gelang KRUSZYŃSKI nur in größeren Anhäufungen von Ganglienzellen. Mit den Methoden von Macallum — also ohne vorherige Veraschung — erhobene Befunde über die Verteilung von Calcium und Kalium im Nervengewebe sind in meiner Untersuchung (1939 b) angeführt.

Ganglienzellen des Sympathicus der Katze hat SCOTT (1933 b) beschrieben und abgebildet. Auffällig sind daran besonders gewisse salzfreie Cytoplasmagebiete, für die im Kontrollpräparat ein Gegenstück noch nicht festzustellen war. In einer weiteren Untersuchung am gleichen Material erwähnt übrigens SCOTT (1940 a) einen aschereicheren Streifen entlang der Zelloberfläche, dessen Breite

$^1/_6$—$^1/_8$ des Zelldurchmessers ausmacht. Das Aussehen der dort gelegenen anorganischen Substanz soll dem für Calcium und Magnesium charakteristischen Bild gleichen.

ENGSTRÖM (1943), der nach dem Gefrier-Trockenverfahren behandelte *Spinalganglien- und Vorderhornzellen* von Kaninchen untersuchte, stellte fest, daß die Orte der größten Ascheablagerung in den Nervenzellen (Nucleolus, NISSL-Schollen) mit denen der stärksten Ultraviolettabsorption bei 2600 Å übereinstimmen (Abb. 33); er sicherte damit den Nucleotidcharakter der genannten Bildungen. Zu gleichen Ergebnissen kam auch HYDÉN (1942, 1943a).

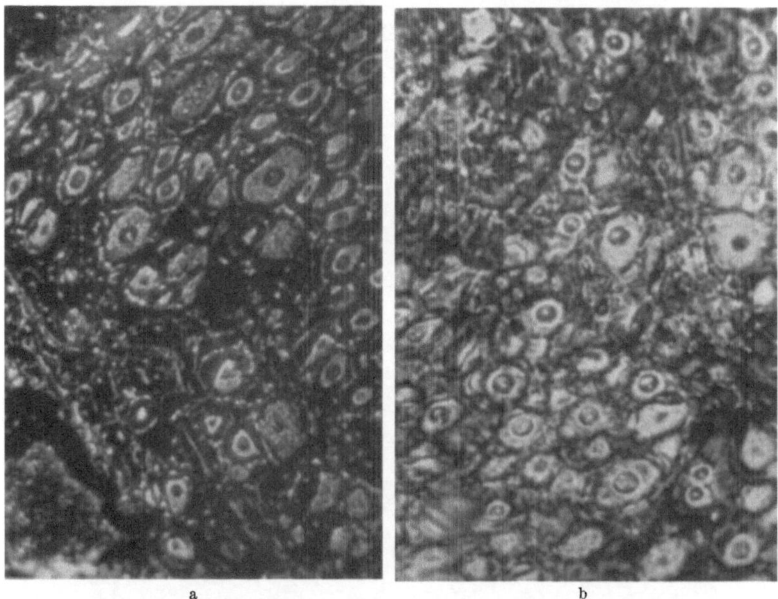

a   b

Abb. 34a u. b. Spinalganglienzellen, Kaninchen. Dunkelfeld, Vergr. 200×. a Spodogramm normaler Zellen; b Aschenbild einer entsprechenden Zellgruppe nach 5 min langer elektrischer Reizung. Aus HYDÉN 1943

Nach seinen Beobachtungen an Spinalganglienzellen verschiedener Fischarten, speziell von Lophius piscatorius, erweisen sich das Kernkörperchen und im Cytoplasma Auflagerungen auf der Kernmembran als besonders reich an anorganischer Substanz. Diese Aschenverteilung entspricht völlig der der Ribosenucleotide. Zur Sicherung der Befunde, die an eine Beteiligung des Kernkörperchens und der Kernmembran an der Eiweißbildung in der Zelle denken lassen, erweiterte HYDÉN (1943b) seine Untersuchungen durch den Nachweis, daß die Orte hoher Absorption bei 2600 Å und reichlicher Ascheablagerung auch bei anderen Ganglienzellarten übereinstimmen, so bei uni- und multipolaren Neuroblasten tierischer und menschlicher Embryonen, in jungen Vorderhornzellen von Katze, Ratte und Kaninchen sowie in Spinalganglienzellen erwachsener Kaninchen. Besonders interessant ist seine Angabe, daß in Vorderhornzellen nach motorischer Erschöpfung zwar der Nucleolus noch reich an anorganischer Substanz gefunden wird, daß aber das Cytoplasma nur sehr wenig Asche hinterläßt. In elektrisch gereizten Spinalganglien (Abb. 34) wird dagegen — verglichen mit dem Normalzustand — in Kern und Cytoplasma eine Vermehrung des Salzgehaltes konstatiert. Umgekehrt läßt sich für die Zellen des Ganglion nodosum

klar nachweisen, daß 3 Tage nach Durchschneidung des Axons eine beträchtliche
Aschenabnahme im Zelleib eingetreten ist (Abb. 35).

Alle diese Befunde zeigen, daß im Nervengewebe für das Aussehen des Spodogrammes der jeweilige Funktionszustand von erheblicher Bedeutung ist. Die

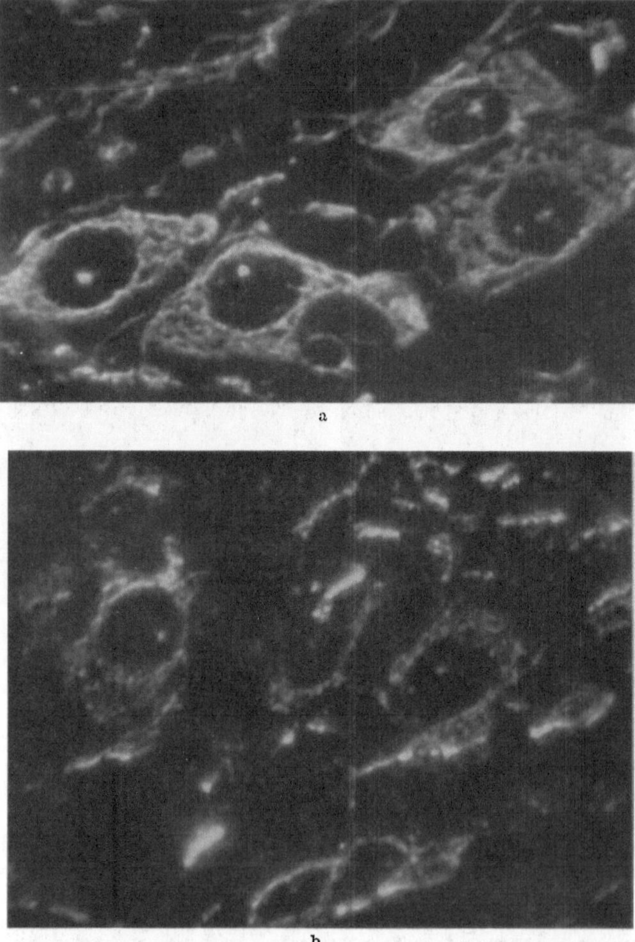

Abb. 35a u. b. Nervenzellen des Ganglion nodosum n. vagi, Kaninchen. Dunkelfeld, Vergr. 630×. a Normale
Zellen mit Aschenanreicherung in den Gebieten hoher Ultraviolettabsorption; b 3 Tage nach Excision der Axone
zeigt eine entsprechende Zellgruppe nur noch geringen Aschengehalt im Cytoplasma. Aus HYDÉN 1943

oben aus dem Schrifttum der 30er Jahre gemachten Angaben über die Verteilung der anorganischen Substanz in Ganglienzellen können daher gleichsam
nur als ein Schema gelten. Sie beziehen sich größtenteils auf Spinalganglien
und Vorderhornzellen. Manche Befunde sind von den Autoren sogar ohne Hinweis auf einen bestimmten Zelltypus angeführt. Bei der Mannigfaltigkeit der
Ganglienzellarten ist es jedoch erforderlich, auch die Besonderheiten der einzelnen
Abschnitte des Nervensystemes noch zu berücksichtigen.

Das *Kleinhirn* ist schon ziemlich früh Gegenstand spezieller Untersuchung gewesen. Während noch TSCHOPP (1929) nur die PURKINJE-Zellen aschereicher nannte als ihre Umgebung, beobachtete SCHEID (1930) trotz ziemlich grober Untersuchungstechnik bereits, daß die PURKINJE-Zellen weniger anorganischen Rückstand hinterlassen als die Körnerzellen, was auch Abbildungen bei WULF (1934) erkennen lassen. SCOTT (1933b) fand die Struktur der PURKINJE-Zellen im Spodogramm besonders gut erhalten, vor allem sah er auch die feinsten Verzweigungen ihrer Dendriten aschegebend. Er erkannte ferner die relative Aschearmut ihres Kernes und stellte sie in Gegensatz zur hohen Menge anorganischer

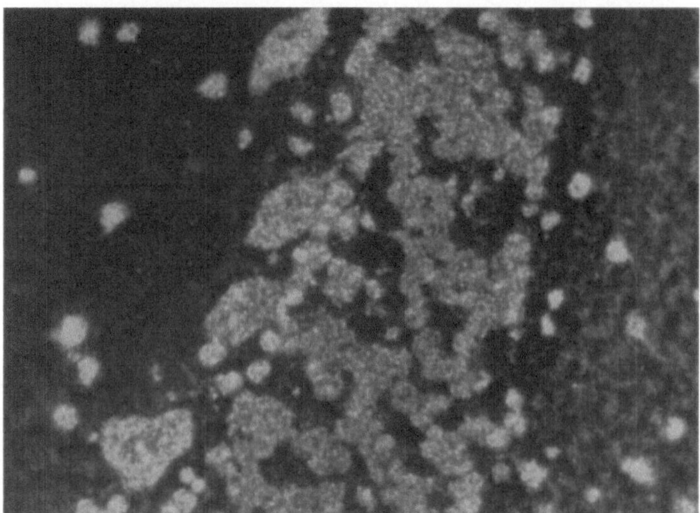

Abb. 36. Kleinhirnrinde, Meerschweinchen. Nativer Gefrierschnitt 5 μ, entfettet in Äther-Chloroform, verascht im Stickstoffstrom bei 530° C, Vergr. 650×, Cardioid-Kondensor. Links von den großen PURKINJE-Zellen liegt die Molekularschicht mit vielen aschegebenden Gliakernen, sehr aschereich sind auch die zum Teil in Reihen oder Gruppen zusammenliegenden Kerne der Körnerschicht. Am rechten Bildrand ist ein schmaler Streifen des entmyelinisierten Markes sichtbar

Substanzen in Kernkörperchen und NISSL-Schollen, was KRUSZYŃSKI (1933, 1934) gleichzeitig fand.

Wesentlich mehr Einzelangaben enthält die Arbeit von ALEXANDER und MYERSON (1937). Danach ist der Salzgehalt in der Molekularschicht des menschlichen Kleinhirns nur gering, er beschränkt sich auf die wenigen Gliakerne, auf Dendriten kleiner Ganglienzellen sowie die Dendritenbäumchen der PURKINJE-Zellen. Im ganzen verascht die Molekularschicht selbst im unentfetteten Gefrierschnitt schnell; in solchen Präparaten ist sie aber eher reicher an anorganischer Substanz (HINTZSCHE 1939b).

Leicht veraschen auch die PURKINJE-Zellen; an diesen konnten ALEXANDER und MYERSON (1937) — wie schon SCHEID (1930) und WULF (1934) — keine Neuriten im Spodogramm erkennen, was sie auf das Fehlen von Salzen im Axon zurückführen. In unentfettet veraschten Schnitten erweisen sich die PURKINJE-Zellen als die ascheärmsten Teile der Kleinhirnrinde (HINTZSCHE 1939b), dagegen treten sie in Spodogrammen entfetteter nativer Gefrierschnitte deutlich hervor (Abb. 36). HYDÉN (1943b) glaubt, bei Untersuchung von Gefrier-Trockenpräparaten des Kleinhirns von Katze und Kaninchen 2 Typen von PURKINJE-Zellen feststellen zu können; einen ersten von im ganzen geringen Gehalt an

Asche, die sich im Nucleolus und speziell der Kernmembran aufgelagert findet, und einen zweiten, für den im Gegensatz dazu hoher Gehalt an anorganischer Substanz im ganzen Zelleib charakteristisch ist (Abb. 37 und 38). Beide Formen

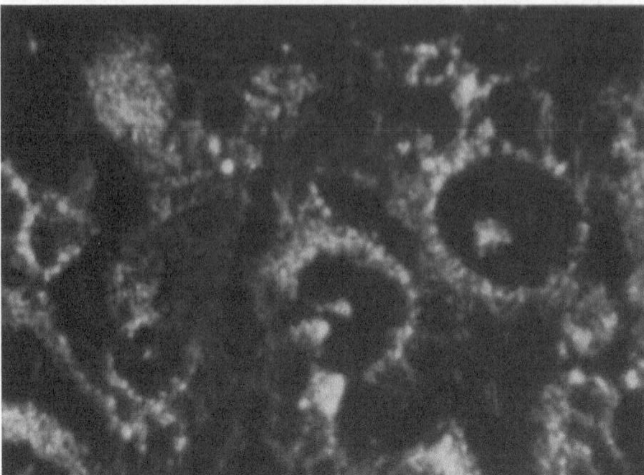

Abb. 37. Typus I veraschter PURKINJE-Zellen des Kleinhirns. Dunkelfeld, Vergr. 665 ×. Bei im ganzen geringem Aschengehalt sind die Salze vorwiegend an den stark Ultraviolett absorbierenden Teilen der Kernmembran angehäuft. Aus HYDÉN 1943

weisen der Aschenverteilung entsprechende Bilder der Ultraviolettabsorption auf. Sie kommen in 100—200 μ Abstand nebeneinander vor, auch gibt es nach der cytochemischen Analyse Übergangsformen. Der erste Typus der PURKINJE-

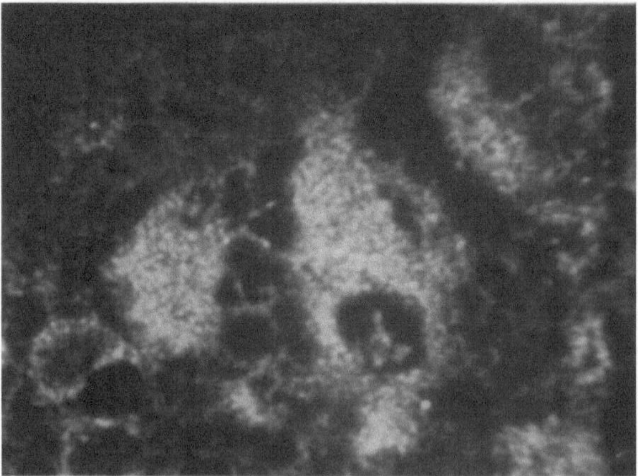

Abb. 38. Typus II veraschter PURKINJE-Zellen des Kleinhirns. Dunkelfeld, Vergr. 665 ×. Der ganze Zelleib hinterläßt sehr reichliche Mengen anorganischen Rückstandes. Aus HYDÉN 1943

Zellen wird als Stadium intensiver Neubildung von Nucleotiden und basischen Eiweißkörpern angesehen, während der zweite Typus der Stapelform dieser Substanzen zugehören würde. Faserkörbe um die PURKINJE-Zellen haben ALEXANDER und MYERSON (1937) gelegentlich in Form feinster Ascheablagerungen feststellen können.

Am auffälligsten ist am Kleinhirn jedoch der hohe Salzgehalt der Körnerzellen (SCHEID 1930, WULF 1934, ALEXANDER 1937 sowie ALEXANDER und MYERSON 1937); einen stärkeren anorganischen Rückstand als in den Körnerzellen kann man nur bei Veraschung unentfetteter Gefrierschnitte in der weißen Substanz finden (HINTZSCHE 1939b). Als wesentliche Bestandteile sind in den Körnerzellen Calcium und Eisen durch ALEXANDER (1938) nachgewiesen. Er beschrieb auch, daß die Körnerschicht des Kleinhirns nur sehr schwer und langsam verascht, was er als einen Hinweis auf Besonderheiten der chemischen Zusammensetzung dieser Zellen, speziell der Proteine, ansieht. Diese Vermutung ist um so mehr berechtigt, als die Körnerzellen der Großhirnrinde recht arm an aschegebenden Substanzen sind. Ganglienzellen ähnlicher Färbbarkeit können also ganz verschiedene Spodogramme geben (ALEXANDER 1938).

Bei den ersten Untersuchungen am *Großhirn* (COVELL und DANKS 1932, Hippocampus, Affe; SCOTT 1933b, Gyrus centralis, Katze) standen die generellen Befunde an den Nervenzellen noch ganz im Vordergrund des Interesses. Umfassendere Angaben über die Aschenbilder verschiedener Teile der menschlichen Großhirnrinde, der Stammganglien und des Hirnstammes machte zuerst WULF (1934). Leider beschrieb er kaum morphologische Einzelheiten; seine Befunde an normalem Material beziehen sich vorwiegend auf zahlenmäßige Vergleiche der Aschenhelligkeit verschiedener Hirnpartien. Eine genauere Beschreibung der Hirnrinde des Menschen sowie der von Hund, Katze, Kaninchen, Meerschweinchen und Taube gaben ALEXANDER und MYERSON (1937). Im ersten Abschnitt dieses Kapitels wurde bereits ihrer Befunde über den relativen Aschereichtum des Kernes während der Entwicklung gedacht. Ihre Beobachtungen über die Verteilung der anorganischen Substanzen in den Pyramidenzellen des Erwachsenen entsprechen den obenstehenden Angaben über das Spodogramm der Nervenzelle im allgemeinen. Immerhin kommen Unterschiede auch zwischen verschiedenen Arten dieser morphologisch so einheitlichen Zellform vor; ALEXANDER (1938) erwähnt z.B., daß die Zellen der motorischen Hirnrinde deutlich aschereicher sind als die der Körperfühlsphäre. Er verfolgte auch die zusammen mit MYERSON erhobenen Befunde weiter, wonach die Körnerzellen der Großhirnrinde wesentlich ärmer an anorganischer Substanz sind als die Pyramidenzellen und daß Körnerzellen unterschiedlichen Salzgehalt aufweisen können, so z.B. die des Bulbus olfactorius (ALEXANDER 1937). Aus solchen Beobachtungen können vorwiegend auch die Unterschiede im Spodogramm der einzelnen Rindenfelder erklärt werden, die besonders schön an in toto geschnittenen Gehirnen kleiner Laboratoriumstiere zu studieren sind. Gegenüber dem Isocortex geben durchweg die allocorticalen Felder höheren anorganischen Rückstand (ALEXANDER und MYERSON 1938). Als besonders aschereich werden von ALEXANDER (1938) genannt: Die Zellen der Fascia dentata, ferner das Tuberculum olfactorium, die Area praepyriformis und die Area retrobulbaris (Nomenklatur nach ROSE). Da sich solche Unterschiede im Spodogramm einzelner Rindenfelder zum Teil in der phylogenetischen Reihe wiederholen, ergibt sich daraus ein Hinweis auf die Wahrscheinlichkeit ihrer konstanten Funktion. Im Bulbus olfactorius zeigt sich die innere Körnerschicht aschereicher als die äußere, demgegenüber sind das Stratum pyramidale int. und ext. verhältnismäßig arm an anorganischer Substanz. Die innere und die äußere Molekularschicht sind praktisch frei von hitzebeständigen Salzen. Aus diesen Beobachtungen schloß ALEXANDER bereits 1938, daß die Verteilung der Aschenmengen parallel der Stärke des Färbeffektes in den NISSL-Präparaten ist. Von sonstigen Feststellungen ist noch zu erwähnen, daß Thalamus und Striopallidum verhältnismäßig wenig anorganisches Material enthalten. Endlich ist hervorzuheben, daß alle die vom Großhirn vorstehend beschriebenen Befunde durch Untersuchung entfetteter Schnitte gewonnen wurden; native Gefrierschnitte geben demgegenüber ein etwas anderes Spodogramm: Höchsten Aschengehalt zeigt in diesen die weiße Substanz und in der Rinde geben die Ganglienzellen deutlich weniger anorganischen Rückstand als das übrige Grau (HINTZSCHE 1939b).

Das *Ependym der Hirnventrikel* ist bei Erwachsenen reich an anorganischem Material, die Salze liegen dort größtenteils im Kern, sie sind zumeist rein weiß und wasserunlöslich. Auch in den übrigen *Gliaelementen* sind beim Erwachsenen, ebenso wie während der Entwicklung, die Kerne die am stärksten aschegebenden

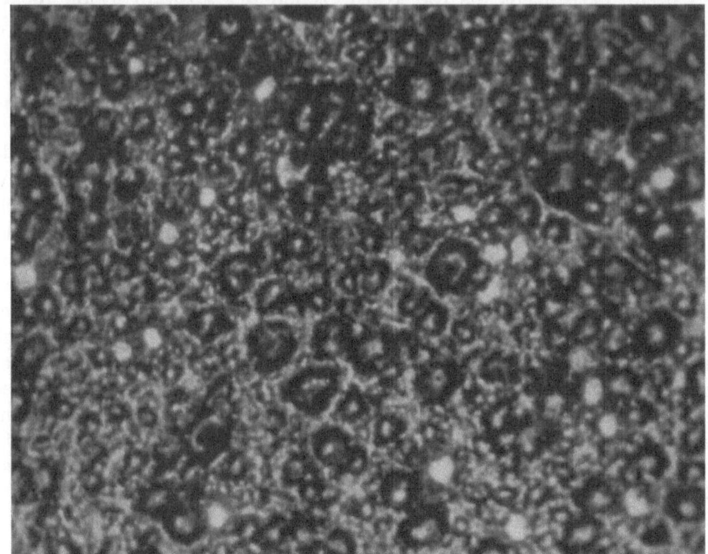

Abb. 39. Weiße Substanz des Rückenmarkes, Meerschweinchen. Nativer Gefrierschnitt $7^1/_2\,\mu$, entfettet in Äther-Chloroform, Vergr. 380×, Cardioid-Kondensor. Am stärksten salzhaltig sind die Gliakerne. Da das Myelin herausgelöst wurde, sind in den einzelnen zentralen Nervenfasern nur die Achsencylinder und die Gliahüllen aschegebend dargestellt

Teile, vor allem die der Oligodendroglia. Das Gliafasernetz erscheint als feines Maschenwerk von ganz geringem Salzgehalt (ALEXANDER und MYERSON 1937). Die vorstehenden Befunde an Ependym und Glia sind im ganzen auch von KRUSZYŃSKI (1938) bestätigt worden; er hebt insbesondere noch die Schwierigkeit hervor, die aschereichen Kerne der Gliazellen von denen der Gefäßendothelien zu unterscheiden. Einzelne Gliazelltypen im Spodogramm wieder zu erkennen war ihm nur bei pathologischer Vermehrung bestimmter Gliaelemente möglich.

Noch nicht befriedigend abgeschlossen ist die Untersuchung der Aschenverteilung in den *zentralen Nervenfasern*. SCHEID (1930) sah sie als feine aschegebende Streifen, auch TUREEN (1938) beschreibt Neuriten im Rückenmark der Katze als salzhaltig. Dagegen fand ALEXANDER (1938) im Spodogramm des menschlichen Tractus opticus keine Spur anorganischen Rückstandes der Achsencylinder und der Lipoide der Markscheiden. Auffällig sind in der weißen Substanz vor allem die Kerne der Gliazellen. Ihre reichliche Asche ist zumeist in Wasser unlöslich. Etwas weniger anorganischer Rückstand bleibt vom Gliareticulum und den äußeren Lagen der Myelinscheide (Abb. 39). Die Gliazellfortsätze, die die zentralen Nervenfasern umspinnen, wechseln in verschiedenen Regionen des

Gehirns und des Rückenmarkes an Häufigkeit, worauf die Unterschiede im Salzgehalt der weißen Substanz größtenteils beruhen. Am deutlichsten ist nämlich die Ascheablagerung im Centrum semiovale, etwas weniger findet sich im Fasciculus und Tractus opticus sowie in den Projektionsbahnen im Bereiche des Hirnstammes, am geringsten ist die Menge anorganischer Stoffe in der weißen Substanz des Rückenmarkes. Verglichen mit dem Aschengehalt des glialen Reticulums ist in den zentralen Nervenfasern die äußere Membran der Myelinscheiden eher arm an hitzebeständigen Salzen. Im Innern der zentralen Nervenfasern besteht ein locker geordnetes Netzwerk von Aschen, die als Äquivalent des Myeloaxostromas [KAPLAN: Arch. f. Psychiatr. **33** (1902)] gedeutet wird. Eine hierher gehörende Angabe finde ich ferner noch bei HORNING und SCOTT (1932a), wonach die hintere Wurzel mehr Asche geben soll als die vordere. Als Ursache dafür könnte nach meiner Meinung allerdings auch die geringere Querschnittsgröße der hinteren Wurzelfasern angeführt werden, die infolge dichterer Zusammenlagerung der Elemente erhöhten Gehalt an anorganischer Substanz vortäuscht. Schließlich ist noch zu erwähnen, daß ich (1939b) im Gegensatz zu früheren Untersuchungen die Achsencylinder zentraler Nervenfasern in entfetteten Gefrierschnitten unfixierten Materiales aschegebend fand, sobald die Verbrennung bei einer Maximaltemperatur von nicht mehr als 520° C vorgenommen wurde gegenüber 650° C, die z.B. ALEXANDER anwandte.

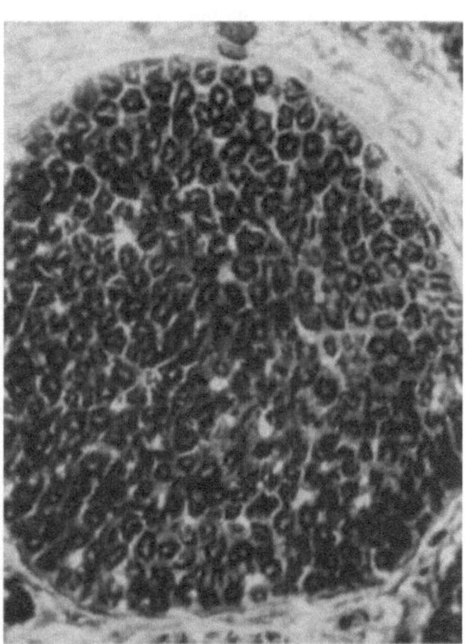

Abb. 40. Faserbündel aus dem N. ischiadicus, Meerschweinchen. Nativer Gefrierschnitt 7¹/₂ μ, entfettet in Äther-Chloroform-Alkohol, verascht in Luft bei 520° C, Vergr. 200×, Cardioid-Kondensor. Den höchsten Salzgehalt haben die Neurilemmkerne, die als weiße Flecke zwischen den Nervenfasern hervortreten; aschegebend sind ferner das Neurilemm und die Achsencylinder. Aus HINTZSCHE 1939b

Die frühesten Abbildungen von Spodogrammen *peripherer Nervenfasern* fand ich bei SCOTT (1933b, Längs- und Querschnitt des N. ischiadicus, Katze), indessen hat er davon im Text keine nähere Beschreibung gegeben. Sehr ausführlich berichtet dagegen ALEXANDER (1938) über das Aschenbild peripherer Nervenfasern nach Untersuchungen an Flügelnerven der Taube. Er sah den Achsencylinder frei von anorganischem Rückstand, höchstens ist eine schwache Spur bläulicher Aschekörnchen feststellbar, die jedoch bei höherer Temperatur leicht flüchtig sind. Bündel peripherer Nervenfasern erscheinen im Spodogramm als Netzwerk ziemlich dichten Ascherückstandes, das dem Endoneurium und den SCHWANNschen Scheidenzellen zuzuordnen ist; den höchsten Salzgehalt zeigen die Neurilemmkerne. Eine feine Lage von viel weniger hell glänzendem anorganischem Material entspricht der dünnen äußeren Haut der Myelinscheide; sie scheint mit den Neurilemmzellen verschmolzen zu sein. Da nach ALEXANDER (1938) die Lipoide der Myelinhülle nach Mikroveraschung keine Spur anorganischer Substanz hinterlassen und auch die Achsencylinder meist völlig verbrennen, sind die Innenräume des wabigen Netzwerkes im Spodogramm peripherer Nervenfasern leer. Diese negativen Befunde wurden jedoch wohl nur durch die Untersuchung entfetteter Schnitte und die Anwendung ziemlich hoher Temperaturen verursacht (Abb. 40). Nahe der Grenze

völliger Veraschung sah auch ALEXANDER den Neuriten noch als einen feinen
Rückstand schwach bläulicher Salze. Zuweilen ist er sogar entlang der Oberfläche etwas dichter, was als Axolemm gedeutet wird. Von diesem ziehen gegen
die äußere Hülle der Myelinscheide manchmal 2—5 feine schwach bläuliche
Aschenzüge, die ALEXANDER mit KAPLAN (1902) als Myeloaxostroma ansieht.

Völlig übereinstimmend mit den vorhergehenden sind auch die Beobachtungen
ALEXANDERs über den Bau des N. ischiadicus beim Frosch. Neu hinzugefügt
ist nur, daß die RANVIERschen Ringe und die SCHMIDT-LANTERMANNschen Einkerbungen durch etwas kräftigere Aschenstreifen markiert seien. Im Gegensatz
zu dieser Beschreibung sah ich (1939b) in veraschten Zupfpräparaten des

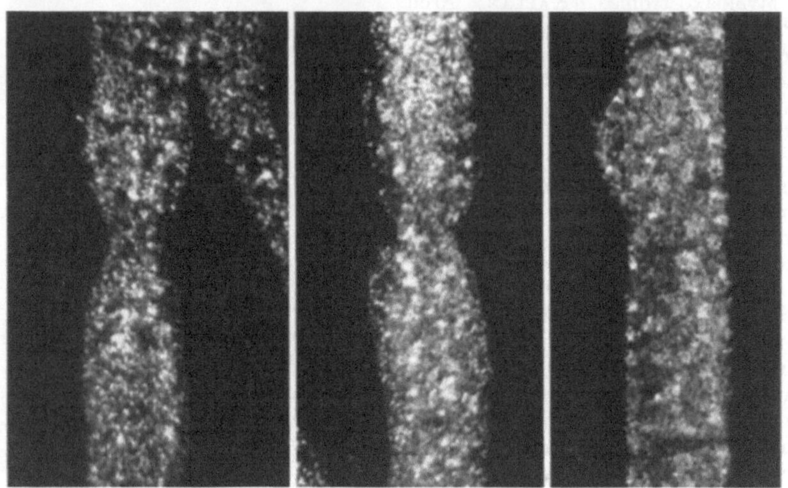

Abb. 41. N. ischiadicus, Frosch. Native Zupfpräparate, entfettet in Äther-Chloroform-Alkohol, verascht in
Luft bei 520° C, Vergr. 900×, Cardioid-Kondensor. Zwei Nervenfasern zeigen RANVIERsche Kittringe, deren
Lage nur durch die Abnahme des Faserdurchmessers, nicht durch Abweichungen im Salzgehalt erkennbar ist.
Die Anschwellung an der dritten Nervenfaser ist ein Neurilemmkern. Aus HINTZSCHE 1939b

N. ischiadicus vom Frosch (nativ, unentfettet) die RANVIERschen Ringe nicht
aschereicher (Abb. 41); ich konnte aber im übrigen die Befunde ALEXANDERs
bestätigen bis auf die Feststellung, daß unentfettet veraschte Nerven mehr
anorganischen Rückstand geben, ohne daß in der Markscheide eine wesentliche
Vermehrung schwer löslicher Salze zu beobachten ist.

Bei eigenen Untersuchungen über die Verteilung der Salze im Nervengewebe
habe ich mich überzeugen müssen, daß die Veraschungstechnik hier besonders
schwer anwendbar ist und daher oft nur unklare Präparate erzielt werden können.
LIESEGANG (1910) hatte schon auf die Schwierigkeiten hingewiesen, die das
Nervengewebe wegen seines hohen Phosphatgehaltes der Veraschung bietet, den
gleichen Grund führen HORNING und SCOTT (1932a) für die schlechte Verbrennung von embryonalem Nervengewebe an, in dem verhältnismäßig große
Phosphormengen vorliegen. TSCHOPP (1929) empfahl daher, durch Äther-Chloroform die Lipoide zu entfernen, an die der Phosphor gebunden ist; zweifellos tritt
damit aber auch eine Verminderung der anorganischen Substanzen überhaupt
ein, was bei der Beurteilung der Befunde an derartig behandelten Präparaten
zu beachten ist.

LORETI (1944, 1946, 1948) stellte vergleichende Beobachtungen an nativen
und kurzfristig in Formol bzw. Glycerin eingelegten Nervenfasern (N. ischiadicus,

Frosch; N. medianus, Mensch) an. Außer für bestimmte Fragestellungen vermied er die Anwendung fettlösender Substanzen. Native Präparate ergaben keine einwandfreien Spodogramme, dagegen sind die Aschenbilder von 12—24 Std in 10%igem neutralem Formol eingelegten Nervenfasern sehr deutlich. Die Verbrennung derartigen Materiales ist bei 450⁰ C beendet. Der größte Teil der anorganischen Substanz stammt vom Myelin im Bereiche der cylindro-konischen Segmente, die SCHMIDT-LANTERMANNschen Einkerbungen sind durch Schrumpfung verbreitert und erscheinen aschearm oder überhaupt aschefrei. Gegen die RANVIERschen Ringe hin nimmt die Menge der Salze in der Markscheide etwas ab. Nach Entfernung des Myelins durch fettlösende Mittel tritt das Neurokeratingerüst als Netz reichlichen anorganischen Rückstandes hervor. Der Achsencylinder ist in nativ veraschten Fasern nicht sicher erkennbar, dagegen ist er in Spodogrammen formolfixierter Nervenfasern sehr deutlich. Sein anorganischer Rückstand besteht aus feinen gleichartigen Granula, die gegenüber denen des Myelins durch höhere Leuchtkraft ausgezeichnet sind. Nach Entfettung nimmt auch im Achsencylinder die Salzmenge etwas ab. Die SCHWANNsche Scheide ist nur im Spodogramm entfetteter Nervenfasern abzugrenzen. Sie besteht aus feinsten Körnchen, einzig die Neurilemmkerne geben stärker leuchtenden und unregelmäßiger verteilten Rückstand, in dem Calcium immer, Magnesium manchmal und Phosphor nicht nachweisbar ist. In der Markscheide formolfixierter Nervenfasern läßt sich Calcium, Magnesium und Phosphor feststellen, der Achsencylinder gibt nur positive Reaktion auf Calcium und Phosphor. Eisen fehlt in Nervenfasern stets. Schwefel, der im Neurokeratingerüst vorhanden sein müßte, ist dort in Spodogrammen nach der Methode von CONDORELLI nicht nachzuweisen, einzig Calcium ist im Neurokeratin sicher erkennbar.

ROSSI und CAPURRO (1950) sahen die Nervenfasern von Cephalopoden in Gefrierschnitten von mit Formol-Alkohol fixiertem Material eher aschearm; im ganzen hatte das Nervengewebe bei dieser Vorbehandlung nur geringe Schrumpfungstendenz beim Erhitzen.

7. Das Aschenbild des Blutes und der Zirkulationsorgane

Blutausstriche sind schon von LIESEGANG (1910) und von HERRERA (1925) verascht worden. Dabei hat HERRERA Silicium in den *Erythrocyten* des Axolotl und vom Menschen nachgewiesen. LIESEGANGs Versuch, Eisen in den veraschten roten Blutkörperchen mittels der Berliner Blau-Reaktion oder als Sulfid darzustellen, gelang dagegen nicht. Auch POLICARD (1928a) hatte anfänglich Schwierigkeiten in der Deutung veraschter Blutausstriche, wahrscheinlich weil bei der von ihm angewandten Temperatur Natrium- und Kaliumsalze verflüchtigt waren. Er konnte jedoch seine früheren Beobachtungen bald vervollständigen; in Erythrocyten von Frosch und Triton fand POLICARD (1928b) die Kerne stark aschehaltig, die Zelleiber aber waren bei Auflichtuntersuchung wegen ihrer Schrumpfung nur mit Mühe zu erkennen; sie geben wenig anorganischen Rückstand, der am besten nach Umwandlung der Chloride in Sulfate (durch Schwefelsäureanhydritdämpfe) erkennbar wird (POLICARD und PILLET 1928b). KRUSZYŃSKI (1950a) bestätigte, daß bei dieser Arbeitsweise die Asche der Erythrocyten weit weniger hygroskopisch ist als in gewöhnlichen Spodogrammen des Blutes.

Eine ausführliche Beschreibung des Aschenbildes menschlicher Blutkörperchen gab auch SCOTT (1933b), Abbildungen des Spodogrammes menschlicher Erythrocyten finden sich ferner bei KRUSZYŃSKI (1937) und hier in Abb. 42. Nach all den eben genannten Untersuchern, deren Ergebnisse auch von ALEXANDER und MYERSON (1937) bestätigt wurden, hinterlassen die Erythrocyten nur feine,

schwach sichtbare Aschekörnchen. Diese sind meist entlang der Zellperipherie
angehäuft, so daß rote Blutkörperchen im Dunkelfeld oft ringartig erscheinen.
In der vorwiegend bläulichen Asche ist nur hie und da ein feines gelbliches Körnchen als Hinweis auf das Vorhandensein von Eisen zu erkennen. Der geringe
Eisengehalt genügt indessen, um der Asche des Blutausstriches im ganzen einen
leicht gelblichen Ton zu geben. Ein einzelnes rotes Blutkörperchen kann jedoch
nicht sicher an der Farbe des Aschenrückstandes als eisenhaltig erkannt werden;
die unterste Grenze dafür scheint eine Anhäufung von 3 Erythrocyten zu sein
(POLICARD 1934 b).

Etwas abweichend ist die Beschreibung des Spodogrammes menschlicher
Erythrocyten, die KRUSZYŃSKI (1950a) auf Grund von Phasenkontrastunter-
suchungen gab. Sie sind danach auch im Aschenbild wie in gefärbten Ausstrichen

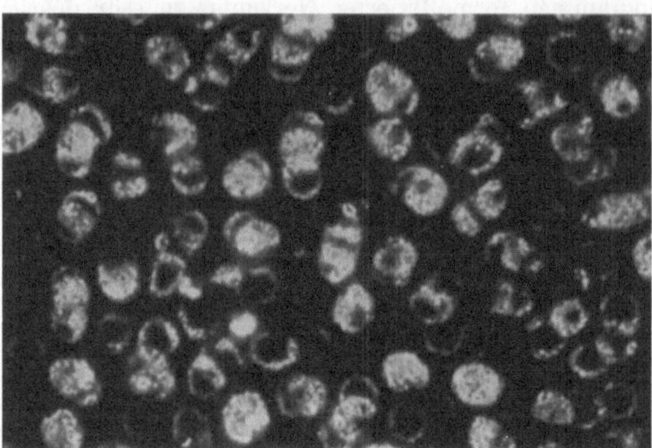

Abb. 42. Erythrocyten, Blutausstrich, Mensch. Nativ verascht in Luft bei 520° C, Vergr. 800 × ,
Cardioid-Kondensor

geformt und hinterlassen sehr feine staubartige Ascheteilchen, deren Größe nahe
der optischen Auflösungsgrenze liegt. Als sehr unterschiedlich erweist sich der
Salzgehalt der einzelnen Erythrocyten; besonders hypochrome Formen sind sehr
arm an Asche, die dann meist als schmaler, peripher gelegener Ring erscheint.
Im leicht wasserlöslichen Teil der Erythrocytenasche fand er Eisen und Calcium,
doch stammt das Calcium möglicherweise aus dem Blutplasma. Am auffälligsten
ist wohl der Befund unterschiedlichen Asche- und Kaliumgehaltes der einzelnen
Erythrocyten. Derartige Unterschiede waren bis dahin nur bezüglich des Eisengehaltes in den roten Blutkörperchen von Cichlasoma fascetum, einem Knochen-
fisch, bekannt (POLICARD und ROJAS 1935a, b). Zu demselben Ergebnis kam
KRUSZYŃSKI (1950b, 1951) aber auch bei mikrochemischen Untersuchungen der
Asche von Froscherythrocyten, in denen er Kalium und Eisen in wechselnder
Menge fand; ihr Anteil soll mit dem Alter der Zelle abnehmen. Die Zell- und
die Kernmembran von Froscherythrocyten geben nach Untersuchungen an
hydrolysierten Präparaten gleichfalls etwas Asche, in der KRUSZYŃSKI Calcium
nachweisen konnte. Auffällig ist schließlich noch seine Angabe, daß im Kern
der Froscherythrocyten auch Kalium vorhanden sein soll.

Über den Salzgehalt der *roten Blutkörperchen während der Entwicklung* und
in Explantaten berichteten zuerst HORNING und SCOTT (1932a, b). Reife und
unreife Blutzellen von Hühnerembryonen enthalten nach Kultur in vitro in der
Kernasche kein Eisen, während veraschte Schnitte von gleichen Altersstadien
die Kerne der Blutzellen stark eisenhaltig zeigen. Auch ENGSTRÖM (1943) fand

in primitiven Blutzellen von Hühnerembryonen hohen Aschengehalt und dementsprechend starke Ultraviolettabsorption. Da die Erythroblasten im Knochenmark der Ratte gleichfalls große Mengen von Cytoplasmanucleotiden aufweisen, sind auch sie sehr reich an aschegebender Substanz.

Reticulocyten verschiedener Herkunft, auch aus menschlichem Blut, studierte KRUSZYŃSKI (1955). Sie gaben mehr Asche als Erythrocyten, ihre wasserlöslichen Bestandteile sind amorph und gleichmäßig über den Zelleib verteilt, damit entsprechen die Spodogramme den durch Ultraviolettphotographie gewonnenen Bildern. Im einzelnen ist der Natrium- und Kaliumgehalt der Reticulocyten höher als der der Erythrocyten. In kernhaltigen Reticulocyten aus Hühner- und Froschblut bleibt nach Ausziehen der Aschepräparate mit Wasser und Auskristallisation des Calciums mit 2%iger Schwefelsäure ein unlöslicher, nicht

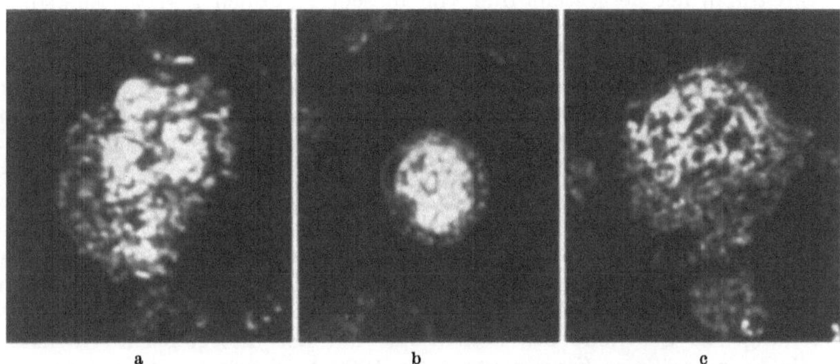

a   b   c

Abb. 43a—c. Leukocyten, Blutausstrich, Mensch. Nativ verascht in Luft bei 520° C, Vergr. 1600× Cardioid-Kondensor. a Segmentkerniger neutrophiler Granulocyt; b Lymphocyt; c Monocyt

kristallisierter Rückstand des Cytoplasmas, der keine Eisenreaktion gibt und möglicherweise aus Phosphaten besteht.

In menschlichen *Leukocyten* hat POLICARD (1928a) schon bei seinen ersten Blutuntersuchungen den hohen Aschengehalt der Kerne festgestellt und des weiteren gefunden, daß der Zelleib einen sehr fein verteilten anorganischen Rückstand hinterläßt. Positive Calciumreaktion der Kernasche haben zuerst POLICARD und PILLET (1928a) gefunden, sie konnten aber die gleichzeitige Anwesenheit von Magnesium nicht ausschließen. ANGELINI (1931) erweiterte diese Befunde durch Angaben über Leukocyten und Lymphocyten bei Amphibien und in zentrifugierten Pleuraexsudaten des Menschen.

Von den *Lymphocyten* bleibt nach der Veraschung eine ziemlich gleichmäßig dichte Salzablagerung zurück, deren Hauptmenge dem Kern entspricht; kleine, im polarisierten Licht doppelbrechende Körnchen (wahrscheinlich Silicium) sind über die Kernasche verstreut; SCOTT glaubt sie aus dem Kernsaft ableiten zu sollen. Daß auch das Cytoplasma etwas anorganische Substanz hinterläßt, hat neuerdings KRUSZYŃSKI (1950a) betont (vgl. auch Abb. 43).

Ebenso wie bei den kleinen Lymphocyten ist bei den *Monocyten* der Kern der Teil der Zelle, der eine stärkere Ablagerung mattweißer Asche gibt; gelegentlich findet sich darin ein kleines doppelbrechendes Körnchen. Der unregelmäßig geformte Umriß des Zelleibes ist als feine Aschenlinie deutlich (Abb. 43).

Auch bei den *Granulocyten* behält der Kern nach der Veraschung seine Form; häufig ist, wenigstens bei den Neutrophilen, die Kernmembran als ununterbrochene feine Linie zu erkennen. Die nach der Veraschung übrigbleibenden Salze bilden in der Gegend des Kernes eine mattweiße granulierte Ablagerung, die des Cytoplasmas dagegen sind bläulich-weiß, einzelne Stellen sind sogar ganz aschefrei (Abb. 43). ENGSTRÖM (1943) sah deshalb in reifen Leukocyten hohe Ultraviolettabsorption im Kern, geringe dagegen im Zelleib. SCOTT (1933b) wies nach, daß den Granulocyten auch eine Zellmembran eigen ist, die als klare Linie fein verteilter Aschekörnchen erscheint. Bei manchen neutrophilen Leukocyten sind feine mattweiße Körnchen über das Cytoplasma verteilt, die vielleicht den spezifischen Granulationen entsprechen, doch ist diese Deutung nicht sicher. POLICARD und BESSIS (1952) haben isolierte und gewaschene neutrophile Leukocyten aus menschlichem Blut nach Veraschung elektronenoptisch untersucht, um zu prüfen, ob die durch Erhitzung gebildeten Teertröpfchen eine Verlagerung der anorganischen Bestandteile bewirken können. Die Granulocyten wurden dazu in üblicher Weise verascht und mit Gold beschattet; dann wurde vom Präparat ein Formvarabdruck hergestellt und von diesem in üblicher Weise elektronenoptische Bilder angefertigt. So gelang der sichere Nachweis, daß keine Verlagerungen aus dem Kern in das Cytoplasma vorkommen. Dagegen ergab sich, daß die Kernasche, die aus kugeligen und höckerigen Granula von 1500—3000 Å Durchmesser besteht, ganz gleichmäßig verteilt ist; sie zeigte keine den Chromatinmassen entsprechenden Anhäufungen. Auch von der Kernmembran erhält man auf diese Weise keinen Rückstand, denn nur selten liegen an ihrer Stelle 6—8 Aschekörnchen von 500—800 Å in einer Reihe. Das Granuloplasma gibt gleichmäßig verteilte Körnchen von ungefähr 500 Å Durchmesser, die nicht den neutrophilen Granula entsprechen. Weniger dicht liegend und kleiner (nur etwa 200 Å) sind die Aschekörnchen im Bereiche des Hyaloplasmas; diese Anordnung entspricht dem homogenen bläulichen Teilen des Spodogrammes bei Dunkelfelduntersuchung. In der Zone des Centrosoms hat der anorganische Rückstand immer die Form größerer Kugeln von etwa 1000 Å; sie sind weit weniger zahlreich und liegen weiter auseinander als die Aschekörnchen des Cytoplasmas. Alle diese Differenzen werden auf verschiedenartige Teertropfenbildung zurückgeführt. In keinem Falle konnten Ascheteilchen zu Mitochondrien in Beziehung gebracht werden.

In *eosinophilen Granulocyten* sind die spezifischen Granula als mehr oder weniger regelmäßig gelagerte kleine weißglänzende Aschekörnchen zu erkennen. POLICARD (1934b) betont vor allem das Fehlen von Eisen in ihnen. KRUSZYŃSKI (1951a) glaubt, auch die Granula *basophiler Leukocyten* im Aschenbild erkennen zu können, doch hat er sie nicht näher charakterisiert.

Die Kerne der *Myeloblasten* und *Myelocyten* (untersucht bei myeloischer Leukämie) sind stark salzhaltig, wohingegen das Cytoplasma dieser Zellen nur eine geringe Aschenmenge hinterläßt (ALEXANDER und MYERSON 1937). Im Gegensatz dazu nennt jedoch ENGSTRÖM (1943) die Myeloblasten im Knochenmark der Ratte reich an Cytoplasmanucleotiden und daher ihren Zelleib auch stark aschegebend.

Da im Blutausstrich nur äußerst wenig Asche des Plasmas zurückbleibt, glaubt SCOTT (1933b), die *Blutplättchen* an Größe, Umriß und Zahl diagnostizieren zu können, sie sollen salzhaltig sein. ALEXANDER und MYERSON (1937) bestätigten diese Angabe, da sie dichte, glänzende, wasserunlösliche Asche als Rückstand der Blutplättchen fanden. KRUSZYŃSKI (1950a) sah jedoch den größeren Teil der Asche von Blutplättchen leicht wasserlöslich.

Über das Aschenbild normaler *Blutgefäße* liegt eine größere Zahl von Untersuchungen vor, die meistens dem Vergleich mit Beobachtungen an krankhaft verändertem Material gedient haben oder sich auf die Gefäßentwicklung beziehen. Das *Endothel* hebt sich schon in embryonalen Gefäßen (4¹/₂ und 7 Tage alte Hühnerembryonen, HORNING und SCOTT 1932a) gegenüber dem umliegenden

Mesenchym als aschereicher ab, auch in den Chorionzotten ist der gleiche Befund erhoben worden (Noël, Pigeaud und Colomb 1929). An Amblystoma fand Kruszyński (1938) Kerne und Cytoplasma der Gefäßendothelien relativ reich an anorganischem Rückstand. Seifert (1924, 1925) untersuchte das Vorkommen von Blei in Gefäßen bei experimenteller Bleivergiftung. Sie konnte die Aschenablagerungen genau im Spodogramm lokalisieren, da die Gefäßstruktur völlig erhalten bleibt. Zu gleichen Ergebnissen ist Ravault (1928) gekommen, der zum Teil gemeinsam mit Policard und Morin in mehreren Arbeiten über den Aschengehalt der Aorta und der peripheren Gefäße berichtete.

Ravault (1928a) und Morin (1928) haben die verschiedensten Abschnitte zahlreicher *normaler Aorten* untersucht und dabei in der Intima nur einige unbedeutende Salzablagerungen gefunden. Das Endothel erschien ihnen in Form einer sehr feinen stellenweise unterbrochenen Aschenlinie, vielleicht sei diese aber nur der Rest einer dünnen, oberflächlich dem Endothel anhaftenden Fibrinlage. Die Tunica ext. gibt gleichfalls nur wenig anorganischen Rückstand, der wahrscheinlich von den kollagenen Bindegewebsfasern herrührt. Der hier und da feststellbare Eisengehalt entspricht roten Blutkörperchen in den Vasa vasorum. Im gesamten ist die Aschenmenge der Intima und der Externa geringer als die von gleich dick geschnittenem lockerem Bindegewebe. Als reich an Salzen erweist sich dagegen die Tunica media der Aorta. In ihr liegt ein vom inneren und vom äußeren Umfang des Gefäßes immer gleich weit entfernter aschegebender Streifen, der bei verdickter Media dem Lumen eher etwas näher rückt. Seine Breite ist variabel, häufig ist er nur auf die mittleren Teile der Media beschränkt. An dieser Stelle ist auch die Dichte des anorganischen Rückstandes regelmäßig am größten, während sie nach der Innen- und der Außenseite hin allmählich abnimmt. Besonders gegen die Tunica ext. ist die Grenze der Media oft etwas undeutlich, weil dort gelegene gefäßhaltige Abschnitte immer ascheärmer sind.

Die Menge der Salze ist in der Aorta thoracalis stets höher als in der Aorta abdominalis, sie schwankt auch bei den einzelnen Individuen etwas. Regelmäßig ist sie im fortgeschrittenen Lebensalter vermehrt. An den Abgangsstellen der großen Arterien vom elastischen Typus verstärkt sich die Aschenmenge ein wenig und geht in die Tunica media des abzweigenden Gefäßes über, in der sich die Salzanreicherung mit zunehmender Entfernung vom Herzen immer mehr verringert und schließlich ganz aufhört. Die Asche in der Media der Aorta liegt in Form feiner Streifen parallel den elastischen Membranen, wahrscheinlich sind diese und vielleicht auch die interlamelläre Substanz diffus mit den Salzen durchtränkt.

Die Ursache der auffälligen Verteilung der anorganischen Substanzen in der normalen Aorta sieht Ravault in den besonderen Ernährungsverhältnissen; die im mittleren Gebiet der Aortenwand bestehende verlangsamte Zirkulation der Gewebsflüssigkeit soll zu der Anreicherung der Salze führen. Eine Bestätigung der Annahme, daß der Aschenreichtum der Tunica media vor allem auf der Anhäufung von Calciumsalzen beruht, haben Morel, Policard und Ravault (1932) durch histospektrographische Untersuchungen erbringen können. Die Ergebnisse all dieser Forschungen hat Policard (1933e) noch einmal zusammengefaßt; er hat dabei allerdings nicht besonders auf den Aschengehalt der elastischen Fasern hingewiesen, wie ich einem Zitat von Alexander und Myerson (1937) entnehme. In einem später veröffentlichten Vortrag über den Bau der Arterienwand hat Policard (1935) aber auch eindeutig zur Frage nach den Beziehungen zwischen Kalkablagerung und elastischem Gewebe der Gefäße Stellung genommen. Er hält aus den Arbeiten seiner Schüler den Nachweis für erbracht, daß im elastischen Gewebe eine Kalkanreicherung erfolgt und nennt

5*

als wichtigste Wirkung derselben die Verringerung der Elastizität der Gefäßwand.

Einige ergänzende Beobachtungen zu diesen von POLICARD und seiner Schule
in der Aortenwand erhobenen Befunden liegen in den Mitteilungen von SCHULTZ-
BRAUNS (1929), HENCKEL (1931) und WEPLER (1935) vor. Beim neugeborenen
Kind enthält nach SCHULTZ-BRAUNS die Aortenwand sehr wenig Asche; von
einem ganz zart bläulichen Grund heben sich nur feine, leicht wellig verlaufende
rein weiße Aschestreifen ab, deren Menge in allen Abschnitten der Aorta und
der Beckenarterien gleich ist. Diese Aschestreifen sollen den elastischen Fasern
entsprechen. Kaum verändert sei die Aschenmenge bei etwas älteren Kindern
und selbst bei einer 27jährigen Frau mit etwas unterentwickeltem Gefäßsystem
sind nur stellenweise in den tieferen Mediaschichten kleine, ebenfalls rein weiße
Ascheablagerungen hinzugekommen. Mit zunehmendem Alter tritt dann eine
mäßige, aber deutlich erkennbare Steigerung des Aschegehaltes in der Aorta
ein; sie betrifft außer der rein weißen, dem elastischen Gewebe zugeordneten
Ascheablagerung auch die dazwischen befindliche bläuliche Asche, die zur Muskulatur gerechnet wird (über abweichende Deutung dieser Befunde vgl. S. 70).
SCHULTZ-BRAUNS hält gleichfalls den herabgesetzten Stoffwechsel für die Ursache
der Kalkanreicherung im lebenden Gewebe.

HENCKEL (1931) bestätigte die Befunde von RAVAULT hinsichtlich der Tunica
int. Nach seinen Beobachtungen gibt die Membrana elastica int. kein genügend
klares Aschebild, um danach die Grenze Interna-Media zu bestimmen. Die
Tunica media fand HENCKEL im Spodogramm bei verschiedenen Individuen
äußerst variabel. Gegen RAVAULT wird angeführt, daß die Aschenanhäufung in
der Media gegen die Tunica int. und die Adventitia nicht allmählich abfällt,
sondern plötzlich und auch unregelmäßig (gebuchtete Grenzen), deshalb müßten
dafür andere Faktoren als die Ernährung der Gefäßwand bedeutsam sein. Gleich
wie RAVAULT fand HENCKEL mit dem Alter zunehmende Ablagerung anorganischer Substanzen in der Media. In normalen Aorten liegt die Asche entweder
in Streifen parallel den elastischen Membranen (ohne daß entschieden werden
kann, ob sie diesen entsprechen), oder sie ist fleckig über die ganze Media verteilt. Da bei Feten und Neugeborenen diese besondere Aschenanreicherung in
der Aortenmedia noch nicht vorhanden ist, muß sich in dieser ein spezieller
Entwicklungsprozeß abspielen, der allmählich zu der besprochenen Salzanreicherung führt. Die Adventitia sah HENCKEL stärker aschegebend als die Tunica
interna; sie ist im Spodogramm nach außen unregelmäßig abgegrenzt und zeigt
im Zusammenhang mit den Vasa vasorum erhebliche Ungleichheiten im Vorkommen anorganischer Substanzen.

Nach WEPLER (1935), dessen Befunde über den Salzgehalt der Aortenwand
im großen und ganzen mit den vorstehend beschriebenen Angaben übereinstimmen, muß die Zunahme der anorganischen Stoffe im noch lebenden, funktionierenden Gewebe (z.B. in der Tunica media und in der Membrana elastica int.)
von der dystrophischen Verkalkung, d.h. der Kalkablagerung im weitgehend
regressiv veränderten Gewebe getrennt werden. Im erstgenannten Falle ist
nämlich vorzugsweise Calciumcarbonat, im zweiten dagegen vorwiegend Calciumphosphat vorhanden, wie er durch die Anwendung der auf S. 22 beschriebenen
HACKMANNschen Arbeitsweise feststellen konnte. Im einzelnen ist von WEPLERs
Befunden noch hervorzuheben, daß die Asche der normalen Arterienwand neben
anderen Salzen auch reichlich Natriumcarbonat enthält, nur die Aorta ascendens
und der Arcus aortae machen davon eine Ausnahme; Natriumcarbonat ist hier
in wesentlich geringerer Menge vorhanden. Wahrscheinlich ist die Muskulatur,
die ja im Anfangsteil der Aorta besonders spärlich ist, neben den elastischen

Lamellen Hauptträger dieser Natriumverbindungen. In Gebieten erhöhten Calciumgehaltes sah WEPLER die Menge des Natriumcarbonates in der Tunica media der Aorta stets verringert.

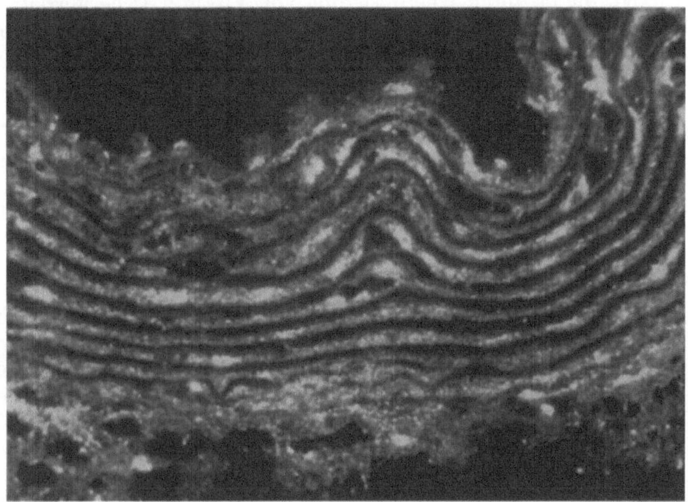

Abb. 44. Aorta, junge Ratte. Formol-Alkohol, Paraffinschnitt 4 μ, verascht in Luft bei 520° C, Vergr. 675×, Cardioid-Kondensor. Tunica interna im Bilde oben. Abwechselnde Lagen weiß leuchtender Asche und dunkler, also salzfreier Streifen. Die stellenweise vorhandenen stärkeren Anhäufungen anorganischer Substanz innerhalb der Aschenlagen entsprechen Kernen, sie beweisen die Zugehörigkeit der Aschen zu den Zügen der Muskulatur und des kollagenen Bindegewebes. Aschefrei sind die dazwischen gelegenen elastischen Membranen.
Aus HINTZSCHE 1939a

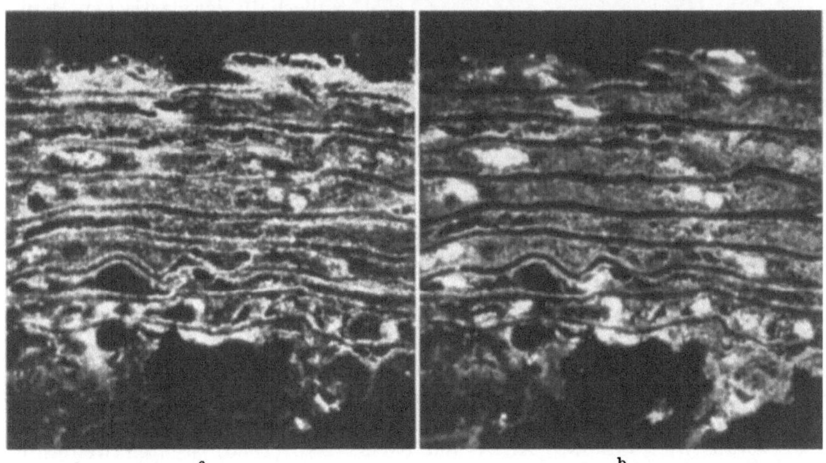

Abb. 45a u. b. Normale Aorta, ausgewachsene Ratte. Nativer Gefrierschnitt $7^{1}/_{2}$ μ, verascht in Luft bei 520° C, Vergr. 450×, Cardioid-Kondensor. a Gesamtasche; b Kalkaschenbild der gleichen Stelle. Aus HINTZSCHE 1939a

Im ganzen macht die Aortenasche den Eindruck, als sei sie ein genaues Abbild von der Anordnung der elastischen Lamellen und Fasern. Ein davon abweichendes Bild findet sich bei HAM (1932), der die Aorta von Ratten nach Fixation in Formol-Alkohol 1:9 und Paraffineinbettung veraschte; eine seiner

Mikrophotographien zeigt nämlich die elastischen Lamellen als so gut wie völlig aschefreie Streifen zwischen den deutlich kernhaltigen Salzablagerungen der Muskulatur und des Bindegewebes. Von der zunehmenden Salzeinlagerung in die Aortenwand, die er durch Überdosierung von Vitamin D hervorrief, werden aber schließlich auch die elastischen Komponenten betroffen, sie können zum Teil sogar schwer mit Salzen infiltriert werden; in anderen Fällen spricht HAM von Inkrustation an oder entlang den elastischen Fasern.

In einer wegen dieser Gegensätzlichkeit der Befunde vorgenommenen Kontrolluntersuchung fand ich (1939a) bei 28 jugendlichen und erwachsenen Ratten, ebenso bei einigen Kaninchen und bei ausgewachsenen Meerschweinchen (Abb. 44—46), die elastischen Lamellen der Aorta aschefrei oder wenigstens sehr aschearm. Die Streifen anorganischen Rückstandes in der Aortenwand waren immer durch längliche Anhäufungen von Salzen, die Kernen entsprechen, als Bindegewebs- und Muskellagen zu erkennen. In nativen Gefrierschnitten von der Rattenaorta sah ich die aschefreien und aschearmen elastischen Membranen gleichsam konturiert von schmalen Streifen anorganischen Rückstandes. Diese liegen sicher außerhalb der elastischen Membran, sie bleiben auch im „Kalkaschenbild" erhalten.

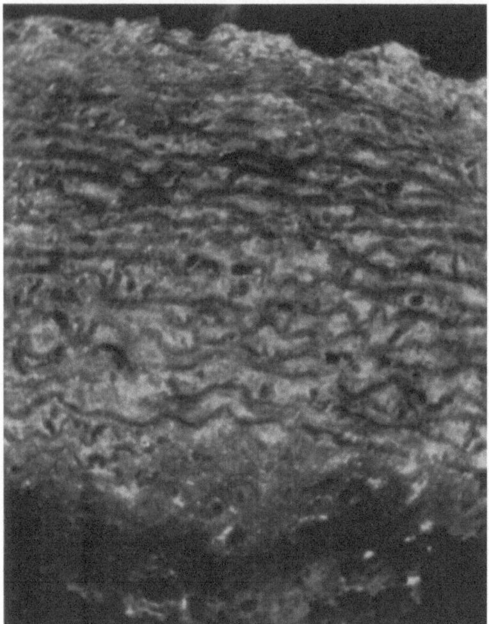

Abb. 46. Normale Aorta, ausgewachsenes Kaninchen. Formol-Alkohol, Paraffinschnitt 4 μ, verascht in Luft bei 520° C, Vergr. 450 ×, Cardioid-Kondensor. Leichte Salzeinlagerung in die elastischen Membranen und erhöhter Aschengehalt der Muskel- und Bindegewebslagen in der äußeren Mediahälfte

Unter Berücksichtigung dieser Befunde war noch zu prüfen, ob die von den meisten Autoren angegebene spätere Einlagerung von Salzen in die elastischen Membranen regelmäßig eintritt und ob sie noch normal genannt werden darf.

Untersuchungen solcher Art haben BLUMENTHAL, LANSING und WHEELER (1944) angestellt. Danach fanden sich die aschegebenden Teile der Media menschlicher Aorten zwischen den Muskelfasern, sie entsprechen also den elastischen Lamellen. Mit zunehmendem Alter werden sowohl die Muskelfasern als auch die elastischen Membranen der Media immer stärker calciumhaltig, wobei diese Mediaverkalkung der Intimasklerose vorangeht. LANSING, ALEX und ROSENTHAL (1950) stellten weiterhin fest, daß sich der Elastingehalt menschlicher Aorten nach dem 20. Lebensjahr nicht mehr ändert, daß aber der Kalkgehalt von dieser Zeit an stark zunimmt und mit etwa 50 Jahren sein Maximum erreicht. Die Einlagerung von Kalksalzen in das elastische Material ist demnach ein typischer Alternsvorgang. Ein vergleichendes Urteil über diese Befunde wird aber erst möglich, wenn auch die Beobachtungen an kleineren Arterien mit einbezogen werden, deren Beschreibung deshalb hier zunächst noch folgt.

Die kleineren *Arterien von muskulärem Typus* beschreibt RAVAULT (1928b, 1929) als im ganzen aschearm, vor allem seien keine besonderen Salzanhäufungen vorhanden. Genauer untersucht hat ZINKANT (1931) den anorganischen Rückstand der Gefäße des Uterus; danach ist der Aschegehalt der Gefäße und der Muskulatur im 1. Jahrzehnt gleichmäßig gering, im 2. Jahrzehnt beginnt schon eine zum Teil besonders in der Interna lokalisierte stärkere Salzanreicherung; vom 3. Jahrzehnt an hat die Aschenmenge fast regelmäßig zugenommen, insbesondere haben sich die Kalksalze in der Interna vermehrt, vom 5. Jahrzehnt ab wird auch die Media ascbereich, die bis dahin meist sogar eher salzarm war, oft hatte sie geringeren Gehalt an anorganischem Material als die umgebende Uterusmuskulatur. Während der ersten 5 Dezennien sind dabei die Spodogramme stets feinkörnig, vom 6. und 7. Jahrzehnt an treten in den mächtigen Ascheablagerungen im Bereiche der Media größerer Gefäße grobe Kalkspangen auf, die nach Veraschung zum Teil auch in kleinen und kleinsten Gefäßen nachweisbar werden. Die Anhäufung der anorganischen Stoffe erfolgt vor allem und am stärksten in der Media, vielfach auch besonders in der Tunica elastica int.; die elastoiden Mäntel um die Arterien zeigen dagegen höchstens leichte Aschevermehrung. Die Salzablagerungen bestehen vorzugsweise aus Kalk, in den grobkörnigen Gebieten und den groben Kalkspangen kommt Eisen in wechselnder Menge und Ausdehnung vor; reine Eisenasche wird dagegen in den Gefäßwänden nicht beobachtet.

KU (1933) betonte gegenüber SCHULTZ-BRAUNS und ZINKANT, daß Zweifel darüber bestehen können, ob wirklich die Aschenanreicherung in der Arterienwand ein Zeichen krankhafter Veränderung sein muß. Seine an den kleineren Zweigen der menschlichen Coronargefäße ausgeführten Untersuchungen (Fixation Formol-Alkohol 1:9, Paraffineinbettung) stützen sich auf Befunde bei 62 Fällen vom Neugeborenen bis zum 8. Lebensjahrzehnt. Asche findet sich immer in der Gefäßwand, jedoch in wechselndem Maße. Beim Neugeborenen sind die wenigsten Salze vorhanden, dann steigt ihre Menge bis zum 3. Jahrzehnt anscheinend parallel dem Körperwachstum; nach dem 3. Jahrzehnt wird die Ascheanhäufung deutlicher, ohne aber immer bestimmte Regelmäßigkeit erkennen zu lassen. Die wechselnden Befunde beruhen wahrscheinlich teils auf individueller Variabilität, teils sind sie Folge der einsetzenden arteriosklerotischen Veränderungen. Die Asche der Coronararterien stammt nach KU hauptsächlich von den elastischen Fasern, zum geringeren Teil auch von den übrigen Gewebskomponenten, die am Aufbau der Gefäßwand Anteil haben. Die Einlagerung anorganischer Substanzen in das elastische Gewebe hält KU für einen normalen Vorgang, sie sollte nicht notwendigerweise als Vorläufer der arteriosklerotischen Veränderungen angesehen werden. Zum weitaus größten Teil besteht die Asche der Gefäße aus Calcium, dessen Bindungsart an das elastische Gewebe allerdings unbekannt ist. Der mit zunehmendem Alter erhöhte anorganische Rückstand beruht nach KU auf der normalen Vermehrung des elastischen Gewebes und es wird vermutet, aber nicht bewiesen, daß Unterschiede in Menge und Art des elastischen Materiales auch Anteil an den besonderen Verkalkungsvorgängen bei der Arteriosklerose haben.

Altersveränderungen und Verkalkungserscheinungen in der menschlichen Kranzarterie studierten ferner LANSING, BLUMENTHAL und GRAY (1948). Nach ihren Befunden an 144 Herzen von Menschen beiderlei Geschlechtes aus dem 1.—9. Lebensjahrzehnt ergibt sich, daß wie bei der Aorta mit steigendem Alter der Calciumgehalt der A. coronaria zunimmt, doch beginnen die typischen Veränderungen der Aorta erst im 3., die in der A. coronaria cordis dagegen schon im 2. Lebensjahrzehnt. Mit einer Aufsplitterung und Vermehrung der elastischen

Fasern der Tunica elastica int. geht eine entsprechende Einlagerung von Calciumsalzen einher; diese sind anscheinend zunächst in organischer Form an eine Komponente des elastischen Materiales gebunden. Dabei spielen auch lokale Faktoren eine wichtige Rolle, denn bei der in einzelnen Fällen schon an Jugendlichen beobachteten Aufsplitterung der Tunica elastica ext. kam es nie zu einem gleichartigen Einbau von Calciumverbindungen. Was des weiteren über die Beziehungen der elastischen Fasern zu den atheromatösen Plaques berichtet wird und was an Befunden bei krankhaft verändertem Gefäßsystem beschrieben wurde, muß hier als in die Pathologie gehörig übergangen werden.

Schließlich haben BLUMENTHAL, LANSING und GRAY (1948) die vergleichend histochemisch nachweisbaren Altersveränderungen im elastischen Gewebe der Aorta sowie der Aa. coronaria, hepatica und renalis zusammengestellt. Sie bestätigten erneut die früher von ihnen erwiesene spezielle Affinität des elastischen Gewebes der Arterien für Calciumsalze, die mit dem Alter zunimmt. Verschieden ist nur der Ort des Beginnes der erhöhten Calciumeinlagerung; bei der Aorta finden sich die ersten Spuren in der an elastischen Lamellen so reichen Tunica media, bei der A. coronaria dagegen in der Lamina elastica int., von wo sich die Kalkeinlagerung gegen die Tunica int. und die Tunica media ausbreitet. Erhöhter Aschengehalt der A. hepatica ist erst verhältnismäßig spät zu konstatieren, auch bei diesem Gefäß wird zuerst die Tunica elastica int. betroffen, obwohl gerade in der Leberarterie die Tunica elastica ext. kräftig entwickelt ist. In der A. renalis ist die Tunica elastica ext. im Alter am meisten proliferiert, aufgesplittert und verkalkt; soweit erhöhter Aschengehalt der Tunica media vorkommt, scheint er sich von der Tunica elastica ext. aus dorthin verbreitet zu haben.

Während also die meisten Untersucher der Blutgefäße das elastische Gewebe kalkreich fanden, wurde der gegenteilige Befund von ALEXANDER und MYERSON (1937), HAM (1938) und mir (1939a) erhoben. Nach den an Hirngefäßen vorgenommenen Studien betonten ALEXANDER und MYERSON, daß die meiste Asche der Gefäßwand im kollagenen Bindegewebe liegt. Die Muskulatur enthalte weniger Salze und die elastischen Fasern würden immer ganz frei von anorganischen Stoffen gefunden. Der größte Teil der Salzablagerungen sei weiß und wasserunlöslich, bläuliche Asche komme nur in geringen Mengen vor. Von allen Schichten sei immer die Media die aschereichste, während sich die Lamina elastica int. frei davon zeige; auch bei Erkrankungen der Gefäße soll übrigens die Lamina elastica int. nach ALEXANDER und MYERSON aschefrei bleiben.

Auffällig wenig Befunde liegen über das Spodogramm der *Venen* vor. HENCKEL (1931) nennt sie ascheärmer als die Arterien. Bei den kleineren und mittleren Venen sowie bei den Begleitvenen fehlt eine Abgrenzung der Schichten im Aschenbild. In Querschnitten der V. cava caud. sei das Endothel in Form eines feinen Streifens markiert und die Media deutlich salzreicher als die Adventitia, was mit dem unterschiedlichen Anteil elastischer Elemente im Aufbau dieser Schichten begründet wird.

Abgesehen von dem, was auf S. 51 über das Aschenbild des Herzmuskelgewebes berichtet wurde, sind Angaben über das *Spodogramm des Herzens* gleichfalls selten. HENCKEL (1931) nennt das Myokard ascheärmer als das Endo- und das Epikard. Eine feine innerste Linie anorganischer Substanz soll dem Endothel oder einer dünnen, nach dem Tode abgelagerten Fibrinschicht entsprechen, darunter seien leicht zahlreiche kollagene Fasern zu unterscheiden. Im Myokard wird das Bindegewebe als der ascheärmste Teil bezeichnet. Nach SCOTT (1932b) weisen die Reizleitungsfasern bezüglich ihres Salzgehaltes keine deutlichen Unterschiede gegenüber der Triebmuskulatur auf. DEUCHER (1941), der auf meine Veranlassung das Spodogramm im Kälberherzen nach Alkoholfixation in $2^1/_2$ bis

5μ dicken Paraffinschnitten untersuchte, fand regelmäßig „Alkoholflucht" des größten Teiles der anorganischen Substanz (Abb. 47). Das Bild entspricht völlig dem der bekannten „Alkoholflucht" des Glykogens. Die Annahme einer Bindung gewisser Salze (Kalium) an das Glykogen und die deshalb erfolgende gleichsinnige Verschiebung innerhalb der Zellen erscheint durchaus berechtigt. Die Alkoholflucht der Aschen ist nämlich nie eine totale: feine Aschenkörnchen bleiben im Cytoplasma immer noch erhalten und auch an dem hohen anorganischen Rückstand der Kerne ist nie eine einseitige Verlagerung erkennbar. In Längsschnitten des Reizleitungssystemes ist die Querstreifung der Fibrillen nach

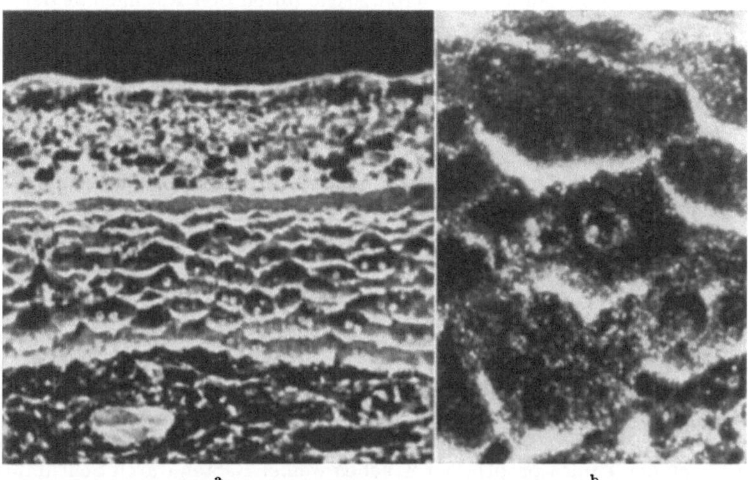

Abb. 47a u. b. Reizleitungssystem längs, Herz, Kalb. Paraffinschnitt $2^1/_2$ μ, verascht in Luft bei 520° C, Vergr. a 180×, b 1000×, Cardioid-Kondensor. In den Reizleitungsfasern (mittleres Drittel des Bildes a) hat sich die Asche größtenteils nach der von der Oberfläche abgewandten Seite der Zellen verschoben entsprechend der gleichsinnigen Verlagerung von Kalium und Glykogen. Genauer zeigt das Bild b bei stärkerer Vergrößerung. Aus Deucher 1941

Veraschung deutlich, ebenso treten die auch dort vorkommenden Kontraktionsstreifen wie in der Triebmuskulatur durch ihren hohen Aschengehalt hervor.

Lymphatisches Gewebe verbrennt wegen seines hohen Kerngehaltes nur langsam (Policard 1924). Diese technische Schwierigkeit mag wohl der Grund sein, daß über die Salzverteilung in lymphoiden Organen bisher nur wenig Angaben vorliegen. Von Lymphzelleinlagerungen in die Bronchialschleimhaut berichtet Policard (1934c), daß sie den Kernen entsprechende Ascheanhäufungen hinterlassen; soweit sie sich lumenwärts vorbuchten, ist die Asche zuweilen etwas gelblich, also eisenhaltig. Das Eisen liegt in einzelnen Reticulumzellen.

Meltzer (1936b) sah im normalen Processus vermiformis die Lymphfollikel stets sehr reich an Salzen. Auffälligerweise ist ihre Asche größtenteils wasserlöslich; sie gibt mäßige, aber deutliche Magnesiumreaktion. Eisen ist oft vorhanden und auch Phosphate kommen darin vor.

Veraschte bronchiale *Lymphknoten* sind abgebildet oder beschrieben von Tschopp (1929), von Policard, Doubrow und Pillet (1928b) und von Policard und Doubrow (1929b, c). Ihre Angaben beschränken sich aber auf die Feststellung, daß Kohleablagerungen im Lymphknoten eisenfreie Ascheanhäufungen von gleicher Ausdehnung hinterlassen, da der Kohlenstaub neben Calcium auch Silicium und Aluminium enthält, ein Befund, den Schultz-Brauns (1929) bestätigt hat. Nach HENCKEL (1931) gleicht das Aschenbild des Lymphknotens dem der Milz hinsichtlich des Reichtumes des lymphoiden Gewebes an aschegebenden Substanzen und der relativen Salzarmut des Kapsel- und Trabekelsystemes. Da die Erythrocyten fehlen, ist jedoch die Asche des Parenchyms nicht so stark rötlich-gelb wie die der Milz.

Von der *Milz* liegen gleichfalls nur wenige Untersuchungen vor; BAGIŃSKI (1927b) berichtete über die lipopigmentierten Zellen, daß sie durch die Veraschung als reichlich eisenhaltig erkannt werden können. Nach HENCKEL (1931) sind Kapsel und Trabekel der Milz relativ arm an anorganischen Substanzen, wenigstens im Vergleich zur Pulpa, deren Asche durch den Eisengehalt der Erythrocyten rötlich-gelb gefärbt ist. ANGELINI (1931) bestätigte den Befund hohen Eisengehaltes in der Milzpulpa des Meerschweinchens; die Milzknötchen sah er aschearm, Kapsel und Trabekel gaben rein weißen anorganischen Rückstand. GERLACH (1931) fand in systematischen Untersuchungen von 80 Fällen keine deutlichen Strukturbilder im Spodogramm der Milz. KLOSTERMEYER (1937) schreibt von der normalen Milz eines 6 Wochen alten Kindes, die Asche der Pulpa sei bräunlich gefärbt und bestehe zum größten Teil aus wasserunlöslichen Calciumverbindungen; die Milzfollikel seien deutlich ascheärmer als die Pulpa, ihrem hohen Kerngehalt entsprechend beständen sie vorzugsweise aus wasserlöslichen Kaliumsalzen. Gegen diese Deutung dürften Zweifel berechtigt sein.

8. Das Aschenbild der Atmungsorgane

Da das Spodogramm des mehrstufigen *Flimmerepitheles der Atemwege* schon auf S. 40 nach den Untersuchungen von HENCKEL (1931), SCOTT (1933b) und POLICARD (1934c) beschrieben wurde, bleibt hier nur noch zu erwähnen, daß HENCKEL in der gleichen Arbeit die Asche der Tunica propria als an Menge gering und unregelmäßig angeordnet bezeichnete. ALLARA (1950) fand sie in den tieferen Lagen der Tunica propria der Trachea weißer Ratten durch Schrumpfung zu gröberen Klümpchen umgebildet; mit zunehmender Annäherung an das Epithel wird sie immer feiner und dichter, eine eigentliche Aschenlinie, wie sie für unstrukturierte Basalmembranen charakteristisch ist, fehlt aber.

SCUDERI (1948), der verschiedene Abschnitte der oberen Atemwege des Menschen teils in nativen, teils in formolfixierten Gefrierschnitten auf ihren Salzgehalt prüfte, glaubt, die Basalmembran als feinen Streifen anorganischen Rückstandes gesehen zu haben. Seine Abbildungen sind jedoch — wenigstens in den mir allein zur Verfügung stehenden Mikrophotographien der Publikation — für diese Angabe nicht ausreichend. Leider wandte SCUDERI seine Aufmerksamkeit vor allem dem Ablauf des Verkohlungsvorganges und histochemischen Reaktionen im Spodogramm zu; diese haben ihn wegen der mangelhaften Lokalisation nicht befriedigt. Seine Beschreibung der Spodogramme ist zu kursorisch für eine Auswertung, so daß ein an sich gutes Material von Nase, Kehlkopf, Trachea und Bronchien leider ungenützt blieb.

In den Drüsen der *Trachea* fand HENCKEL den Salzgehalt speziell in den basalen Zellteilen reichlich, die Submucosa dagegen sah er aschearm. Für die Trachealknorpel (Abb. 29) ist der mit dem Alter steigende Rückstand anorganischer Substanz bezeichnend, er stammt vor allem von der Intercellularsubstanz, weniger von den Knorpelzellen. Das Perichondrium der Trachealspangen ist als Teil der Membrana fibroelastica gegenüber gewöhnlichem Bindegewebe aschereicher. SCOTT (1933b) bestätigte im ganzen diese Befunde an der Luftröhre der Katze. Außerdem wies er noch auf die dichte, scharf begrenzte Lage anorganischen Rückstandes hin, der sich zwischen der Tunica propria und der Tunica submucosa findet; er glaubt, sie der elastischen Grenzschicht zuordnen zu dürfen.

Bronchien fallen schon in der embryonalen Lunge durch ihren Aschereichtum und besonders durch ihren Eisengehalt auf (HORNING und SCOTT 1932a). Die gleichen Autoren finden, daß sich die embryonale Lunge gut zur Veraschung eignet, eine wesentliche Schrumpfung tritt jedenfalls nicht ein.

In der *Lunge* sollen die zahlreichen elastischen Fasern und das fibrilläre Bindegewebe der Alveolenwände rein weiße Asche hinterlassen (TSCHOPP 1929), die Kerne der Alveolenauskleidung haben noch höheren Salzgehalt (SCOTT 1933 b). Im ganzen ist jedoch die Aschenmenge in der Lunge gering. Insbesondere gilt das vom interalveolären Bindegewebe bei Jugendlichen und in den mittleren

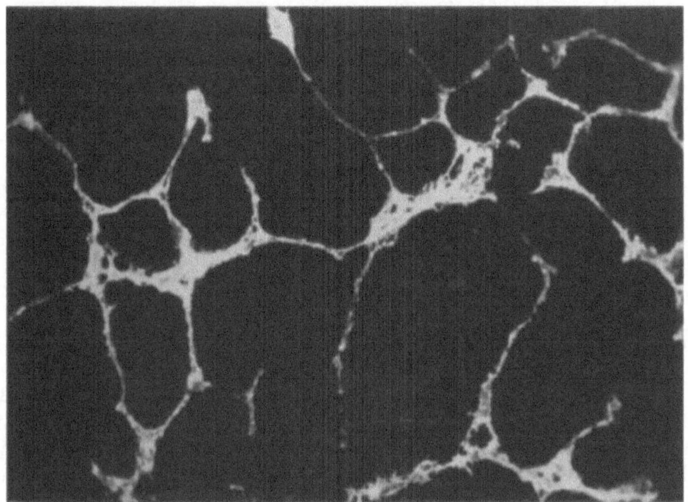

Abb. 48. Lunge, Mensch. Formol, Paraffinschnitt 4 μ, verascht in Luft bei 520° C, Vergr. 180×, Cardioid-Kondensor. Interacinöses Septum mit benachbarten Alveolen

Lebensjahren (Abb. 48). Die im höheren Alter auftretende Zunahme des anorganischen Rückstandes in der Lunge kann gleichmäßig verteilt oder herdförmig sein. An der diffusen Vermehrung werden wahrscheinlich wieder die elastischen Fasern beteiligt sein, die umschriebenen Ascheanhäufungen sind dagegen Reste von Kohle- und Staubablagerungen, teils lassen sie sich auch auf eisenhaltige Pigmente (z.B. in den Herzfehlerzellen) oder auf exogene Eisenablagerungen (SCHEID 1932) zurückführen. POLICARD und seine Mitarbeiter DOUBROW und PILLET (1928a, 1929a, b, 1931b) haben in mehreren Arbeiten über die bei der Anthrakose und der Silikose zurückbleibende Asche ausführlich berichtet. Die Einlagerungen von Kohlenstaub hinterlassen nach der Verbrennung, wie vorstehend auch im Bronchiallymphknoten beschrieben wurde, größtenteils rein weiße Asche, in der neben reichlich Calcium auch Silicium vorhanden ist; die kleinsten derartigen, auf Kohlenstaub zurückzuführenden Ascheanreicherungen liegen in Makrophagen, die größeren im Bindegewebe. Nur ganz vereinzelt sind solche Reste anorganischer Substanz gelblich-braun, sie enthalten dann auch Eisen (bestätigt durch SCHEID 1932). Unabhängig von anthrakotischen Herden kommt eisenhaltige Asche ferner in Alveolarepithelien und in Makrophagen vor, die gewöhnlich in der Nähe von Gefäßen liegen; schon HENCKEL (1931) erhob ja den Befund eisenhaltiger Asche um die Gefäße herum. Es handelt sich bei diesen Makrophagen um sog. CIACCIO-Zellen, also Lipopigmentzellen, in denen nach BAGIŃSKI (1927b) das Eisen in den Pigmentgranula liegt.

9. Das Aschenbild der Verdauungsorgane

Für den Salzgehalt der *Mundhöhlenschleimhaut* können die von EICKEN (1932) und von HERRMANN und EICKEN (1932) am Zahnfleisch erhobenen Befunde als Beispiel dienen, zumal sie von ZORZOLI (1946c, 1947a, b) an der Lippe und der Wange bestätigt und durch Beschreibung der Verkohlungsphasen erweitert worden sind. Das Verhalten des Epitheles ist schon auf S. 36 besprochen worden, so daß hier nur noch die Besonderheiten der subepithelialen Schichten angeführt werden müssen. Im Papillarkörper ist, verglichen mit dem Epithel, der Gehalt an anorganischen Substanzen ziemlich gering. Einzelne dort vorhandene Blut-gefäße sind leicht abgrenzbar, da sich ihre Wandungen als Ringe dichter, weißer Salze abheben. Die Struktur der Bindegewebsasche ist entsprechend dem Gehalt an kollagenen Fasern bröckelig, wogegen die elastischen Fasern in den tieferen Schichten als dünne, scharf begrenzte „fädige" Gebilde von etwas wechselnder Länge erscheinen. Nach Entfernung der wasserlöslichen Teile zeigt das Binde-gewebe der Mundhöhlenschleimhaut eine beträchtliche Verringerung seines Salz-gehaltes; man erkennt, daß — abgesehen von der Papillarschicht — die Menge der wasserunlöslichen Asche nach der Tiefe hin etwas zunimmt, sie besteht wahrscheinlich größtenteils aus Calciumverbindungen. Auf weitere interessante Beobachtungen bei Entzündungen und über die Ablagerung von Schwermetallen im Zahnfleisch sei wenigstens hingewiesen.

Ergänzende Befunde über die Mundhöhlenschleimhaut hat ZORZOLI (1946c, 1947a, b) an Lippe und Wange sowie Zunge und Gaumen erhoben. Er stellte fest, daß das Bindegewebe und die Muskulatur im Gegensatz zum Epithel bereits bei 130^0 C zu verkohlen beginnen und daß bei $250—300^0$ C ihre Verbrennung zu Asche erfolgt. Dabei hinterlassen Bindegewebe und Muskulatur weißen bis grau-weißen grobgranulierten Rückstand, auch die Basalmembran hebt sich als feiner Streifen weißer Asche ab. Diese hell-leuchtenden Salze sind in Wasser wenig löslich, selbst längere Einwirkungsdauer und Erwärmung des Wassers auf 50^0 C ändern die Löslichkeit nicht wesentlich. Dagegen erweisen sich kon-zentrierte Schwefelsäure und Salzsäure sowohl kalt wie erwärmt als gute Lösungs-mittel der Salze. Die Versuche zum Calciumnachweis mittels der Gipsreaktion und durch Ammoniumoxalat waren wohl positiv, unbefriedigend blieb jedoch die mangelnd genaue Lokalisierung der entstehenden Kristalle. Die Reaktion auf Magnesium wurde durch eine mit Ammoniak versetzte Lösung aus gleichen Teilen Natriumbiphosphat und Ammoniumchlorid ausgeführt; bei positivem Ausfall entstehen Kristalle von Magnesium-Ammoniumphosphat. Sie finden sich im Spodogramm der Lippe, der Wange und der Zunge nur in geringer Menge, ihr Vorkommen wird vor allem auf den von LORETI nachgewiesenen Magnesium-gehalt der Muskulatur bezogen. Eisen konnte weder durch die Berliner-Blau-Reaktion noch mittels Schwefelammonium festgestellt werden, dagegen wurde Phosphor nach der Methode von BARIGOZZI immer gefunden, leider macht aber ZORZOLI keine genaueren Angaben über die Lokalisation.

CHURCHILL (1937) wies darauf hin, daß vor Beginn der *Zahnbildung* Ver-lagerungen und Konzentrationsänderungen der anorganischen Stoffe im Gewebe festgestellt werden können. Sein vorläufiger Bericht bringt indessen keine brauch-baren Einzelangaben.

Sehr eingehende Beschreibungen spodographischer Befunde während der Zahnentwicklung gab HAMPP (1940) nach Untersuchungen an Embryonen von Katze, Hund, Meerschweinchen und Mensch. Die für die entwicklungsgeschicht-lichen Vorgänge charakteristische Änderung von Art und Menge der anorgani-schen Substanzen tritt klar zutage. In frühen Stadien der Zahnentwicklung enthalten die zu Ameloblasten prädestinierten Zellen verhältnismäßig große

Mengen von Calcium und Magnesium. Während ihrer Differenzierung nimmt die Menge der Asche besonders im Kern, aber auch im Cytoplasma der Ameloblasten deutlich ab, bis zeitweilig der Zelleib praktisch frei von Calcium und Magnesium ist. Dem Verlust dieser Salze verläuft der anderer, speziell des Kaliums, parallel. In voll entwickelten Ameloblasten ist kurz vor dem Einsetzen der Schmelzbildung das Cytoplasma wieder reich an Calcium und Magnesium, und das besonders in den basalen und den apikalen Teilen der Zellen, dagegen bleibt das mittlere Drittel relativ frei von Salzen. In scharfem Gegensatz zu diesen Schwankungen der Menge anorganischer Substanz während der Differenzierung der Ameloblasten stehen die Befunde an den Odontoblastenlagen. Ihr Salzgehalt ist bemerkenswert konstant in allen Stadien der Entwicklung. Immer enthalten die Odontoblasten beträchtlich größere Mengen an Calcium und Magnesium als ihre Nachbarzellen, besonders die der Zahnpulpa. Die sogar eher noch steigende Aschenmenge in den Odontoblasten wird dahin gedeutet, daß es sich vielleicht um sehr früh fertig differenzierte Zellen handelt, deren Rolle bei der Dentinbildung möglicherweise sogar passiv ist. Es müßte ja sonst erwartet werden, daß bei einer Mitwirkung am Verkalkungsvorgang gelegentlich auch Abnahme oder zum mindesten Schwankungen im Calciumgehalt der Odontoblasten vorkommen. Für diese Ansicht spricht, daß auch andere Befunde für den rhythmischen Ablauf der Verkalkungsvorgänge im Dentin angeführt werden könnten.

In einer weiteren Arbeit hat HAMPP (1942) über Schmelzbildung in einem Ameloblastom berichtet. Das Spodogramm ist völlig analog dem des normalen Schmelzorganes.

An den *Mundhöhlendrüsen* ist die Mikroveraschungsmethode angewandt worden, um über die Herkunft der ziemlich reichlichen anorganischen Speichelbestandteile Aufschluß zu gewinnen. Bei Untersuchungen an der Glandula submandibularis der Ratte fand POLICARD (1926) die Streifenstücke, denen man früher die Salzabscheidung zugeschrieben hatte, verhältnismäßig arm an Asche. Sie haben sogar eher etwas weniger anorganischen Rückstand als die übrigen Drüsenteile, ein Befund, der POLICARD zu dem Schluß veranlaßt hat, daß die Streifenstücke vielleicht durch Rückresorption von Wasser zu einer Anreicherung der Kalksalze beitragen und nicht durch aktive Sekretion.

SCOTTS Untersuchungen an der Glandula submandibularis des Meerschweinchens (1930a) waren ausschließlich auf die Klärung der Kernstruktur gerichtet und bringen für das Organ als ganzes keinen Befund; auch in seiner großen Arbeit über Veraschungsergebnisse an Säugetiergeweben hat SCOTT (1933b) nur einige Spodogramme von der Glandula retrolingualis der Ratte abgebildet, ohne besonders auf Einzelheiten einzugehen.

Untersuchungen über funktionsbedingte Änderungen, die ich (1935b) zum Teil gemeinsam mit WERNLY (1936) an $10\,\mu$ dicken nativen Gefrierschnitten von Speicheldrüsen des Meerschweinchens angestellt habe, führten zu abweichenden Ergebnissen gegenüber POLICARDs oben erwähnter Ansicht. Die im technischen Teil beschriebene Vergleichsmethode (vgl. S. 20) erlaubte mir, den Gesamtaschengehalt verschiedener Speicheldrüsen desselben Tieres vor und nach der Reizung durch Pilocarpin zu schätzen. Nach unseren Beobachtungen steht fest, daß die Zellen der Hauptstücke, der Schaltstücke und der Streifenstücke nach Reizung salzärmer werden. In den meisten Drüsen enthalten die Streifenstückzellen die größten Aschenmengen; in diesen Gangabschnitten sind auch häufiger gleichsinnige und größere funktionsbedingte Unterschiede im Gehalt an anorganischen Stoffen zu sehen als in irgendeinem anderen Drüsenteil.

Im einzelnen ergeben sich über den Aschengehalt in den Speicheldrüsen des Meerschweinchens folgende Befunde: In der Glandula sublingualis maj. sind die sekretvollen mucoserösen Zellen der Hauptstücke nur in ihren cytoplasmatischen Teilen (Zellbasis, seitliche Zellgrenzen, supranucleäre Lamellenlage) aschehaltig, die Schleimsammelstellen sind dagegen sehr salzarm oder sogar frei von anorganischen Substanzen und oft gegen das Lumen nicht genau zu begrenzen. Die Kerne zeigen die übliche Aschenmenge. Nach der Sekretabgabe ist der Salzgehalt der Zellen etwas vermindert, ihr Bild erscheint verschwommen, weil sich der basale und der apikale Abschnitt nicht mehr so scharf voneinander absetzen. Die Streifenstückzellen sind im ganzen reicher an anorganischer Substanz als die Zellen der Hauptstücke. Der Verbrennungsrückstand ist in ihrem Cytoplasma gleichmäßig verteilt und gegen das Lumen immer scharf abgesetzt, die Kerne treten aschereich hervor. Nach Reizung durch Pilocarpin werden die Streifenstückzellen ziemlich regelmäßig ascheärmer, parallel damit nimmt auch ihr Calciumgehalt ab.

Die Glandula submandibularis von Cavia cobaya ist schwieriger zu beurteilen, da die nativen Gefrierschnitte, wahrscheinlich wegen des Fettgehaltes der Hauptstückzellen, nach der Verbrennung oft Risse zeigen, die sich nicht an die Grenzen vorgebildeter Strukturen halten. Die albuminösen Zellen sind in ihren basalen Abschnitten oft deutlich aschereicher (Basallamellen!) als in den apikalen Teilen, die Kerne sind wieder stärker salzhaltig als der Zelleib. Die Streifenstückzellen hinterlassen nicht auffällig viel Asche, dagegen ist im Lumen dieser Gangabschnitte stets reichlich anorganische Substanz nachzuweisen. Nach der Reizung durch Pilocarpin hat sowohl in den Hauptstückzellen als auch in denen der Streifenstücke die Menge des Aschenrückstandes abgenommen; an dieser Verminderung sind in den albuminösen Zellen der Hauptstücke Calcium und Kalium beteiligt, bei den Streifenstückzellen scheinen nur die Calciumsalze verringert zu sein. Der Ausführungsgang ist in stark aschegebendes Bindegewebe eingebaut, sein im übrigen gleichmäßig salzreiches Epithel wird stellenweise durch aschearme Flecke unterbrochen, die Becherzellen entsprechen. Auch das Lumen des Ausführungsganges enthält anorganischen Rückstand.

In der Glandula parotis des Meerschweinchens sind die Kerne der albuminösen Zellen aschereich, das Cytoplasma hinterläßt aber nur sehr wenig Salze, feinere Strukturbesonderheiten konnte ich darin nicht ermitteln. Nach Reizung mit Pilocarpin ist der an und für sich schon geringe Aschengehalt noch weiter vermindert. Die Schaltstücke fallen in der sekretvollen Drüse durch hohen Gehalt an anorganischen Stoffen auf, nach der Reizung sind sie jedoch nicht mehr deutlich abgrenzbar. Gegenüber den Hauptstückzellen sind die der Streifenstücke regelmäßig aschereicher; durch Pilocarpinwirkung nimmt die Menge der Salze in ihnen soweit ab, daß sich die Streifenstücke kaum noch von den Hauptstücken unterscheiden lassen (Abb. 49). Parallel zur Aschenmenge vermindert sich der im ganzen geringe Calcium- und besonders der Kaliumgehalt der Streifenstückzellen. Im Epithel der Ausführungsgänge liegt die Menge des Rückstandes anorganischer Substanz etwa zwischen der sekretvoller Hauptstücke und der von Speichelrohren.

Maxia (1935, 1938, 1939, 1941) untersuchte Spodogramme von 5—10 μ dicken Paraffinschnitten alkoholfixierter Präparate der Glandula parotis und submandibularis von Mensch, Macacus, Pferd, Esel, Rind, Ziege, Schaf, Schwein, Hund, Katze, Maus, Ratte und Meerschweinchen. Er bestätigte im wesentlichen die vorstehenden Befunde, insbesondere fand er die Streifenstücke bemerkenswert aschereich; sie enthalten vor allem Calciumverbindungen und werden daher als Ausscheidungsort der Speichelsalze angesehen. Auffälligerweise sind in der Gl. submandibularis des Hundes nach faradischer Reizung und nach 7 Tage langer Pilocarpinverabreichung keine wesentlichen Unterschiede zwischen gereizter und ungereizter, vor Versuchsbeginn entnommener Drüse vorhanden.

Entgegengesetzte Auffassungen vertritt ALLARA (1949) nach Beobachtungen an den Gl. submandibulares von 7 Hunden. Seine Befunde sind an Spodogrammen nativer Gefrierschnitte von $5\,\mu$ Dicke gewonnen, die in 15 min bei nicht mehr als 550° C verascht wurden. ALLARAs Beschreibung der serösen und der mukösen Zellen ist bereits auf S. 42 angeführt. In den Streifenstücken sieht er die Asche gleichmäßig verteilt, nur stellenweise ist sie in feinen Linien

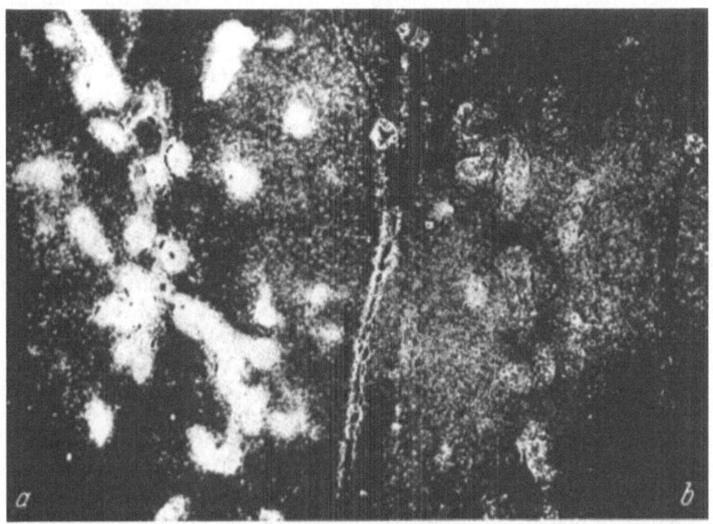

Abb. 49. Glandula parotis, Meerschweinchen. Nativer Gefrierschnitt $10\,\mu$, verascht im Stickstoffstrom bei 520° C, Vergr. 95×, Cardioid-Kondensor. *a* Normalzustand; *b* nach Reizung durch Pilocarpin. Die gleichzeitige und damit völlig gleichartige Verarbeitung beider Drüsen desselben Tieres ergibt ausgezeichnete Vergleichsmöglichkeiten, hier z. B. den Nachweis einer Aschenabnahme in den Streifenstücken nach Reizung durch Pilocarpin. Aus HINTZSCHE 1935 b

senkrecht zur Zellbasis angeordnet. Im ganzen sei der Aschengehalt etwa gleich dem der basalen Teile muköser Zellen und sicher geringer als der der serösen Zellen. Den anorganischen Rückstand der Streifenstücke findet er wasserlöslich, im einzelnen sei das Vorkommen von Calcium, sowie von Natrium- und Kaliumchlorid, nicht aber das von Eisen nachzuweisen.

Reizung durch Pilocarpin verursacht nach ALLARA eine Abnahme der Salze in den mukösen Zellen; außer den schleimhaltigen Abschnitten sind davon besonders auch die Kerne betroffen, die zum Teil überhaupt keinen anorganischen Rückstand mehr geben. In den serösen Zellen sei das Verschwinden der Kernasche noch deutlicher. Schaltstücke zeigten sich dagegen im Spodogramm nach Reizung nicht wesentlich verändert, und in den Streifenstücken war nur eine leichte Abnahme der Salze festzustellen. Ihre Kerne hinterlassen meist ebensoviel anorganischen Rückstand wie das Cytoplasma, nur selten sind sie ganz aschefrei. Löslichkeit und Zusammensetzung der Salze in den Streifenstückzellen sind nach der Reizung unverändert.

Hemmung durch Atropin führt nach ALLARA in den mukösen Zellen zu Vermehrung des anorganischen Rückstandes von Cytoplasma und Kernen. Im besonderen wird der Salzreichtum der schleimhaltigen Abschnitte so groß, daß

die Kerne überhaupt nicht mehr deutlich abgrenzbar sind. Auch in serösen
Zellen finden sich nach Hemmung der Sekretion erhöhte Aschemengen. ALLARA
fiel in den Spodogrammen der Streifenstückzellen nach Atropinwirkung am
meisten auf, daß die Kerne schwer erkennbar sind, was entweder durch Zunahme
der Cytoplasmasalze oder durch Abnahme der Kernasche verursacht sein könnte.
Er hatte sogar den Eindruck, als sei die Kernsubstanz in den Zelleib übergegangen.
Im Vergleich zu gereizten Drüsen findet ALLARA den Aschengehalt der Streifenstücke nach Atropinwirkung wohl höher, er sei jedoch immer noch geringer als
der des Drüsengewebes. Aus all diesen Befunden glaubt er schließen zu müssen,
daß die Abscheidung der Speichelsalze in den Acini erfolgt und daß die Veränderungen in den Streifenstücken eher an eine Wasserrückresorption denken
lassen. Dazu ist noch einmal besonders zu betonen, daß sich die Befunde von
ALLARA ausschließlich auf die Glandula submandibularis des Hundes beziehen,
an der auch MAXIA experimentell nur unwesentliche funktionell bedingte Unterschiede des Salzgehaltes feststellen konnte (vgl. Text S. 79).

Bei diesem gegensätzlichen Stand der Ansichten waren neue Untersuchungen
nötig, um das Problem zu klären, wo die Abscheidung der Speichelsalze erfolgt.
HÖBEL (1953) hat Spodogramme verschiedener Speicheldrüsen von Meerschweinchen, Ratte, Rind, Kaninchen, Hund, Katze und Mensch speziell auf die Frage
geprüft, ob überhaupt eine allgemein gültige Angabe über die Lokalisation der
Salzabscheidung in diesen Organen möglich sei. Sie studierte Aschenbilder 4 μ
dicker Paraffinschnitte alkoholfixierten Materiales, die unter stets gleichbleibenden Bedingungen im Dunkelfeld photographiert wurden. In einer ersten Untersuchungsgruppe entnahm sie von der Gl. parotis und der Gl. submandibularis
desselben Meerschweinchens Stücke vor und nach Reizung durch Pilocarpin, die
dann im gleichen Block zusammen eingebettet, gemeinsam geschnitten und auf
demselben Objektträger bei maximal 520° C verascht wurden, um in Vorbehandlung, Schnittdicke und Verbrennungsdauer jegliche Differenz zu vermeiden. Die
Befunde ergaben, daß in den serösen Drüsen den Streifenstücken und etwas
weniger auch den Zellen der Acini die Sekretion der Speichelsalze zukommt.

In einer anderen Untersuchungsgruppe prüfte HÖBEL den Einfluß verschiedener Ernährungsweise auf das Aschenbild der Speicheldrüsen, doch zeigten
weder Kuh und Milchkalb, noch 3 Monate lang einseitig bei Fleisch- bzw. vege-
tabilem Futter gehaltene Ratten spezifische Differenzen. Dagegen ergaben sich
deutliche Unterschiede zwischen Carnivoren und Herbivoren. Die serösen
Speicheldrüsen des Kaninchens (Gl. parotis, Gl. submandibularis) wiesen allgemein die gleichen Befunde auf wie die des Meerschweinchens. In der rein mukösen
Gl. sublingualis min. des Kaninchens dagegen hinterlassen die Streifenstücke
viel weniger Asche als die mukösen Zellen; bei diesen Drüsen ist daher eine
Salzabgabe — im direkten Zusammenhang mit der Schleimbildung — nur für
die Drüsenendstücke wahrscheinlich. Als typisch für Carnivoren wurden Aschenbilder der Speicheldrüsen von Hund und Katze untersucht. In der Gl. parotis
als einer vorwiegend serösen Drüse erwiesen sich wieder die Streifenstücke als
sehr aschereich, sie dürften deshalb wohl die Orte der Salzabscheidung sein.
Anders verhalten sich dagegen die gemischten Drüsen, von denen besonders die
Gl. submandibularis weitgehend verschleimt ist. In ihren mukösen Anteilen ist
der Aschengehalt der Streifenstücke gegenüber dem der Schleimzellen immer
gering. Wo aber in den gemischten Drüsen der Anteil seröser Zellen überwiegt,
ist auch der anorganische Rückstand der Streifenstücke wieder beträchtlich.
Generell wird aus diesen Befunden abgeleitet, daß der Salzgehalt in den Streifenstücken, der über die Funktion dieses Gangabschnittes wesentliches aussagt,
in den einzelnen Speicheldrüsen verschieden ist. Eine gewisse Regelmäßigkeit

besteht bei den von Höbel untersuchten Tierarten darin, daß für die serösen Drüsen die Salzabsonderung in die Streifenstücke lokalisiert werden kann, während in den rein mukösen und in den gemischten Speicheldrüsen mit vorherrschenden Schleimstücken der Aschengehalt stark variiert und deshalb ihr Anteil an der Salzabsonderung vorerst nicht eindeutig zu bestimmen ist; sicher kommen eher die mukösen Zellen als die der Streifenstücke dafür in Frage. Nach Höbel gelten diese allgemeinen Angaben auch für menschliche Speicheldrüsen, soweit das ihre wenigen, durch Sektion gewonnenen Präparate haben erkennen lassen.

In den albuminösen Zellen des *Pankreas* fand ich (1935 b) bei Meerschweinchen den Aschengehalt im ganzen etwas höher als in denen der Glandula submandibularis. Die einzelnen Acini grenzen sich deutlich ab, da die basalen Zellteile reicher an anorganischen Stoffen sind als die apikalen (bestätigt durch Engström 1943). Nach Reizung verringert sich die Menge der Salze, was auch Policard, Morin und Nétik (1934) schon gefunden haben. Das Epithel der Ausführungsgänge ist aschereicher als die Drüsenzellen, ein Zustand, der auch durch die Sekretabscheidung nicht verändert wird.

Übrigens hat Allara (1941) festgestellt, daß das Aschenbild der mukösen Drüsen am Zungengrund nicht so stark altersabhängig ist, wie für die serösen Spüldrüsen auf S. 42 beschrieben wurde. Einzig die Salze im Stroma treten mit zunehmendem Alter deutlicher hervor; sie sind zum Teil wasserunlöslich und bieten eine nur schwach positive Reaktion auf Natrium- und Kaliumchlorid. Eisen ist immer vorhanden, doch fehlen stets dem Alter parallele Änderungen der Eisenverteilung.

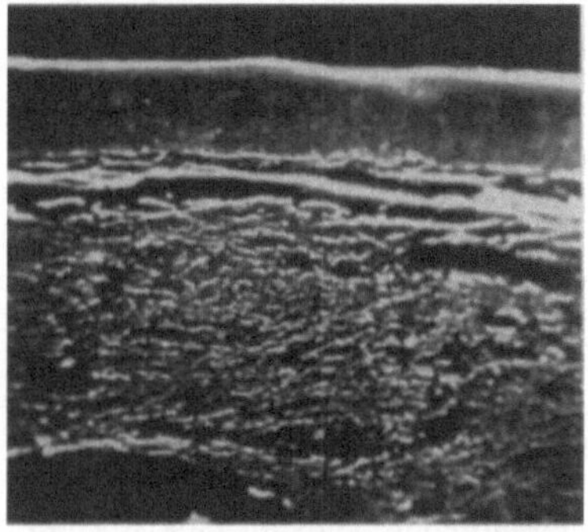

Abb. 50. Tonsilla palatina. Mensch. Formol, Gefrierschnitt, verascht bei 470⁰ C, Dunkelfeld. Der dünne, hell leuchtende Streifen an der Oberfläche entspricht der äußersten, stark aschehaltigen Epithelzellage; dunkler, also salzärmer, ist das breite Stratum germinativum. Es setzt sich gegen das fädige Bindegewebe der Tunica propria durch eine feine aschereiche Basalmembran ab. Das lymphatische Gewebe erscheint in Form einer feinkörnigen Anhäufung anorganischer Substanzen. Aus Zorzoli 1947 b

Die *Tonsilla palatina* des Menschen hat Zorzoli (1946 a, b, 1947 a, b) eingehend untersucht. Er hält, wie Schultz-Brauns, die Spodogramme nativer Gefrierschnitte für genauer als die von fixiertem Material. Insbesondere beobachtete er, daß verschiedene Reagentien dem lymphatischen Gewebe wenigstens einen Teil der — wahrscheinlich fettartigen — Substanzen entziehen, die erst bei höherer Temperatur verkohlen und veraschen. Die Befunde an den Tonsillen von Feten und Neugeborenen gleichen im Epithel den oben schon am Mundhöhlenepithel angeführten Beobachtungen. Auffällig ist, daß das lymphatische Gewebe schon in den jungen Phasen nur sehr langsam verkohlt und verascht. Am schwierigsten ist jedoch die völlige Verbrennung der epithelialen Hornperlen im Tonsillenstroma; sie geben reichlich in konzentrischen Halbkreisen angeordneten Rückstand anorganischer Substanz. Für die Tonsillen des Erwachsenen gelten im ganzen die gleichen Befunde (Abb. 50). Bei 130⁰ C ist das lymphatische Gewebe und das Epithel im Stadium der Bräunung, nur einige Bindegewebsfasern und die oberflächliche Epithellage sind bereits verkohlt. Bei 200⁰ C ist die Verkohlung in allen Gewebsarten eingetreten, bei 300⁰ C ist das Bindegewebe schon zum Teil verascht, die Epithelien dagegen sind noch kohlehaltig. Über 350⁰ C erhalten sich die Kohlereste vor allem noch in den Zellkernen, die erst bei Erhitzung auf über 450° C verbrennen. Das dann erhaltene Spodogramm zeigt eine feine Linie reichlicher heller Asche entsprechend der oberflächlichsten Epithellage. Das Stratum spinosum gibt nur wenig bläulichen aus feinsten Körnchen bestehenden Rückstand, während das Stratum cylindricum wieder etwas mehr bläulich-weiße Asche hinterläßt. Basalmembran und Bindegewebsfasern bestehen aus hellen, zum Teil in körniger Form abgelagerten Salzen, das lymphatische Gewebe gibt ungleich große Aschegranula von weißer oder grau-weißer Farbe. Bei Erhöhung der Temperatur auf 600° C vermindert sich der anorganische Rückstand der Schnitte deutlich, er erscheint dann rein weiß und ist vor allem auf die oberflächlichste Zellage des Epitheles, auf die Basalmembran und auf die gröberen Bindegewebsfasern beschränkt. Selbst nach Veraschung bei 600° C wurden in der Tonsille mit ziemlicher Regelmäßigkeit noch kleine bräunliche Granula gefunden; sie gaben keine Eisenreaktion. Trotz der gegenteiligen Notiz von Zorzoli hat es sich wohl um Reste verkohlter Substanz gehandelt. Histochemisch ergab sich ferner im Stratum spinosum des Tonsillenepitheles ein hoher Gehalt an Natrium und Kalium, wenn die Schnitte nach der Methode von Policard und Pillet mit Dämpfen von Schwefelsäureanhydrid vorbehandelt wurden. Magnesium kommt in der Tonsille nur spärlich vor, Calcium und Phosphor sind immer vorhanden, doch fehlen Angaben über die genauere Lokalisation.

Ohne Kenntnis dieser Befunde hat Ferrari-Lelli (1948) Spodogramme der menschlichen Tonsilla palatina beschrieben. Er veraschte native Gefrierschnitte von 5 μ Dicke innerhalb 30—35 min bei maximal 520° C. Das Epithel der Kryptenauskleidung gibt nach seinen Befunden feinkörnige weiße Asche, in der reichlich Calcium und — nach den Ergebnissen der Methode von Policard und Pillet zu schließen — auch Kalium und Natrium vorkommt. Silicium und Eisen fehlen. Der anorganische Rückstand des Stromas zeigt gröbere weißliche Körnchen und gleicht im übrigen dem von Allara (1938) beschriebenen Aschenbild des Stützgerüstes anderer Organe. Die im ganzen an Menge zurücktretenden Salze der Lymphfollikel zeigen sich bei schwacher Vergrößerung in 3 Zonen geordnet: Eine periphere, sehr feinkörnige und aschearme Zone grenzt sich gegen ein mittleres Gebiet rötlich-brauner Färbung und grober Granulierung der Aschen ab; die zentrale Zone ist inkonstant und zeigt wieder feinkörnige Asche. Bei stärkerer Vergrößerung soll sich erkennen lassen, daß die rötlich-braunen Salze den Kernen der reifen Lymphocyten und vielleicht einigen Reticulumzellen entsprechen; sie sind grob granuliert und werden als eisenhaltig gedeutet, allerdings ist keine Kontrolle durch andere Eisenreaktionen ausgeführt worden. Da bekannt ist, daß dicht gehäufte Kerne sehr schwer zu veraschen sind und eine Differenz zu den oben angeführten Befunden von Zorzoli besteht, wäre wohl eine Nachprüfung speziell der Frage des Eisengehaltes erforderlich. Erwähnt sei noch, daß Ferrari-Lelli nach Vorbehandlung der Schnitte mit Xylol eine wesentliche Abnahme der Aschenmenge konstatierte.

Schnitte durch den *Oesophagus* geben nach Zorzoli (1946 c) mit steigender Temperatur ganz die gleichen Bilder, wie sie für die Mundhöhlenschleimhaut beschrieben wurden (vgl. auch Abb. 51); erwähnenswert ist einzig noch, daß die Muscularis mucosae und die Muskelschichten durch grobe weiße oder grau-weiße Ablagerungen von Asche charakterisiert sind.

Daß im Oesophagus der weißen Ratte eine unstrukturierte Basalmembran unter dem Epithel vorkommt, hat Allara (1950) bewiesen. Genau ihrer Lage entsprechend fand er eine gleichmäßige Reihe feinster Aschekörnchen, die mehr dem Epithel als dem Bindegewebe adhärent ist. Die Tunica propria gibt nach Allara weiße, in unregelmäßig verteilten Häufchen angeordnete Asche, was als

Zeichen starker Schrumpfung gedeutet wird, obwohl die ja sonst gut haftenden nativen Gefrierschnitte verwendet wurden.

Die Drüsen im *Magenfundus* der Katze hat Scott (1933 b) auf ihren Aschengehalt geprüft. Nach 24stündiger Hungerwirkung sind die Salze besonders in den Hauptzellen vermehrt; sie sind in Form grober, mattweißer Körnchen von starker Lichtbrechung gleichmäßig verteilt und verdecken die Kerne völlig. Auffällig ist, daß sekretvolle Hauptzellen nur sehr schwer ganz zu veraschen sind. Offenbar enthalten die in der Zelle angehäuften Sekretvorstufen eine Substanz, die die vollständige Oxydation erschwert. Sekretleere Hauptzellen veraschen dagegen leicht. Kohlenreste bleiben in ihnen nicht erhalten. Da die Salze der Hauptzellen nur schwach wasserlöslich sind, ist mit der Gegenwart von Calcium zu rechnen. Belegzellen der Magendrüsen geben kaum Asche außer der des Kernes und der Zellgrenzen, die schwach aber klar hervortreten. Die Nebenzellen im oberen Teil der Fundusdrüsen erweisen sich auch auf Grund ihres Spodogrammes als von besonderer Art. Abgesehen von den Kernen geben sie zwar fast keine Asche; wenn überhaupt in ihnen Salze vorkommen, so sind sie auf die apikale Seite beschränkt. Ihre Zellgrenzen sind im allgemeinen scharf ausgeprägt und zeigen zuweilen

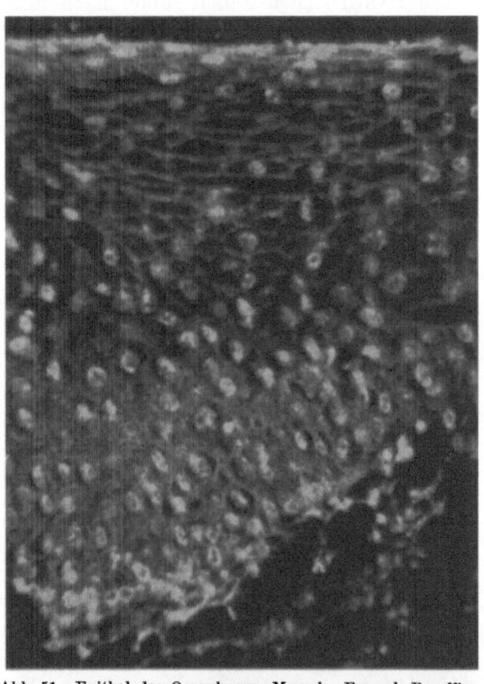

Abb. 51. Epithel des Oesophagus, Mensch. Formol, Paraffinschnitt 5 μ, verascht in Luft bei 520° C, Vergr. 500×, Cardioid-Kondensor. Die in der unteren Bildhälfte noch reichliche Asche des Cytoplasmas ist in den oberen Epithellagen auf die Zellgrenzen beschränkt, einzig an der Oberfläche ist eine deutlichere Aschenlinie als Abschluß vorhanden

winzige, doppelbrechende Körnchen. Gegen das stärker aschehaltige Epithel der Foveolae gastricae setzen sich die Nebenstücke der Fundusdrüsen auch im Aschenbild scharf ab.

In den *Duodenaldrüsen* sind die Salze auf die Kerne und die cytoplasmatischen Abschnitte der Zellen beschränkt, das Sekret selbst enthält keine oder nur ganz unbedeutende aschegebende Substanz. Das Spodogramm der Dünndarmschleimhaut ist am ausführlichsten von Scott (1933 b) beschrieben, auf dessen Untersuchungen auch die Angaben von Macklin und Macklin (1932) zurückgehen. Die vorstehend (S. 41) wiedergegebenen Befunde am Dünndarmepithel seien hier noch ergänzt durch die Hinzufügung, daß auf der Höhe der Verdauungstätigkeit eine Häufung der Salze im Epithel auftritt, so daß manchmal sogar die Kerne infolge des hohen Aschegehaltes der Umgebung nicht mehr erkennbar sind. Die Zellgrenzen hinterlassen einen weißlichen Rückstand. Im basalen Drittel des Zelleibes, wo der Kern liegt, sind die anorganischen Stoffe gleichmäßig verteilt und in kleinen Anhäufungen vorhanden, ihre Abgrenzung gegen die Basalmembran ist nicht immer scharf ausgeprägt. Gleicher Art wie

6*

der eben beschriebene Salzgehalt des Epitheles der Zotten ist auch der der
oberen Kryptenauskleidung, nur scheint die Aschenmenge hier von den Re-
sorptionsvorgängen nicht so stark beeinflußt zu werden; die basalen Zellenden
der Kryptenepithelien sind durch eine Linie stark lichtbrechender anorganischer
Substanz gegen das darunterliegende Gewebe abgesetzt.

Die PANETHschen Zellen sollen nach SCOTT (1933b) im Cytoplasma dichte
weiße Asche hinterlassen, die den Kern verdeckt und die im Gegensatz zu der
der Nachbarzellen wasserunlöslich ist. Diese Angabe von SCOTT, die er auch
durch die Abbildung einer veraschten Ileumkrypte von der Katze belegt, haben
ANDEREGG und ich (1938) dahin richtigstellen müssen, daß oxyphile Körnchenzellen
bei der Katze wahrscheinlich überhaupt nicht vorkommen und wenn doch, dann sicher
nicht so gehäuft, wie die Figur von SCOTT annehmen läßt. Tatsächlich zeigen die
PANETHschen Zellen von Maus, Ratte und Meerschweinchen nach Fixation in
Formol-Alkohol und Paraffineinbettung bei ihrer Veraschung weniger Rückstand
als die benachbarten Kryptenepithelien (vgl. Abb. 52). Ihre apikalen Zellteile sind deutlich aschearm, nur gelegentlich enthalten sie einige gröbere weiße Körnchen, die
aber weder nach Zahl, Größe und Dichte der Zusammenlagerung den Granula der
PANETHschen Zellen entsprechen.

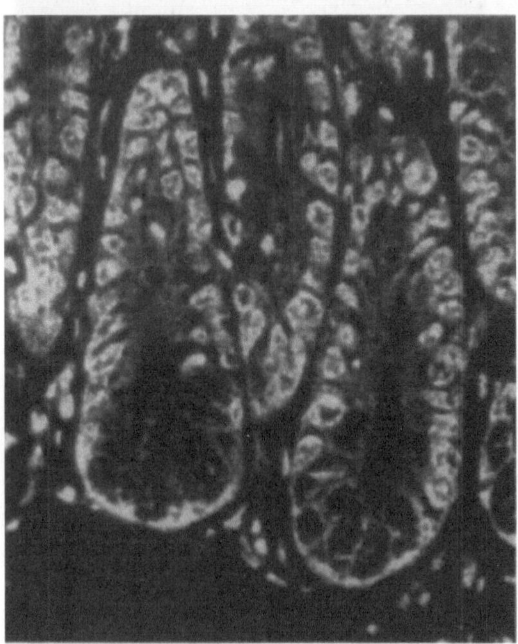

Abb. 52. Krypten des Jejunum mit PANETHschen Zellen, Maus.
Formol-Alkohol, Paraffinschnitt 2 μ, verascht in Luft bei 520° C,
Vergr. 600×, Cardioid-Kondensor. Das Cytoplasma der Kryptenepithelien hinterläßt feinkörnige, gleichmäßig verteilte weiße Asche.
Die PANETHschen Zellen am Kryptengrund sind basal reich an
anorganischer Substanz. Apikal enthalten sie nur einige gröbere
weiße Körnchen, die nicht den Sekretgranula entsprechen.
Aus HINTZSCHE und ANDEREGG 1938

Außer einem Hinweis auf die frühere Beschreibung des
Dickdarmepitheles (vgl. S. 41) ist hier noch das Aschenbild des menschlichen
Processus vermiformis zu erwähnen. MELTZER (1936b) sah nach Alkoholfixation an 10 μ dicken Paraffinschnitten zwar das Drüsenepithel von der
Unterlage durch Schrumpfung abgehoben, doch war es deutlich als aschearm
und fein strukturiert erkennbar; die Umrisse der Drüsenschläuche wie die der
einzelnen Zellen sind klar erhalten. Salzreich waren stets die Lymphfollikel,
weniger die Muskellagen; Subserosa und Serosa dagegen geben wieder reichlichen anorganischen Rückstand. Calcium ist durch die Löslichkeitsprobe vor
allem im Epithel, in der Subserosa und in der Serosa nachzuweisen, es fehlt
dagegen ganz oder fast vollständig in den Lymphfollikeln und in der Muskulatur. Magnesium liegt größtenteils in wasserunlöslicher Form vor, es findet
sich mäßig reichlich im Epithel und in den Lymphfollikeln, nur wenig in der
Subserosa und in der Tunica muscularis. Die Eisenreaktion fiel in der Asche

des Processus vermiformis unregelmäßig aus, gewöhnlich ist sie in der Subserosa, im Epithel und manchmal auch in den Lymphfollikeln positiv. Phosphate kommen hauptsächlich als wasserunlösliche Verbindungen im Epithel und etwas weniger in den Lymphfollikeln vor; in den übrigen Wandteilen fand sie MELTZER nur sehr spärlich nachweisbar.

Ergänzt wurden diese Befunde von MELTZER (1936b) durch CHIARA (1950), der speziell Verkohlungsbilder des menschlichen Processus vermiformis beschrieb. Er fand diese zeitweilig recht kontrastreich, da sich die Lymphfollikel deutlich abheben. Mit 500⁰ C ist die Veraschung fast beendet, nur einzelne Kerne der Lymphocyten waren noch kohlehaltig. Bei Steigerung der Temperatur über 550⁰ C nahm die Aschenmenge deutlich ab, es blieb vorwiegend die weiße glänzende Asche der Bindegewebszüge und der Basalmembranen zurück.

Untersuchungen über Altersunterschiede der Spodogramme des Processus vermiformis hat PICCINNO (1951) ausgeführt. Er prüfte Aschenbilder von etwa 30 Appendices, die teils als Operationspräparate gewonnen waren und alle Stadien von der Fetalzeit bis zum Greisenalter umfaßten, im Opakilluminator, mit Phasenkontrast und im polarisierten Licht. Bis zum 7. Fetalmonat erschienen die Präparate aschearm wegen der geringen Entwicklung der Krypten und dem Fehlen von Lymphfollikeln. Etwas mehr und gröber strukturierte Salze finden sich zu dieser Zeit einzig im Bereiche der Krypten; in der Muskelschicht beruht der höhere Mineralrückstand vorwiegend auf dem starken Aschengehalt der Kerne. Mit der Zunahme und der weiteren Differenzierung der Krypten steigt vom 8. Fetalmonat an der Salzgehalt, wozu auch eine geringe Einlagerung lymphatischer Zellen in die Tunica propria beiträgt. Parallel mit der weiteren Ausbildung der Lymphfollikel vermehrt sich der anorganische Rückstand, so daß sich beim Erwachsenen folgende Reihe absteigenden Aschengehaltes im Processus vermiformis ergibt: Tunica mucosa mit Lymphfollikeln, Tunica muscularis, Tunica submucosa, Tunica serosa. Eine ansehnliche Aschenmenge gibt immer die Schicht der Krypten; die reichlichen Salze beschränken sich dort nicht nur auf die Zellbasis mit den dicht liegenden Kernen, sie finden sich auch in Form feiner Granula bis an die Zelloberfläche. Geschlechtsunterschiede konnte PICCINNO nicht feststellen.

Nur der Vollständigkeit halber sei ferner berichtet, daß DURAN-JORDA (1946) die Veraschungsmethode zur Stützung seiner Ansicht benutzt hat, wonach das prismatische Epithel des Magen-Darmkanales von einer Schicht platter Zellen überdeckt sei, die sogar Capillaren enthalten soll. Er fand nämlich den prismatischen Zellen aufgelagert eine Zone reichlichen anorganischen Rückstandes und glaubt, daß derartig hoher Salzgehalt nicht von Schleim herrühren könne. Diese Ansicht ist irrig; es handelt sich natürlich bei den von DURAN-JORDA beschriebenen und abgebildeten Schichten um den Schleimüberzug des Epitheles im Magen-Darmkanal.

Die *Leber* ist vielfach und unter verschiedenen Gesichtspunkten Gegenstand der Erforschung mittels der Schnittveraschungstechnik gewesen. SCHULTZ-BRAUNS (1931c) fand die Leber des Menschen zu denjenigen Organen gehörig, die die größten Schwankungen im Salzgehalt aufweisen. An 15 menschlichen Embryonen von $2^1/_2$—9 Monaten Alter haben NOËL, PIGEAUD und MILLET (1931) Gesamtmenge und Verteilung der anorganischen Stoffe in der Leber während der Entwicklung festgestellt. Die Spodogramme ihres Materiales zeigen in allen Stadien gleichmäßige Ablagerung der Salze. Bei mehr als 4 Monate alten Embryonen hinterläßt das periportale, die Gefäße einschließende Bindegewebe feine Aschespuren. Die Blutgefäße selbst sind als schmale, leuchtende Ringe anorganischer Substanz gut zu erkennen; ihr Lumen enthält bis zum 4. Monat keine

Salze, erst jenseits dieser Zeit findet sich darin ein im Gegensatz zum Parenchym viel feinkörnigerer anorganischer Rückstand. Eisenhaltige Asche wurde anscheinend ohne Zusammenhang mit den Gefäßen in allen Präparaten festgestellt, besonders häufig ist sie nach dem 4. Embryonalmonat vorhanden. OKKELS (1929a) gibt im Gegensatz dazu an, daß der normalen Leber des Erwachsenen histochemisch nachweisbares Eisen fehle.

SCOTT (1933b) hat gewöhnlich die Leberzellen nahe dem Läppchenzentrum ascheärmer gesehen als in der Läppchenperipherie. In den zentralen Gebieten fand er die den Capillaren zugekehrte Zellfläche durch eine stark lichtbrechende weiße Linie herausgehoben, die viel Silicium enthält. Die Kernasche war bläulichweiß und schwach, doch deutlich von der des Cytoplasmas abgesetzt. Der anorganische Rückstand des Nucleolus erwies sich stets als stark lichtbrechend. Beträchtliche Eisenablagerungen in den Capillaren sind meistens in kleineren Feldern angehäuft, die Reste der Endocyten darstellen. Entlang den Capillarwänden war nicht selten ein feiner rötlicher Aschensaum vorhanden, der möglicherweise auf die Endothelzellen zu beziehen ist. In der Läppchenperipherie fand SCOTT das Cytoplasma der Leberzellen aschereicher, die Kernrückstände dagegen weniger klar abgesetzt; ihr Salzgehalt beschränkte sich auf den Nucleolus und auf eine feine Ablagerung an der Peripherie, wohl der Kernmembran. Die Zellgrenzen treten durch vermehrte, auch doppelbrechendes Material enthaltende Asche hervor. Eisen ist in den Capillaren der Läppchenperipherie reichlicher vorhanden als in den zentralen Partien, nur manchmal konnte auch die Kernasche der Endothelzellen in dem eisenoxydhaltigen Cytoplasma erkannt werden. Im ganzen ist die Leberzellasche schwer wasserlöslich, auch enthält sie mehr Eisen als die irgendeines der anderen bisher untersuchten parenchymatösen Organe.

COWDRY (1933) hat als Vorstudie zu seinen Untersuchungen über Kerneinschlüsse in den Leberzellen bei Gelbfieber auch das normale Organ verascht. Nach Beobachtungen am Menschen, an Rhesusaffen, Katzen, Kaninchen, Meerschweinchen und Ratten beschreibt er folgende regelmäßigen Befunde an den Leberzellen: Die Kerne sind stärker aschegebend als das Cytoplasma, doppelbrechende Substanzen kommen darin nicht vor, wohl aber entlang den Capillaren und im periportalen Bindegewebe. Der Rückstand an der Oberfläche der Leberzellen ist matt-weiß, der des übrigen Zelleibes dagegen schwach bläulich; das Mengenverhältnis der weißen zur bläulichen Asche des Cytoplasmas ist bei den einzelnen Species nicht konstant. Die anorganischen Substanzen der Kernmembran, des Basichromatins und des Nucleolus sind matt-weiß, gelegentlich findet sich auch ein wenig bläulich-weiße Asche, die dem Oxychromatin zugeordnet wird. Der Nucleolus hinterläßt angeblich die größte und dichteste Anhäufung von Salzen, bei einzelnen der untersuchten Arten sind die Kernkörperchen im Spodogramm deutlicher als bei anderen. Eisenhaltige Asche kann im Basichromatin, im Nucleolus und im Cytoplasma vorkommen, ein Befund, der aber nicht regelmäßig zu erheben war. Auch ANGELINI (1931) sah Eisen im Leberspodogramm bei der Kröte, es lag in Zelleinschlüssen, die dem Melaninpigment benachbart sind.

Gleichfalls als Vorstudie für eine Untersuchung über Virus-Einschlußkörper haben HORNING und FINDLAY (1934) Aschenbilder von $4\,\mu$ dicken Paraffinschnitten der in Formol-Alkohol 1:9 fixierten normalen Mäuseleber beschrieben. Die Verbrennung erfolgte bei 625—650° C innerhalb 45—55 min, also ziemlich schnell und bei hoher Temperatur. Zur Dunkelfeluntersuchung wurde der Cardioid-Kondensor von Zeiss kombiniert mit einer Apochromat-Ölimmersion mit Irisblende verwendet. Abgesehen von der Wiederholung einiger schon vorstehend beschriebener Befunde wird als wichtig betont, daß die Membran der Leberzellen im Spodogramm als Linie weißen anorganischen Rückstandes von ungleicher Dicke erkennbar bleibt; dabei zeigte sich, daß die der Zelle zugewandte Seite der Membran weniger eben ist als die äußere; der Zelleib gibt nur wenig grau-weiße Aschekörnchen. Sie entsprechen wahrscheinlich der Umgebung von intracellulären Kanälchen oder von Fetttröpfchen. Die Kerne besitzen eine deutlich aschegebende Membran, sie selbst sind frei von anorganischem Rückstand bis auf die Chromatinschollen und den Nucleolus, die sich beide an der Aschenfarbe unterscheiden lassen. Im allgemeinen war wieder das Cytoplasma der Zellen nahe dem Läppchenzentrum mineralreicher als in der Peripherie.

WEATHERFORD (1938) untersuchte die Leber anaphylaktischer Hunde wegen der Kristalleinschlüsse in den Kernen. Er stellte Eisen speziell in dem Cytoplasma der Endocyten sowie in einigen Leberzellen fest. Die Einschlußkristalle der Kerne geben ganz unabhängig vom Chromatin nur wenig bläulichen Rückstand, der als Hinweis auf das Vorhandensein von Natrium gedeutet wird.

Beobachtungen über die Wirkung einseitiger Ernährungsweise auf das Leberspodogramm haben POLICARD, NOËL und PILLET (1924) angestellt. Sie veraschten Paraffinschnitte alkoholfixierten Materiales von Mäusen, die ausschließlich mit Zucker, Fett oder gekochtem Eiweiß gefüttert waren, bis ihre Leber deutlich histologische Veränderungen zeigte; in der dafür erforderlichen Zeit traten keine Störungen durch Mangelerscheinungen auf. Bei reiner Kohlenhydratfütterung veraschten die zentralen Teile der Leberläppchen schnell, sie erwiesen sich ferner als wesentlich reicher an Salzen als die peripheren Gebiete, in denen außerdem Teerbildung die völlige Verbrennung verlangsamt. Etwas schwieriger ist die Veraschung von Leberschnitten fettgefütterter Tiere zu erzielen. In diesen Präparaten war die Mineralablagerung gleichmäßig im Läppchen verteilt. Bei ausschließlicher Fütterung mit gekochtem Eiweiß trat die völlige Verbrennung der Schnitte am schwersten ein. Solche Spodogramme zeigten keine Unterschiede der Salzverteilung innerhalb eines Läppchens, im ganzen war ihr Aschengehalt geringer als in den peripheren Abschnitten der Leberläppchen von kohlenhydratgefütterten Tieren. Eine Deutung dieser verschiedenen Befunde konnten POLICARD, NOËL und PILLET (1924) nicht geben. Richtungweisend ist dafür vielleicht eine Angabe von TSCHOPP (1929), wonach in einem mit isotonischer Zuckerlösung durchspülten Leberlappen die Aschenmenge im Spodogramm abgenommen hatte. Ferner ist hier zu erwähnen, daß ALLARA (1937b) die Differenzen in der Veraschungsfähigkeit der Leber verschiedener Tiere auf ihren wechselnden Gehalt an Lipoiden zurückgeführt hat, eine Meinung, die gleichfalls für die Deutung der eben angeführten Befunde von POLICARD, NOËL und PILLET wichtig sein kann. Schließlich ist noch anzuführen, daß HORNING (1934c) bei Ratten, die 4 Monate lang lecithinreiches Futter erhielten, in der Leber nach Mikroveraschung keine Unterschiede in Menge und Verteilung der anorganischen Substanzen gegenüber normalen Spodogrammen feststellen konnte.

Durch Untersuchungen von ENGSTRÖM (1943) werden manche der vorstehend erwähnten Unterschiede in den Spodogrammen der Leber einer Deutung zugänglich. Er sah nämlich in der Leber 4—6 Tage alter Hühnerembryonen hohen Gehalt an Nucleotiden im Zelleib und in den Nucleoli. Dementsprechend gab auch das Cytoplasma embryonaler Leberzellen mehr anorganischen Rückstand als das erwachsener Tiere; ebenso wird erklärlich, daß das Kernkörperchen so deutlich als Ascheanhäufung in den embryonalen Kernen hervortritt, die im übrigen ganz salzarm sind. Die damit wiederum erwiesene Parallelität der Beobachtungen über Ultraviolett-Absorption und Verteilung der anorganischen Substanzen hat LAGERSTEDT (1947) benutzt, um die basophilen Cytoplasmaeinschlüsse der Leberzellen von Ratten zu untersuchen. Er fand sie ebenso wie die Kernmembran und die Nucleoli aschereich und führt als Grund dafür das Vorhandensein einer Nucleinsäurekomponente an.

In einer ausführlichen Arbeit hat LAGERSTEDT (1949) die Mikroveraschung als bestgeeignet für histotopochemische Untersuchungen über den Eiweißstoffwechsel in der Leber bezeichnet. Nach dem Gefrier-Trockenverfahren behandelte

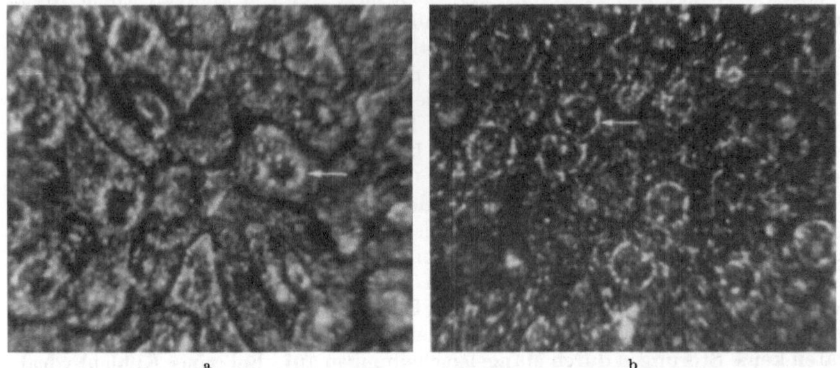

Abb. 53a u. b. Leber, Ratte. Carnoy, Paraffinschnitt 4 μ, verascht in Luft bei 525° C, Dunkelfeld, Vergr. 360×. a Zustand nach 3 Tagen ohne Futter; b Zustand nach 5 Tagen ohne Futter. Als Folge der Hungerwirkung nimmt die Aschenmenge im Cytoplasma und in den Kernen ab. Die Pfeile zeigen auf gut erkennbare Kerne hin. Vgl. auch Abb. 54. Aus LAGERSTEDT 1949

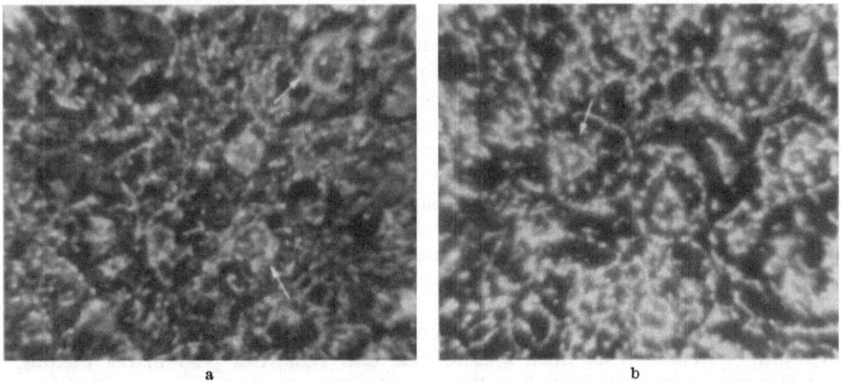

Abb. 54a u. b. Leber, Ratte. Carnoy, Paraffinschnitt 4 μ, verascht in Luft bei 525° C, Dunkelfeld, Vergr. 360×. Tiere, die 5 Tage gehungert hatten, erhielten wieder eiweißreiches Futter. a Zustand 6 Std nach Fütterung; b Zustand 24 Std nach Fütterung. Zunehmende Einlagerung von Salzen. Die Pfeile zeigen auf Kerne mit stark aschehaltigen Nucleoli, außerdem sind diese Kerne mit reichlichen Ablagerungen anorganischer Substanz umgeben. Vgl. auch Abb. 53. Aus LAGERSTEDT 1949

Präparate waren ebenso wie nach CARNOY fixiertes Material brauchbar. Im Kern sind bei eiweißreicher Nahrung speziell der Nucleolus und die Kernmembran durch hohen Gehalt an anorganischen Stoffen charakterisiert. Schon nach 3tägiger Hungerwirkung sah LAGERSTEDT die Menge der Salze im Cytoplasma und im Kern der Rattenleber abnehmen; nach 5tägiger Hungerwirkung wies der Kern nur noch Aschenreste in der Membran und wenig auf den Nucleolus zu beziehenden anorganischen Rückstand auf (Abb. 53). Wird in diesem Stadium wieder eiweißreiches Futter angeboten, so steigt schon nach 6 Std der Salzgehalt in der Leber an. Beachtliche Aschenablagerungen finden sich zunächst an der

Kernoberfläche entsprechend dem dort nachweisbaren Vorkommen neu gebildeter basophiler Substanzen (Abb. 54). Nach 24 Std sind gleichartige Anhäufungen anorganischen Rückstandes auch im ganzen Cytoplasma nachweisbar. Ohne hier die interessanten Angaben von LAGERSTEDT eingehender behandeln zu können sei doch wenigstens hervorgehoben, daß nach seinen Beobachtungen die nucleinsäurehaltigen Proteine des Cytoplasmas der Leberzellen offenbar dicht an der Kernmembran durch das Zusammenwirken des Nucleolarapparates und des Kernes gebildet werden. Das morphologische Bild dieser Zellbestandteile und — wie hinzugefügt sei — auch ihr Spodogramm sind also ein direkter Ausdruck der Intensität des Eiweißumsatzes in der Leberzelle.

Von der Epithelauskleidung der *Gallengänge* schreibt SCOTT (1933b), daß sich neben bläulich-weißem auch gelblich-brauner Rückstand findet. Als eisenhaltig erwiesen sich vor allem die Kerne; selbst in den Lumina der Gallengänge war meistens eine geringe Menge gelblicher Asche festzustellen.

10. Das Aschenbild der Harnorgane

Aschenbefunde an embryonalen Harnorganen sind seit der Mitteilung von HORNING und SCOTT (1932a) bekannt; Tubuli contorti und Sammelröhrchen der Urniere des Hühnchens sollen danach an ihrem Salzgehalt erkannt werden können, doch ist über die Art des Unterschiedes nichts Besonderes mitgeteilt. Die Asche der Urniere besteht meistens aus Calcium, als salzarm wird nur die BOWMANsche Kapsel bezeichnet. Nach ENGSTRÖM (1943) kann damit gerechnet werden, daß die Urniere des Hühnchens vom 7.—8. Embryonaltage ab funktionsfähig ist, obwohl sie auch dann noch immer Kanälchen verschiedener Entwicklungsstufen zeigt. Soweit die Nephrone stark Ultraviolett absorbieren, werden sie auch sehr aschereich gefunden.

Spodogramme der bleibenden Niere von Säugetieren wurden ausführlich zuerst von SCOTT (1933b) untersucht. Auffällig sind die besonders großen Ungleichheiten der Einzelbefunde bei im ganzen geringen Artunterschieden. Nach Beobachtungen an Präparaten von einer mit Brot, Milch und Fleisch gefütterten Katze beschreibt SCOTT, daß feinere Strukturen der Glomeruluscapillaren noch im Aschenbild erkennbar bleiben. Die Kerne der Endothelien und beider Blätter der Endkammer treten als leuchtend weiße Ablagerungen hervor. Diese Angabe ist auch für die menschliche Niere zu bestätigen, wie Abb. 55 beweist. Häufig zeigen nach SCOTT die Epithelzellen des Nierenkörperchens gegen den Harnpol hin erhöhten anorganischen Rückstand, während in der Endkammer Salze meistens fehlen.

Die Zellen des gewundenen Hauptstückteiles sind an ihrer Basis durch eine viel doppelbrechendes Material enthaltende Linie scharf begrenzt. Ihre Kernasche ist weiß-glänzend; der Zelleib hinterläßt feine, bläulich-weiße, leicht wasserlösliche Salze. In den basalen zwei Dritteln der Zellen kommen vielfach aschefreie Gebiete vor. Die Hauptstückzellen zeigen außerdem Eisen im supranucleären Gebiet, vereinzelt ist es auch noch basal vom Kern festzustellen. Weder das Eisenoxyd im Cytoplasma noch die Kernasche sind in beträchtlichem Maß wasserlöslich. Die basalen Strukturen in den Nierenhauptstückzellen findet auch POLICARD (1934b) nicht durch auffälligen Salzgehalt charakterisiert; nach OKKELS (1929) fehlt in der Niere normalerweise histochemisch nachweisbares Eisen. SCOTT sah ferner manchmal den Bürstenbesatz in den Zellen der Hauptstücke als eine Reihe feiner fadenförmiger Ablagerungen; in anderen Fällen ist eine dicke Lage stark lichtbrechender weißer Asche entlang der Zelloberfläche vorhanden. Auch im Lumen kommt bei einzelnen Kanälchen fein verteilter granulärer bläulich-weißer Inhalt vor, der manchmal in Form zarter, quer die Lichtung durchsetzender Stränge angeordnet ist.

Im Überleitungsstück beschränkt sich der Gehalt an anorganischen Stoffen auf die Kerne und auf eine feine, wohl dem Cytoplasma entsprechende Linie. Im Lumen sind nur wenige Salze nachweisbar.

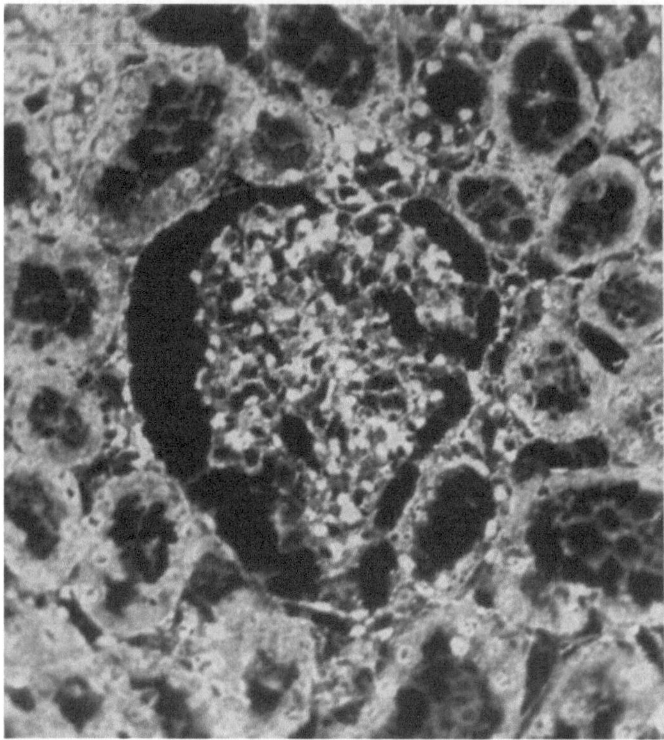

Abb. 55. Nierenrinde, Mensch. Absoluter Alkohol, Paraffinschnitt 5 μ, verascht in Luft bei 520° C, Vergr. 400×, Cardioid-Kondensor. Am Gefäßpol des Glomerulum ist ein Schaltstück an den dichter liegenden Kernen erkennbar, ebenso rechts unten neben der BOWMANschen Kapsel. Die Kanälchen mit breitem Epithel und wenig Kernen entsprechen alle Schnitten durch den gewundenen Teil des Hauptstückes

Der gerade Teil des Mittelstückes hat geringe Mengen Kernasche und manchmal deutlich als weiße Linien gekennzeichnete Zellgrenzen, ebenso ist die freie Zelloberfläche, besonders bei leeren Kanälchen, oft durch einen Streifen hellleuchtenden Rückstandes scharf markiert. Salzablagerungen im Lumen sind gleichmäßig verteilt, blaugrau und meist von der Wand etwas abgehoben. Die Zellen der gewundenen Teile des Mittelstückes unterscheiden sich von denen der Hauptstücke durch im ganzen geringen Aschegehalt, durch das Fehlen von Eisen in der supranucleären Zone und durch die deutlichere Abgrenzung des Lumens. Ihre Kernasche ist weniger reichlich und nicht scharf gegen die des Cytoplasmas abgrenzbar. In der Tunica propria kommt doppelbrechende Substanz in beträchtlichen Mengen vor. Vom Salzgehalt der Sammelröhren gab SCOTT keine Beschreibung.

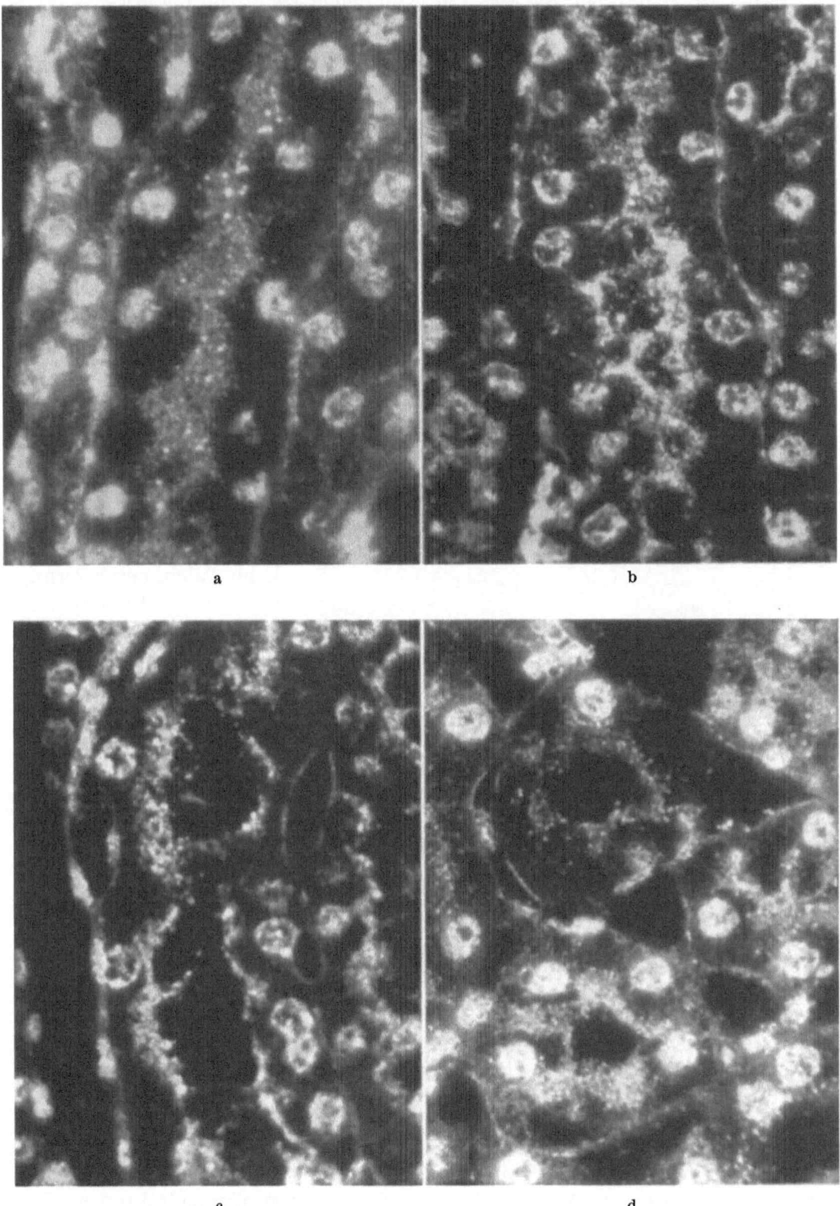

Abb. 56a—d. Niere, gerader Teil des Hauptstückes in Längs- und Querschnitten, Meerschweinchen. Absoluter Alkohol, Paraffinschnitt 5 μ, verascht in Luft bei 520° C, Vergr. 900×, Cardioid-Kondensor. Verschiedene Stadien der Ascheanreicherung im Lumen und in den Zellen. a Die zackig begrenzte Lichtung ist völlig mit anorganischer Substanz angefüllt; b das Lumen enthält noch reichlich, aber schon etwas lockerer angeordnete Asche; c im erweiterten Lumen finden sich nur noch geringe Mengen anorganischer Substanz; Teile der Asche liegen sicher auch im Cytoplasma; d dieselben Zustände verschiedenen Aschegehaltes in quergetroffenen Hauptstücken. Aus MEIER 1941

OKKELS (1927) hat bei Ratten und Kaninchen schon normalerweise Differenzen in der Aschenverteilung der verschiedenen Regionen der Niere gefunden, die er als Zeichen wechselnder Tätigkeitsbeanspruchung ansieht. Nach Injektion von Calciumchlorid steigt der Aschengehalt der gewundenen Kanälchen, die Markstrahlen erweisen sich dagegen als aschearm, ebenso sind wenig Salze im Grenzgebiet von Rinde und Mark vorhanden; sehr reich an anorganischen Stoffen sind dagegen die Sammelröhrchen im Markkegel, besonders bei chronischer Calciumvergiftung. In dieser vermehrt abgelagerten, wenig wasserlöslichen Asche sind Calcium und Phosphor nachgewiesen worden.

SCHULTZ-BRAUNS (1931 c) sah in der Niere des Menschen vor allem das Bindegewebe der Markkegel — an der Spitze wie an der Basis — voller Salze. In der Rinde sind im höheren und manchmal auch schon im mittleren Alter die Gefäße und oft die Glomeruluskapseln durch viel anorganischen Rückstand auffällig.

SCHÖNHOLZ (1929 a) fand bei experimentell erzeugtem Infarkt bereits 20 Std nach Unterbindung der Nierenarterie im Epithel der Hauptstücke deutliche Calciumeinlagerung, die nach Verlauf von 4 Wochen bis zur Ausbildung ringartiger Verkalkungen führte.

Hinweise auf die Beteiligung der Hauptstücke am Salzstoffwechsel in der Niere erbrachten ferner die Untersuchungen, die

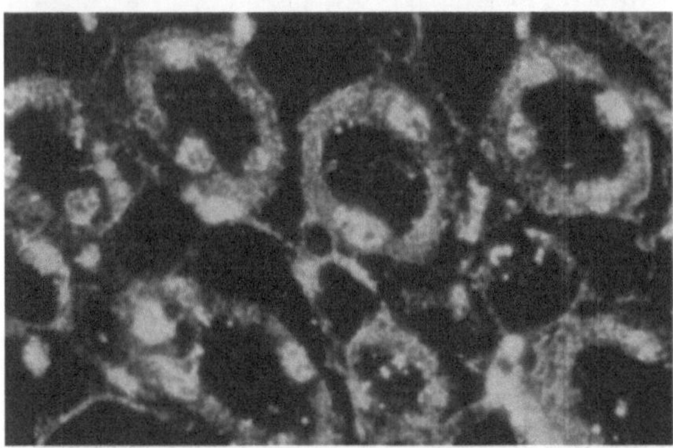

Abb. 57. Niere, Mittelstücke im Bereiche der Außenzone, Meerschweinchen. Absoluter Alkohol. Paraffinschnitt 5 μ, verascht in Luft bei 520° C, Vergr. 800 ×, Cardioid-Kondensor. Die quergetroffenen Kanälchen haben ziemlich gleichmäßig im Zelleib verteilten Salzgehalt. In den Lumina findet sich nur wenig zum Teil grob granulierte und im Dunkelfeld stark leuchtende Asche. Aus MEIER 1941

MEIER (1941) auf meine Veranlassung an 21 Meerschweinchen ausführte; durch Kontrolle der ausgeschiedenen Harnmengen war bei 16 Tieren der Funktionszustand der Nieren im Momente der Fixation (in Alkohol bzw. Formol-Alkohol) genau bekannt. Nach weiterer Vermehrung des Materiales berichtete ich (1941, 1942) über die Ergebnisse dieser Untersuchungen wie folgt: Im Lumen der Endkammer des Harnkanälchens ist Asche gar nicht oder nur in Spuren vorhanden. Die Hauptstückzellen enthalten anorganische Stoffe außer in den Kernen vor allem lumenseitig angereichert, ferner sind die Lichtungen mehr oder weniger stark angefüllt. Bei fehlender oder ganz stark verringerter Durchströmung mit Harn wird das enge Lumen völlig von aschegebender Substanz eingenommen. Bei mittlerer und großer Weite der Lichtung ist als Folge stärkerer Durchspülung mit Harn der anorganische Inhalt der Kanälchen oft bis auf ganz kleine Mengen verringert (Abb. 56). Die nachfolgenden Abschnitte des Nephrons, das Überleitungsstück und das Mittelstück, zeigen in ihren Lumina nur Spuren von Asche (Abb. 57); erst in den Sammelrohren werden wieder größere Mengen anorganischen Rückstandes gefunden (Abb. 58). Die Rückresorptionstheorie vermag die starke Anhäufung von Salzen in den Lichtungen der Hauptstücke wenig durchspülter Nierenkanälchen nicht zu erklären. Sollten diese dort durch Rückresorption von Wasser aus dem Primärharn schon derartig konzentriert worden sein, so müßten auch die anschließenden Teile

des Nephrons gleich hohen Aschengehalt in ihren Lumina aufweisen. Die
Beobachtungen werden deshalb als Zeichen einer Sekretion anorganischer
Stoffe durch die Hauptstückzellen gedeutet. Weitere Konsequenzen, die sich
aus diesen Befunden ergeben, müssen in den Originalmitteilungen nachgelesen
werden, da sie den Rahmen dieser Monographie überschreiten würden.

Um morphologische Parallelen zu den zahlreichen physiologischen Studien
an der Froschniere zu schaffen, führte PETER (1946) auf meine Veranlassung
neben anderen histochemischen Reaktionen an Nieren von Rana temporaria
auch spodographische Untersuchungen aus (3 μ Paraffinschnitte nach Formol-
bzw. Formol-Alkoholfixation, Verbrennung in Luft bei 520° C). Das auffälligste

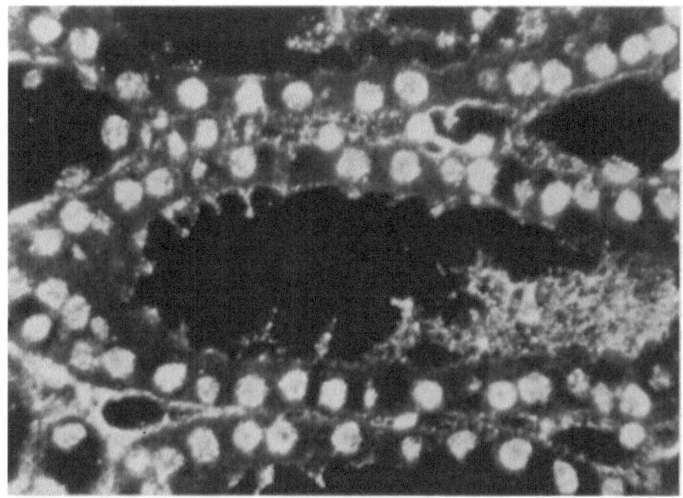

Abb. 58. Niere, Sammelrohr, Meerschweinchen. Formol-Alkohol, Paraffinschnitt 5 μ, verascht in Luft bei
520° C, Vergr. 800×, Cardioid-Kondensor. Reichlich grobkörnige Asche im Lumen, die größtenteils orange bis
bräunlich gefärbt ist und sich auch entlang den freien Zelloberflächen findet. Aus MEIER 1941

Ergebnis war die Feststellung jahreszeitlich bedingter Unterschiede in Art und
Menge des Aschenrückstandes. Nieren von Sommertieren zeigen im Übersichtsbild etwas weniger anorganische Substanz als die von Wintertieren, während die
Befunde im Herbst entweder der einen oder der anderen Funktionsphase entsprechen. Zunächst seien die für Sommertiere charakteristischen Beobachtungen
an den Hauptstücken angeführt: Bei im ganzen geringem Salzgehalt der Epithelien ist deren Zellbasis durch einen dichten Aschensaum begrenzt. Er setzt
sich aus einer Menge weißer, hell-leuchtender Teilchen zusammen. Im übrigen
Cytoplasma liegen ziemlich gleichmäßig verstreut teils wenig lichtbrechende,
teils glänzend weiße Aschekörnchen. Erst an der lumenseitigen Zelloberfläche
sind die Granula wieder dichter zusammengedrängt. Im Gegensatz zu der Abgrenzung an der Zellbasis bilden sie aber einen nicht ganz gleichmäßigen Saum;
manchenorts weist er Aussparungen auf, an anderen Stellen ist er durch kuppen-
förmige Vorbuchtungen unterbrochen. Das Cytoplasma unter solchen Vorwölbungen ist fast immer salzfrei, oder es hinterläßt nur vereinzelte Aschekörnchen. In den Kernen sprechen einzelne orange-gelbe Granula für schwachen
Eisengehalt der Hauptstückzellen von Sommertieren. Wintertiere geben dagegen
in den Kernen auffällig viel Eisenasche (vgl. Abb. 11). Ferner sind ihre Hauptstückzellen im ganzen durch höheren anorganischen Rückstand charakterisiert.

Die basale Zellgrenze tritt als Reihe stärker lichtbrechender Granula hervor. Im Cytoplasma sind die Salze gleichmäßig dicht verteilt, nur vereinzelt kommen kleine supranucleäre Aussparungen vor. Lumenseitig treten kuppenartige Vorwölbungen auf; sie sind aschereich und können manchmal fast die ganze apikale Zone ausmachen.

Unterschiedliche Mengen anorganischen Rückstandes sind auch in den Lumina der einzelnen Nephronteile festzustellen. Eine deutliche Anreicherung von Asche findet sich z.B. in der Lichtung der mittleren Abschnitte des Hauptstückes, während dessen gegen das Überleitungsstück zu gelegener Endteil oft starke Abnahme der Salze im Lumen erkennen läßt.

Eine gesonderte Besprechung erfordern die Beobachtungen über die Ablagerung von Eisen in der Froschniere. Bei Sommertieren kommt es spärlich und nur in Form feinster Kerneinschlüsse vor allem in den Hauptstückzellen vor. In der Endkammer und im Lumen der Harnkanälchen wurde es bei Sommertieren nie gefunden. Spodogramme der im Winter fixierten Nieren zeigen dagegen orange-gelbes Eisenoxyd in ziemlich großer Menge teils in den Epithelien, teils im Lumen der Hauptstücke. Speziell die Kerne dieser Zellen sind durch hohen Gehalt an Eisenasche gekennzeichnet. Im Zelleib gibt besonders der basale Teil positive Eisenreaktion, die apikalen Gebiete erscheinen dagegen so gut wie immer eisenfrei. Im Herbst kann man auffällig große Unterschiede im Vorkommen von Eisen feststellen. Von 16 im September getöteten Fröschen, die unter gleichen Lebensbedingungen gehalten worden waren, zeigten 8 so wenig Eisen wie die Sommertiere, bei 4 fanden sich erste Anfänge der Eisenablagerung in den Hauptstücken, bei 2 weiteren waren schon erhebliche Eisenmengen in den Hauptstückzellen zu beobachten und 2 wiesen sogar mehr Eisen auf als die im Winter fixierten Froschnieren. Neben diesen quantitativen Unterschieden ist auch die von Fall zu Fall wechselnde Topographie der Anhäufungen von Eisenasche sehr zu beachten. Die Untersuchung einer großen Zahl von Spodogrammen ergab, daß Eisen im Herbst durch das Glomerulum in die Endkammer abgeschieden und anschließend vom Hauptstückepithel wieder aufgenommen wird. An dieser Rückresorption ist der distale Teil des Hauptstückes am stärksten beteiligt. Parallel zur Konzentrierung anderer anorganischer Substanzen wird auch das Eisen im Lumen des Hauptstückes angereichert; bemerkenswert ist jedoch, daß der höchste Eisengehalt — im Gegensatz zur größten Menge des anorganischen Rückstandes — erst kurz vor dem Überleitungsstück zu finden ist. Da Eisen in anderen Abschnitten des Nephrons nicht nachgewiesen werden kann, muß man annehmen, daß es vollständig wieder aufgenommen wird. Offenbar bilden die Hauptstückzellen dann ein Depot, aus dem das Eisen je nach Bedarf im Frühling und Sommer erneut an den Organismus abgegeben werden kann. Am längsten bleibt das Eisen in den Kernen der Hauptstückzellen gespeichert (vgl. Abb. 11 auf S. 21).

Nur der Vollständigkeit halber sei erwähnt, daß in der Arbeit von PETER auch die Aschenbilder der übrigen Anteile der Nierenkanälchen des Frosches, einschließlich der Nephrostome und des Ductus deferens ausführlich beschrieben sind. Auffällig ist daran besonders, daß sich die Konzentration der anorganischen Harnbestandteile im Lumen des Mittel- und des Verbindungsstückes sowie der Sammelrohre allmählich verringert, so daß der Aschenrückstand schließlich im Ductus deferens die niedrigsten Werte erreicht. Dieser Befund stimmt gut mit den Feststellungen von RICHARDS überein, der den endgültigen Harn des Frosches hypotonisch fand.

Über den Salzgehalt des *Epitheles der harnleitenden Wege* ist schon auf S. 39 berichtet worden. Direkt darunterliegend beschreibt ALLARA (1950) eine Lage reichlicher, feinster Aschekörnchen, die ohne Grenze in die der Tunica propria übergeht, sich von dieser aber durch einige Besonderheiten unterscheidet; sie zeigt nämlich keinerlei Schrumpfungserscheinungen, ist graublau und nicht weiß wie die der Tunica propria, ferner ist sie sehr dicht und feinst gekörnt. Diese Schicht wird als Membrana basalis reticulata gedeutet. Die Vermutung, daß deren Asche zu beträchtlichen Teilen aus Magnesium und Kalium besteht, ist nicht belegt. Auffälligerweise fand Göldi (1951, 1952) die Tunica propria der Harnblase nach Untersuchungen an Meerschweinchen, Schwein, Rind und Mensch ärmer an anorganischem Material als das Epithel, was dem Bilde von Allara widersprechen würde. Allerdings beziehen sich die Angaben von Göldi auf alkohol-fixiertes Material (4 μ Paraffin-schnitte), während Allara native Gefrierschnitte veraschte.

11. Das Aschenbild der männlichen Geschlechtsorgane

Im *Hoden* ist die altersbedingte Zunahme der Aschenmenge im Zwischengewebe, in den Membranae propriae und im Epithel sehr deut-lich zu zeigen (Gerlach 1931). Das an elastischen Fasern reiche Bindegewebe verursacht starke Schrumpfung bei der Veraschung (Tschopp 1929, Policard 1933c). Die Septula testis und die Wände der Kanälchen hinterlassen rein weißen anorganischen Rückstand und heben sich dadurch von den grau gefärbten Salzen in den Lu-mina ab (Abb. 59). Gleichmäßige,

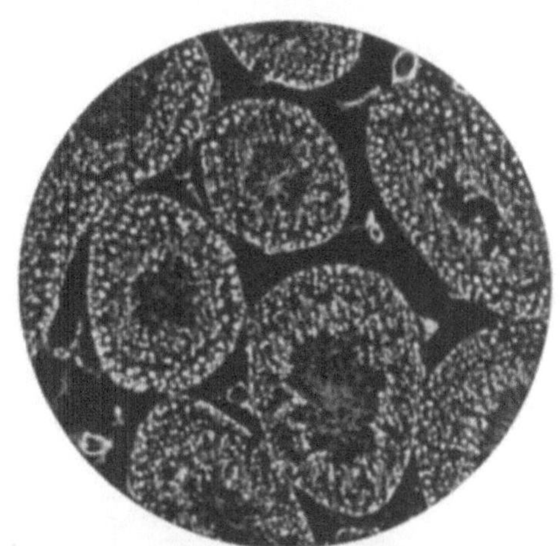

Abb. 59. Hode, Meerschweinchen. Alkohol, Paraffinschnitt 6 μ, verascht in Luft bei 520° C, Vergr. 90×, Cardioid-Kondensor. Übersichtsbild von Tubuli seminiferi contorti

diffus verteilte bläulich-weiße Salze charakterisieren die Zwischenzellen des Hodens. Die Köpfe der menschlichen Spermien sind sehr reich an anorganischen Stoffen (Tschopp 1926), das gleiche gilt auch für die Spermien tierischer Her-kunft (Bär, Valentin 1839; Katze, Scott 1933b). Im Mittelstück sah Scott zwei außerordentlich stark glänzende Ascheanhäufungen. Bei der Ratte beschrieb Policard (1933b, c, d) in den Köpfen reifer Spermien 2 Abschnitte, die sich durch ihren anorganischen Rückstand unterscheiden. Während der vordere Teil sehr salzarm ist, so daß seine Grenzen nur gelegentlich erkannt werden können, ist am hinteren Kopfabschnitt reichlich Asche in Form von Körnchen vorhanden. Diese liegen offenbar nahe der Oberfläche, während die zentralen Gebiete der Spermienköpfe wieder ärmer an Salzen zu sein scheinen. Auch nach ihrem Eisengehalt sollen sich die beiden Teile unterscheiden, indem nur der vordere, vom Acrosom abzuleitende Abschnitt gelblich gefärbte Asche gibt, der hintere, vom Kern stammende Teil dagegen dichte weiße Asche liefert (Policard 1934a). Wie Scott sah auch Policard in dem an anorganischen Stoffen reichen Halsstück ein oder zwei besonders hervortretende Aschegranula. Das Verbindungsstück und der Schwanzfaden sind arm an Salzen.

Die verschiedenen Stadien der Spermiogenese sind im Spodogramm zuerst von Scott (1930c) untersucht worden. Es gelang ihm dabei, die genaue Über-einstimmung der Ascheanhäufungen mit dem Chromatin nachzuweisen. Policard hat diese Beobachtungen an Hodenschnitten der weißen Ratte wiederholt. Er

fand die Kerne der Spermiogonien und Spermiocyten so reich an Asche wie nur
wenige somatische Zellen. Sie erscheinen als rundliche, dichte, kreidig-weiße
Ablagerungen von Salzen, die bei Zellen im Synapsisstadium, oft einseitig liegend,

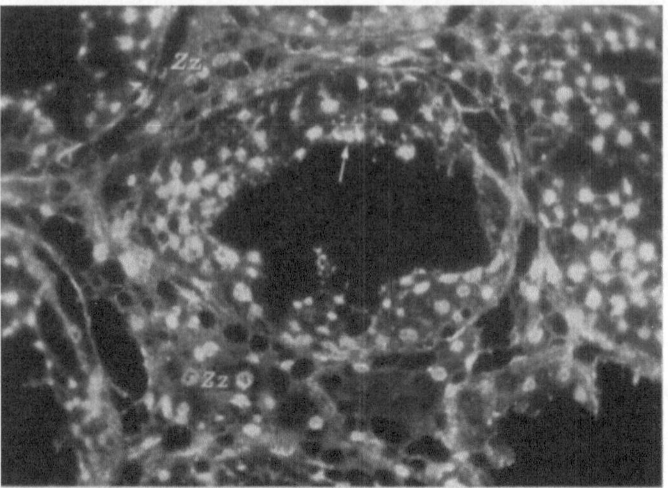

Abb. 60. Tubulus seminiferus contortus und Zwischenzellen, Mensch. Formol, Paraffinschnitt 4 μ, verascht in
Luft bei 520° C, Vergr. 360×, Cardioid-Kondensor. Der Pfeil zeigt auf Spermienköpfe. *Zz* Zwischenzellen

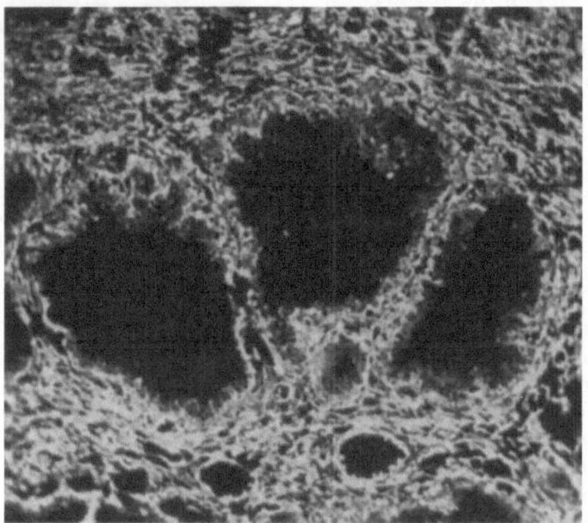

Abb. 61. Prostata, Mensch. Formol, Paraffinschnitt 4 μ, verascht in Luft bei 520° C, Vergr. 180×, Cardioid-
Kondensor. Mehrere Alveoli mit schwach aschehaltigem Epithel. Das Zwischengewebe gibt viel anorganischen
Rückstand

die Form eines Kreuzes annehmen. Während der Mitose sind nicht selten die
einzelnen Chromosomen als sehr dichte rein weiße Gebilde nachzuweisen. Prae-
spermiden hat POLICARD am Aschengehalt nicht erkennen können. Die Kerne
der jungen Spermiden sind auffällig salzarm, erst allmählich nimmt mit der

fortschreitenden Verdichtung des Chromatins und der Verlängerung des Kernes die Aschenmenge in den Spermiden wieder zu, bis schließlich das oben beschriebene Spodogramm der reifen Spermien erreicht wird (Abb. 60). Diese vorübergehende Abnahme des Gehaltes an anorganischer Substanz im Kern wird von POLICARD als die Folge der schnell ablaufenden Reifungsteilungen angesehen, durch die die gesamte Salzmenge auf 4 Kerne verteilt wird. Erst nachträglich soll wieder Aufnahme anorganischer Substanzen stattfinden. Die bei der Spermiogenese freiwerdenden Cytoplasmateile erscheinen als unregelmäßig gestaltete Ascheablagerungen von teilweise gelblich-brauner Farbe, sie sind also eisenhaltig. Die Kerne der SERTOLISchen Zellen hat POLICARD nicht sicher ermitteln können. SCOTT (1933b) erwähnt nur, daß die Stützzellen dasselbe Aschenbild geben wie die ruhenden Spermiogonien.

TERNI und DE LUCCHI (1937) konnten durch die Schnittverkohlung bei 340° C noch weitere Einzelheiten über den chemischen Feinbau der Spermien des Meerschweinchens feststellen. Da nach Behandlung mit fettlösenden Substanzen (Aceton, Petroläther, Benzol, Alkohol usw.) die sonst bei Spermien vorkommende bräunliche Färbung der Kopfkappe fehlt, vermuten sie, daß diese unter anderem aus einer lipoidartigen Substanz besteht.

Von den keimleitenden Wegen und den Anhangsdrüsen sind bisher einzig der *Nebenhodengang* (vgl. Abb. 23 auf S. 41) und die *Prostata* (Abb. 61 und 62) Gegenstand spodographischer Untersuchung gewesen (TSCHOPP 1929).

12. Das Aschenbild der weiblichen Geschlechtsorgane

Über den Salzgehalt der *weiblichen Keimdrüse* liegen mehrere topochemische Studien vor, von denen die älteste auf POLICARD

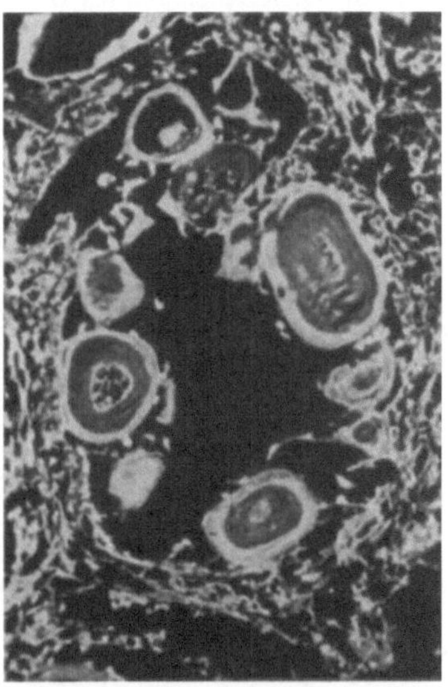

Abb. 62. Prostata, Mensch. Formol, Paraffinschnitt 4 μ, verascht in Luft bei 520° C, Vergr. 180×, Cardioid-Kondensor. Ein großer Alveolus mit mehreren Prostatasteinen, deren Außenschichten aschereicher sind

(1923a) zurückgeht; sie bringt Ergebnisse über Untersuchungen an mehr als 40 operativ gewonnenen menschlichen Ovarien. POLICARD und MICHON (1923) erweiterten die Beobachtungen noch in pathologischer Hinsicht, auch sie benutzten Gefrierschnitte nach Formolfixation. MARZA, MARZA und CHIOSA (1932) prüften den Eierstock des Huhnes speziell auf das Vorkommen eisenhaltiger Asche. BAGIŃSKI (1934) hat Ovarien von einigen Säugern verascht (Katze, Hund, Kaninchen, Meerschweinchen, Ratte, Maus), ohne allerdings einen Vergleich mit den Befunden von POLICARD vorzunehmen. Ebenso hat WINKLER (1936) bei seinen Untersuchungen am infantilen, geschlechtsreifen und ovulierenden Kaninchenovar auf eine vergleichende Darstellung verzichtet.

Nach BAGIŃSKI (1934) ist die Asche des Ovariums stark hygroskopisch. Auffällig ist ferner, daß im Objektträger unter dem verbrannten Schnitt kleine Gasbläschen entstehen. BAGIŃSKI sucht deren Bildung mit dem hohen Jodgehalt des Eierstockes in Zusammenhang zu bringen. Schnitte der Ovarien junger Tiere geben weit weniger anorganischen Rückstand als solche von alten. Erklärlich wird das zum Teil vielleicht aus POLICARDs allgemeiner Feststellung, daß die Aschenmenge — grob betrachtet — der Gewebsdichte proportional ist;

diese Regel hat allerdings schon POLICARD selbst durch den Hinweis auf zahlreiche Ausnahmen eingeschränkt.

Im Keimepithel an der Oberfläche des Eierstockes fand BAGIŃSKI die Salze meist im Kern, teils auch peripher im Cytoplasma lokalisiert; die kernnahen Gebiete der Zelle waren nach Verbrennung optisch leer. Bei jungen Tieren ist diese besondere Verteilung der Asche noch nicht deutlich. WINKLER (1936) fand das Keimepithel des infantilen Kaninchenovariums sehr stark magnesiumhaltig, BAGIŃSKI konnte Silicium darin feststellen.

Die Tunica albuginea hinterläßt mit dem Alter zunehmende Mengen weißen anorganischen Rückstandes ohne besonders charakteristische Lagerung, wie es

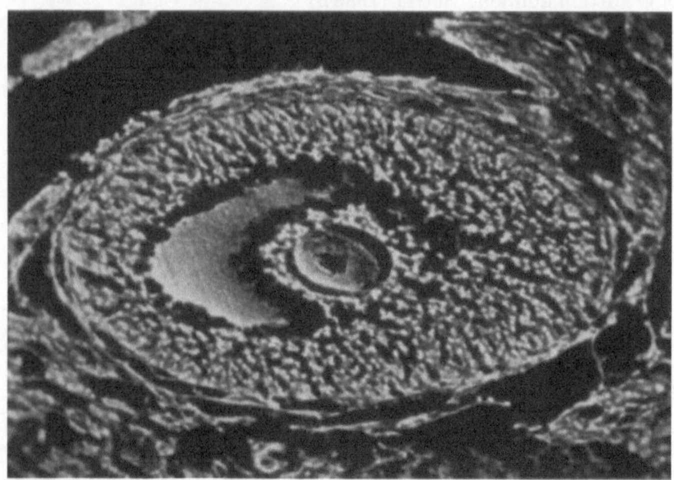

Abb. 63. Tertiärfollikel mit Eizelle, Ovarium, Maus. Formol-Alkohol, Paraffinschnitt 4 μ, verascht in Luft bei 520° C, Vergr. 180×, Cardioid-Kondensor. Leichte Verlagerung der Salze in der Follikelflüssigkeit und im Ooplasma nach links und unten. Die Zellen der Granulosa sind etwas geschrumpft

für derbes faserreiches Bindegewebe bezeichnend ist. Nach POLICARD ist das Stroma der Rinde der aschereichste Teil des ganzen Eierstockes; WINKLER sah hier schwachen Magnesiumgehalt, BAGIŃSKI fand darin Silicium.

Im Markgebiet des menschlichen Ovariums gibt POLICARD gleichfalls reichlichen Ascherückstand an, jedoch nicht so viel wie in der Rinde. Die Salze waren dort etwas ungleichmäßig verteilt, stellenweise vorhandene mineralarme Gebiete sind vielleicht Zonen hyaliner Umwandlung. Die Blutgefäße erscheinen besonders reich an anorganischen Bestandteilen, so daß BAGIŃSKI noch Arterien und Venen unterscheiden konnte. Im übrigen besteht nach seinen Angaben die Asche des Markes teils aus fädigen Bildungen, die den Fibrillen und den Fibroblastenfortsätzen entsprechen, teils sind rundliche, von den Kernen herrührende Anhäufungen festzustellen.

Die Follikelasche ist je nach dem Entwicklungsstadium etwas verschieden verteilt (BAGIŃSKI). In Primärfollikeln liegen die Salze vor allem in den Kernen der Epithelzellen und in den äußersten Lagen des Zelleibes. Mit zunehmender Reifung erhöht sich der anorganische Rückstand auch im Cytoplasma der Follikelepithelien, die neben Natriumverbindungen reichlich wasserlösliche Magnesiumsalze enthalten. WINKLER schloß daraus auf eine Bedeutung des Magnesiums für die Ovulation. Vermehrung der Asche im Follikelepithel auf der Seite gegen die Theca hin sahen MARZA, MARZA und CHIOSA bei größeren Follikeln des

Huhnes. Besonders auffällig ist weiter ihre Angabe, daß die Kerne der Follikelepithelien im Hühnereierstock überhaupt keine Asche hinterlassen, und daß die
Epithelzellen langsam heranwachsender Follikel gegenüber denen schnell wach-
sender deutlich aschereicher sind.

Die Theca folliculi enthält bei größeren Follikeln des Huhnes nur wenig Salze.
Etwas höheren Gehalt findet man erst in den dicht dem Follikelepithel benachbarten Zellagen, wo sich wahrscheinlich gewisse Stoffe, darunter Kalium, vor
dem Eindringen in die epitheliale Schicht ansammeln. Bei den Säugetieren ist
die Theca folliculi eher in ihren äußeren Teilen aschereich. Die inneren Schichten
hinterlassen nur anorganischen Kernrückstand. Magnesium kommt nicht vor,
dagegen ist die Phosphorreaktion sehr stark (WINKLER 1936).

Verschiedenartige Befunde sind über den Liquor folliculi mitgeteilt.
POLICARD sah beim Menschen die Follikelhöhe nach Veraschung optisch leer. BAGIŃSKI fand dagegen bei den obengenannten Säugetieren
reichlich weiße amorphe Asche, eben- so hat WINKLER die Follikelhöhle
voll anorganischen Rückstandes ge- sehen. Der Unterschied erklärt sich
wahrscheinlich daraus, daß POLICARD die Gefrierschnitte in Wasser auf-
gefangen hat, wobei sich die Salze der Follikelflüssigkeit natürlich gelöst haben.

Die Kerne der Eizellen geben anfänglich runde, nicht deutlich
gegliederte Ascheanhäufungen, bei wachsenden und reifenden Eizellen
liegen die anorganischen Salze aber

Abb. 64. Ovar, Maus. Formol-Alkohol, Paraffinschnitt 4 μ,
verascht in Luft bei 520° C, Vergr. 90×, Cardioid-Kondensor. In der oberen Bildhälfte ein Corpus luteum, unter
der Bildmitte zwei Follikel, links die Tube angeschnitten

größtenteils in der Kernmembran, etwas weniger im Nucleolus, noch geringere
Mengen fanden sich im Chromatin (BAGIŃSKI 1934). Die Kernasche des Hühner-
eies ist nicht eisenhaltig.

Nach BAGIŃSKI ist das Ooplasma im Spodogramm optisch leer. MARZA,
MARZA und CHIOSA haben darin nur bei größeren Eiern von über 400 μ Durchmesser blaßgraue Granula gesehen. Etwas reicher an anorganischen Stoffen ist
beim Huhn die Zone der Dotterschollen, wo neben weiß glänzenden vereinzelt
auch einige orange-gelbe, also eisenhaltige Ablagerungen festgestellt werden
konnten. Beim Säugetier gibt die Dotterzone gleichfalls etwas Asche, die Membrana pellucida ist dagegen ganz salzarm (Abb. 63) außer bei atretischen Follikeln,
die in allen Teilen sehr viel anorganische Substanz hinterlassen. Beim Huhn
beschreiben MARZA, MARZA und CHIOSA in der verbreiterten bindegewebigen
Theca um atretische Follikel herum einzeln oder in Gruppen liegende eisenhaltige
Zwischenzellen, die an normalen Follikeln ganz fehlen oder sehr selten sind.
BAGIŃSKI sah im Cytoplasma der Zwischenzellen nur wenig Asche, darunter
angeblich Natrium. Ihre Kerne waren im Spodogramm nicht auffällig strukturiert, sie sind aber vielleicht eisenhaltig.

Die Corpora lutea hinterlassen während ihrer Hauptausbildungsphase
reichlich grau gefärbte Salze (vgl. Abb. 64). Im Zentrum sind entsprechend
dem verschieden entwickelten Hohlraum wenig oder ungleichmäßig verteilte

Ablagerungen nachzuweisen; einige davon enthalten auch Eisen, dessen Menge von Fall zu Fall und sogar im selben Präparat in dicht beieinander gelegenen Abschnitten wechselt (POLICARD 1923). WINKLER fand die eisenhaltige Asche nicht nur in der Follikelhöhle, sondern auch in den Granulosazellen eben gesprungener Follikel. SCOTT (1933 b) beobachtete in Cytoplasma und Kern der Luteinzellen nur wenig Eisen und geringe Mengen doppelbrechender Substanz. Die bläulichweiße Asche erscheint im Zelleib reticuliert, da sie salzfreie vacuoläre Räume umschließt. POLICARD konnte die Granulosa-Luteinzellen durch ihren relativ reichlichen, homogenen, leicht grauen Rückstand immer von den Theca-Luteinzellen unterscheiden, die einen viel dichteren und kreidig weißen anorganischen Rest geben und diesen auch länger behalten als die Granulosa-Luteinzellen. Im ganzen nimmt die Aschenmenge während der Rückbildung des Corpus luteum im Verlaufe der Schwangerschaft deutlich ab. Gelegentlich vorhandene kleine verkalkte Massen verschwinden wieder, in Corpora albicantia kommen sie jedenfalls nicht mehr vor. Überhaupt sind die Corpora albicantia sehr salzarm, sie erscheinen darum wie Löcher im weißen Aschefeld des Stromas. In ihrer Mitte oder auch an der Peripherie ist häufig Eisen als Folge alter Blutaustritte nachzuweisen (POLICARD und MICHON 1923).

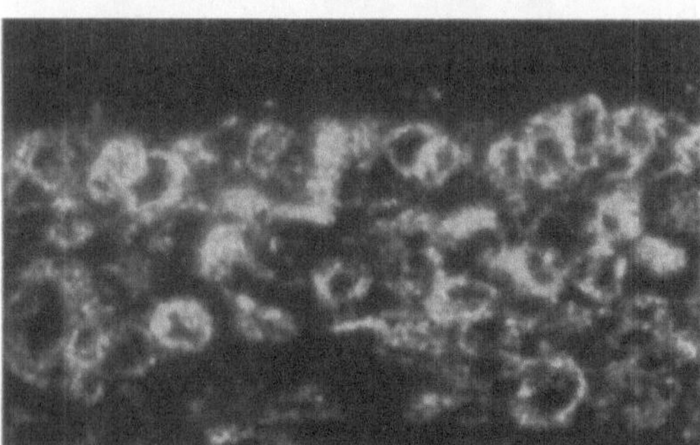

Abb. 65. Oberflächenepithel des Uterus, Mensch. Formol-Alkohol, Paraffinschnitt 3 μ, verascht in Luft bei 520° C, Vergr. 180×, Cardioid-Kondensor

Eine Neuuntersuchung operativ gewonnener menschlicher Corpora lutea stellte POLICARD (1940 b) an. Er fand in den voll funktionierenden Granulosa-Luteinzellen die Salze so reichlich, daß sich die Kerne nur selten deutlich abheben. In dicken Schnitten und bei stärkerer Erhitzung können an Stelle einzelner Zellen glasartige, wie geschmolzen aussehende Kugeln vorhanden sein, die als Alkalipyrophosphate gedeutet werden, ebenso ist das Vorkommen von Alkalicarbonaten wahrscheinlich. In Rückbildung begriffene Granulosa-Luteinzellen, die sich an der erfolgten Fetteinlagerung erkennen lassen, sind gegenüber den voll funktionierenden Stadien aschereicher. Die Menge ihres feinen bläulichen Rückstandes ist so groß, daß die Kerne nicht mehr sichtbar sind; Pyrophosphate fehlen. Die Theca-Luteinzellen hat POLICARD (1940 b) im Gegensatz zu seinen früheren Angaben voll feiner, homogen verteilter, bläulicher Asche beschrieben, in der der Kernrückstand nicht abgrenzbar sei.

CHIARA (1950) sah die Asche in menschlichen Luteinzellen manchmal peripher etwas gehäuft. In der menschlichen *Tuba uterina* gab die Muskulatur grauweißen Rückstand, das lockere submuköse Bindegewebe enthielt wenig Salze; ein weißer Streifen entlang den Oberflächen wird als Epithel gedeutet.

Spodogramme der menschlichen *Uterusschleimhaut* sind in den Abb. 65 und 66 wiedergegeben. Präparate aus verschiedenen Phasen des menstruellen Cyclus und bei gewissen Erkrankungen hat WINKLER (1937 a, b) untersucht. Er führte an diesen Spodogrammen auch nach den von HERRMANN ausgearbeiteten Methoden Analysen der Salze aus. In der Proliferationsphase wird die Gesamtmenge des anorganischen Rückstandes immer dichter. Deshalb heben sich die anfänglich durch höheren Aschengehalt auffallenden Drüsenepithelien immer weniger von der Tunica propria ab, da vor allem in dieser die Mineralstoffe zunehmen. Während der sekretorischen Phase sind die Unterschiede zwischen den Drüsen und der Tunica propria dann so gering, daß nur die Anordnung der Gewebselemente und das Vorkommen aschegebenden Sekretes im Lumen noch die Drüsen vom Stroma abgrenzen läßt. Der Magnesiumgehalt ist in den Drüsen höher als im Bindegewebe. Er steigt während der ganzen Proliferationsphase an, verringert sich aber während der Sekretionsphase wieder, so daß im Praemenstruum Magnesium nur gerade eben noch feststellbar ist. Umgekehrt verhalten sich die Phosphate. Sie sind in Drüsen und Stroma gleichmäßig verteilt. Am schwächsten ist die Phosphatreaktion im Postmenstruum, am stärksten im Praemenstruum. Eisensalze lassen sich in der Tunica propria und in den Drüsen regelmäßig nur während des Praemenstruums nachweisen. Gewisse Besonderheiten im Eisengehalt kommen anscheinend bei den verschiedenen Menstruationstypen vor.

Außer den Differenzen in der Aschenmenge scheint auch die Art der Salze veränderlich zu sein. Im Postmenstruum ist der Mineralrückstand größtenteils wasserlöslich; das sog. Kalkaschenbild ist daher dünn, denn die Magnesiumsalze sind meist wasserlöslich, die Phosphate alle. Im Intervall werden offenbar die wasserlöslichen Magnesiumsalze durch wasserunlösliche Verbindungen ersetzt, die Phosphate bleiben dagegen alle wasserlöslich. Im Praemenstruum kommen im Vergleich zu den anderen Phasen die meisten wasserlöslichen Salze vor. Ihre Menge ist in den Drüsen höher als in der Tunica propria. Die wenigen dann noch nachweisbaren Magnesiumverbindungen sind hauptsächlich in wasserunlöslicher Form abgelagert, denn die Reaktion zum Magnesiumnachweis ist im Gesamtspodogramm und im Kalkaschenbild gleich stark. Während des Praemenstruums sind auch wasserunlösliche Phosphate festzustellen, die sich auf die Drüsenepithelien und die Tunica propria gleichmäßig verteilen. Ein gewisser, regelmäßig sich wiederholender Wechsel der gesamten Aschenmenge und ihrer Einzelbestandteile beweist, daß den bekannten histologischen Veränderungen während der Cyclusphasen auch Unterschiede in Salzgehalt und -verteilung entsprechen. CHIARA (1950) hat diesen Angaben einige Beobachtungen über den Verkohlungsvorgang in Schnitten der menschlichen Uterusschleimhaut beigefügt. Er fand bei 200⁰ C das Oberflächenepithel und die Drüsenzellen sowie die Gefäßmuskulatur verkohlt, erste weiße Asche sah er im lockeren Bindegewebe bei 370—380⁰ auftreten.

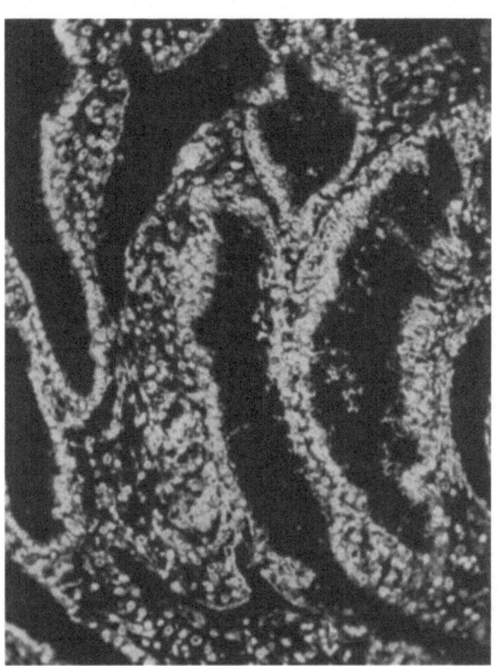

Abb. 66. Uterusschleimhaut mit Drüsen, Mensch. Formol-Alkohol, Paraffinschnitt 3 μ, verascht in Luft bei 520⁰ C, Vergr. 180×, Cardioid-Kondensor. Die Epithelien sind aschereicher als die Zellen der Tunica propria

Spezialuntersuchungen über die Basalmembran der ruhenden Uterusschleimhaut der weißen Ratte stammen von ALLARA (1950). Er beschreibt, daß die Tunica propria leicht verbrennt und dichte graublaue Aschepartikel hinterläßt, während die Epithelzellen basal etwas verklumpten, groben weißlichen Mineralrückstand, apikal aber feinste, graublaue gleichmäßig verteilte Asche geben. Unmittelbar unter dem Epithel findet sich streckenweise eine feine Linie dichter graublauer Salze, die bei Vergleich mit Kontrollpräparaten als unstrukturierte Basalmembran gedeutet wird. Nicht zu entscheiden ist, ob die oberflächlichsten Lagen der Membrana basalis reticulata an der Bildung der unstrukturierten Basalmembran Anteil haben.

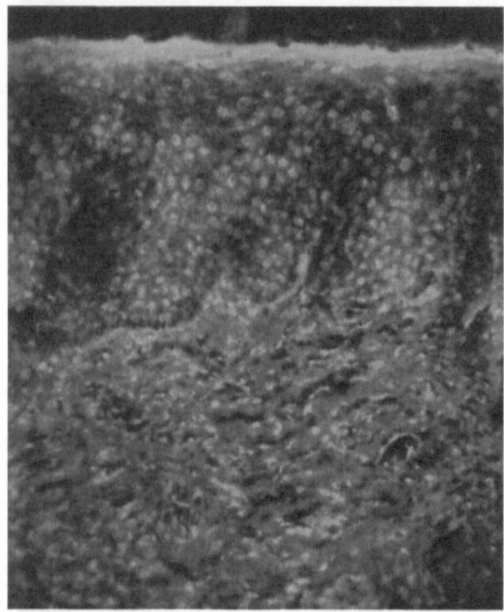

Abb. 67. Scheidenschleimhaut, Mensch. Nativer Gefrierschnitt 8 μ, nicht entfettet, verascht in Luft bei 520° C, Vergr. 180×, Cardioid-Kondensor. Im Epithel ist der Aschengehalt etwas ungleichmäßig verteilt: Die oberflächlichen Zellagen hinterlassen einen ziemlich breiten Streifen reichlichen anorganischen Rückstandes. In der Tunica propria ist die Asche diffus verteilt, nur die Kerne heben sich etwas deutlicher ab

Schwangerschaftsveränderungen, insbesondere auch die damit zusammenhängenden Umbildungen des Endometriums, sind mit den Befunden an der Placenta im Abschnitt „Embryologische Aschenbilder" (S. 120) beschrieben.

Über den Mineralgehalt der Blutgefäße des Uterus hat ZINKANT (1931) eine besondere Untersuchung angestellt, deren Ergebnisse auf S. 71 referiert worden sind.

Aschenbilder der normalen *Vaginalschleimhaut* beschrieb HERRMANN (1935). Das Epithel ist an Gesamtasche und Calcium reich, gegen die basale Zellage nimmt die Menge wie in anderen geschichteten Plattenepithelien deutlich zu. Sulfate sind in der alleroberstenEpithelschicht und noch stärker in den tiefsten Zellen nachzuweisen. Im Stratum basale sind ferner wasserunlösliche Magnesiumsalze festzustellen. Der Phosphornachweis ist in der Gesamtasche und im Kalkaschenbild positiv, während die oberflächlichste Decklage (Stratum corneoidale, s. Epithel, S. 37) bei Ausführung der Magnesium- und der Phosphorreaktionen nur als feiner Streifen erkennbar ist.

MATTER (1955) fand in operativ entnommenen Stücken der Scheide von etwa 50 Frauen verschiedenen Alters nach Chloroform-Alkohol-Fixation und Paraffineinbettung nur wenig Asche in der Basal- und der Parabasalzone, ebenso waren die untersten Lagen der Intermediärzone noch arm an anorganischem Rückstand. Beträchtlich höheren Gehalt hatten die mittleren und die oberflächlicheren Schichten der Zona intermedia. Die meisten Salze hinterließ die Verhornungszone (Abb. 67). Wesentlich andere Verteilung zeigte das Kalkaschenbild nach Anhauchen und Auswaschen mit destilliertem Wasser. Einigen Rückstand geben dann nur noch die Basal- und die Parabasalzone, von den unteren Lagen der Intermedia ab gegen die oberflächlichen Schichten hin nahm die Menge der Kalkasche immer mehr ab, die Verhornungszone war anscheinend ganz frei. Entlang der freien Oberfläche der Schleimhaut ergab sich noch einmal ein feiner Streifen von Kalkasche, den MATTER als vom Vaginalsekret herstammend deutete, der aber in Wirklichkeit wohl dem Stratum corneoidale entspricht (vgl. auch Abb. 20).

Anhangsweise sei hier noch auf Mikroveraschungsbefunde bei der Bildung der *Schalen von Vogeleiern* hingewiesen. Als erster hat TURCHINI (1924) durch Veraschung von Schnitten auf Platinplättchen nachgewiesen, daß das Oberflächenepithel des Uterus weit mehr Asche gibt als das der Drüsen. Er konnte auch schon feststellen, daß Calciumsalze einen beträchtlichen Anteil des Mineralrückstandes der Flimmerzellen ausmachen. Mehr in Einzelheiten gehend studierte RICHARDSON (1935) das Aschenbild 3 und 5 μ dicker Paraffinschnitte des Isthmus und des Uterus von Hühnern nach Fixation in Formol-Alkohol 1:9. Er entnahm seine Präparate teils in der Ruhephase, teils bei Beginn der Kalkschalenbildung. Nicht sezernierende Zellen der Uterusoberfläche zeigten einen feinen Rückstand der Cilien und deutlicher der Zellgrenzen. Die Kerne erschienen oft ringförmig (Kernmembran und angelagerte Chromatinschollen), das Cytoplasma gab fein verteilte, etwas ungleichmäßig angeordnete graue Asche. Besonders gering war der Salzgehalt der Epithelien in den tubulösen Drüsen, in denen nur der Kern und die Zellgrenzen gut sichtbar blieben. Im Sekretionszustand hebt sich das Oberflächenepithel gegen das Bindegewebe so stark als glänzend weißes Band ab, daß es allein nach dem Aschenbild möglich ist, Präparate der Ruhe- und der Aktivitätsphase sicher zu unterscheiden. Kern, Basalmembran und Zellgrenzen sind während der Sekretion durch ihren Mineralrückstand klar gezeichnet, das Cytoplasma ist aschereicher als vorher und zeigt supranucleär in den oberflächennahen Zellen reichlich grobe, opake Granula. Diese entsprechen in Größe und Anordnung völlig den auch in Kontrollpräparaten gefundenen gleichartigen Bildungen. Das Epithel der tubulösen Drüsen in der Tunica propria erweist sich dagegen nur wenig aschereicher als früher und als frei von speziellen granulären Einlagerungen. In der Deutung seiner Ergebnisse ist RICHARDSON äußerst kritisch. Er hebt zunächst hervor, daß die Ovokeratinkörner in den Isthmusdrüsen des Huhnes sehr viel Asche hinterlassen; der Isthmus erscheint deshalb reicher an anorganischer Substanz als der Uterus, was auch durch quantitative Untersuchungen bestätigt wird. Wichtig erscheint ihm ferner, daß die basalen Zellen des Oberflächenepitheles während der Aktivitätsphase keine wesentliche Veränderung des Aschegehaltes erfahren. Den leicht erhöhten anorganischen Rückstand ihres Cytoplasmas hält er für eine Folge der vermehrten Calciumzufuhr vom Blutstrom her, der aber die ganze Uteruswand betrifft. Endlich ist ihm zweifelhaft, ob die groben Granula in den apikalen Zellen als eine Vorstufe der Kalkabscheidung angesehen werden dürfen, weil sie in Kontrollpräparaten auch nach Säurebehandlung noch darstellbar bleiben, sie dürften also mehr an der Bildung der Schalengrundlage Anteil haben. Auch in den Aschenbildern der Drüsenzellen findet er keinen Hinweis auf deren aktiven Anteil an der Kalkschalenbildung. So bleibt also deren Mechanismus noch ungeklärt und es ist mit HORNING (1951) zu hoffen, daß es einem späteren Untersucher mit verbesserter Technik gelingt, diese interessante Frage zu klären.

13. Das Aschenbild der Haut und ihrer Anhangsorgane

Da über das Spodogramm der Epidermis von Säugetieren schon im Abschnitt über die Plattenepithelien (S. 37) berichtet wurde, bleibt hier nur noch nachzutragen, daß auch einige, meist cytologische Angaben über den Aschengehalt des Hautepitheles von Triton (POLICARD und PILLET 1928a, POLICARD 1928a), von Kaulquappen (SCOTT 1930c) und vom Huhn (DANKS 1932) bekannt sind. Über die Salzverteilung der Haut im ganzen, speziell ihrer bindegewebigen Anteile, und über das Spodogramm der Haare und der Hautdrüsen liegen folgende Feststellungen vor.

KOOYMAN (1935) findet — übereinstimmend mit den von anderen Untersuchern gebotenen Bildern — die Epidermis immer aschereicher als das Corium. Seine Beobachtungen beziehen sich sowohl auf in Formol-Alkohol fixierte als nach den Gefrier-Trockenverfahren eingebettete Hautstücke von der Bauchdecke des Menschen, von der Supraclavicularregion eines Affen und von den Sohlenpolstern des Meerschweinchens.

Altersunterschiede in der Zusammensetzung der Salze menschlicher Haut erwähnt HERRMANN (1935), ohne allerdings anzugeben, auf welche Hautbestandteile sich seine Befunde beziehen. In jugendlichen Stadien besteht danach zwischen Gesamtaschen- und Kalkaschenmenge ein großer Unterschied, der mit steigendem Alter abnimmt und in mehreren Fällen schließlich überhaupt nicht mehr erkennbar ist. An dieser Anreicherung schwer löslicher Asche im höheren Lebensalter scheint neben Calcium auch Magnesium Anteil zu haben, während in der Phosphatmenge stets deutliche Differenzen im Reaktionsausfall zwischen Gesamtspodogramm und Kalkaschenbild bestehen bleiben.

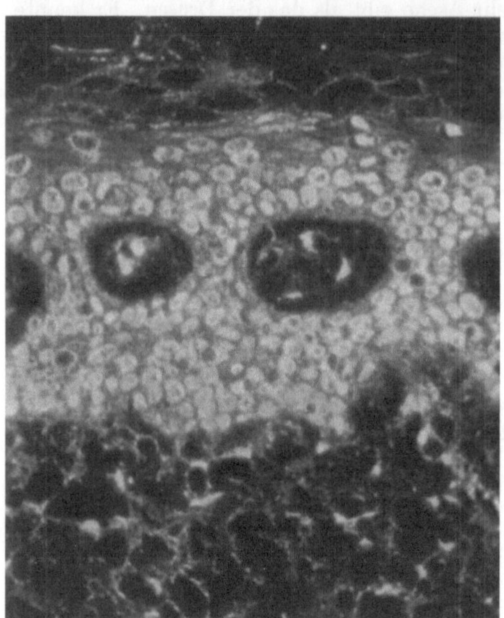

Abb. 68. Menschliche Kopfhaut, schräg zu den Papillen geschnitten. Formol-Alkohol, Paraffinschnitt 3 μ, verascht in Luft bei 520° C, Vergr. 540×, Cardioid-Kondensor. Die Epidermis ist wesentlich aschereicher als das Corium

HERRMANN (1932) gibt ferner an, daß die Phosphatreaktion im Corium vor allem die elastischen Fasern fein nachzeichnet, später (1935) hat er auch das Vorkommen von Sulfaten in der Lederhaut und der Subcutis festgestellt.

Während GANS (1930) die Asche des kollagenen Bindegewebes in Form grauer, unregelmäßig plumper Brocken sah, in die elastisches Gewebe in Gestalt calciumreicher weißer Klümpchen und Fäden eingelagert ist, zeigt nach KOOYMAN (1935) der anorganische Rückstand der elastischen und der kollagenen Fasern wenig Besonderheiten; er bildet nach seiner Beschreibung ein Netzwerk von verstreuten Bruchstücken weißer Asche (vgl. Abb. 68).

Auf eine besondere Degenerationsform des elastischen Gewebes in der Haut exponierter Körperteile des Menschen haben LANSING, COOPER und ROSENTHAL (1953) aufmerksam gemacht. Sie fanden ein Lager von Bindegewebsfasern, das sich färberisch wie Elastica verhält, stark basophil ist und nach Mikroveraschung keine oder nur sehr geringe Kalkeinlagerung aufweist (bestätigt durch DEMPSEY und LANSING 1954).

Als Vorstudie zu ihren experimentellen Untersuchungen über den Entzündungsablauf untersuchten MELTZER und KÜHTZ (1938a) auch normale Rückenhaut des Kaninchens. Die bindegewebigen Anteile gaben nur eine zarte Aschenzeichnung, einzig die der dickeren Faserbündel war etwas kräftiger. Im lockeren subcutanen Gewebe fanden sie die Salze leicht wasserlöslich, Phosphate und Magnesium machen dort einen beträchtlichen Anteil des anorganischen Rückstandes aus. Über den etwaigen Eisengehalt fehlen genauere Angaben.

RIVELLONI (1938), der normale menschliche Haut in alkoholfixierten Paraffinschnitten veraschte, verweist vor allem darauf, daß man kein absolut gültiges charakteristisches Aschenbild der Haut jeder einzelnen Körperregion festlegen kann. Im ganzen gesehen variieren die Spodogramme gleichsinnig mit der morphologischen Struktur, die ja von Fall zu Fall in verschiedenen Körpergegenden wechselt. Deshalb können auch Geschlechtsunterschiede der Aschenverteilung in der Haut nur da festgestellt werden, wo entsprechende morphologische Besonderheiten für die Haut beider Geschlechter bezeichnend sind. Dagegen sind Altersunterschiede der Spodogramme von Haut deutlich, indem der Aschengehalt jenseits des 55. Lebensjahres erhöht gefunden wird und der anorganische Rückstand dann in allen Schichten der Haut, speziell aber im Corium, von mehr weißer Farbe ist.

Über die Befunde von McCARDLE, ENGMAN und ENGMAN (1943) ist schon auf S. 39 berichtet, soweit sie die Epidermis betreffen. Hier sind noch die Feststellungen der genannten Autoren über den Aschengehalt des Coriums anzuführen. Im ganzen ist der anorganische Rückstand während aller Lebensphasen ziemlich gleichartig. Beim Kleinkind findet

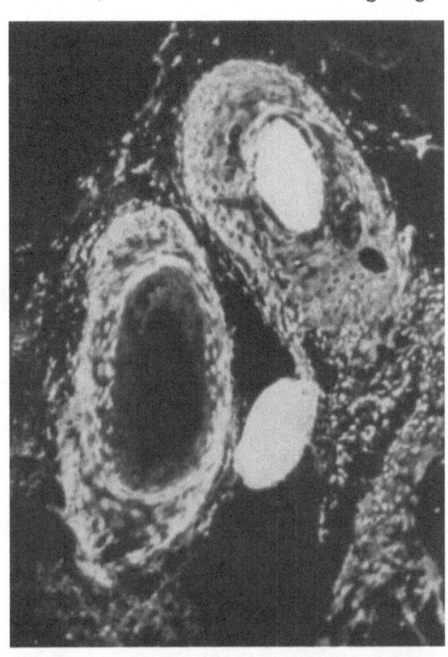

Abb. 69. Schrägschnitt durch menschliche Kopfhaut. Formol-Alkohol, Paraffinschnitt 3 μ, verascht in Luft bei 520° C, Vergr. 180 ×, Cardioid-Kondensor. Der Haarfollikel oben rechts ist distal von der Mündung der Talgdrüse getroffen, er enthält noch das aschereiche Haar. Aus dem links gelegenen Follikel ist das Haar herausgefallen und dadurch die innere epitheliale Wurzelscheide als zarter Ring anorganischer Substanz gerade noch eben erkennbar

sich weiße, also calcium- und magnesiumhaltige Asche vorwiegend in Bindegewebszellen und kollagenen Fasern; speziell Fibroblasten der Papillen sind stark salzhaltig, ebenso die Blutgefäßwände. Graublauer Rückstand kommt vor allem in den Zwischenräumen des Bindegewebes vor. Die weiße Asche ist ziemlich reich an doppelbrechendem Material, also Silicium. Dieses nimmt jenseits des 20. Jahres deutlich an Menge zu. Im Corium des Erwachsenen werden die Zwischenräume des Bindegewebes häufiger frei von Asche gefunden als salzhaltig. Soweit sie anorganischen Rückstand zeigen, erscheint dieser von bläulicher Farbe, die Salze sind also sehr feinkörnig und gleichmäßig verteilt. Andere aschenlose Teile des Coriums sollen kollagenen Fasern entsprechen, die frei von Salzen sind. So kommt z. B. dicht unter der basalen Zellage der Epidermis eine feine Schicht längsgerichteter kollagener Fasern vor, eine entsprechende Ablagerung weißer Asche läßt sich aber nicht feststellen. Diese fehlt auch in der Wand von Blutgefäßen bis auf einige unregelmäßig verteilte Flecke.

Die bindegewebige *Wurzelscheide des Haares* ist nach GANS (1930) und RIVEL-
LONI (1937) gegen das umliegende Gewebe auch im Aschenbild ziemlich gut abgegrenzt. Ihr Aussehen gleicht im Spodogramm dem der Lederhaut. Ein zwischen der äußeren epithelialen und der bindegewebigen Wurzelscheide vorhandener
feiner weißer Streifen könnte der Glashaut oder der Ringfaserschicht entsprechen.
Die epithelialen Teile der Wurzelscheide zeigen weitgehend ähnliche Salzanord-
nung wie die Epidermis. Die Cylinderzellen geben weiße Asche wie die des
Stratum basale; in den poly-
edrischen Zellen gleicht der
anorganische Rückstand genau dem des Stratum spinosum, und die innere epitheliale
Wurzelscheide hinterläßt
weiße Asche wie die Horn-
schicht. RIVELLONI (1937)
fand dagegen deutlich weniger Salze in der inneren
epithelialen Wurzelscheide,
was ich nach eigenen Untersuchungen bestätigen kann
(vgl. Abb. 69).

Nach SCOTT (1933 b) ent-
halten die Zellen der Haarfollikel matt-weiße Salze mit
viel stark lichtbrechenden
Teilchen, die zumeist aus
leicht wasserlöslichem Material bestehen. GANS (1930)
findet nach Extraktion des
Spodogrammes mit Wasser,
daß die im Haar vorkom-
menden anorganischen Sub-
stanzen als weiße Anhäu-
fungen erhalten geblieben
sind, ebenso besteht die ver-
hornte Schicht der epithelialen Wurzelscheide oberhalb
der Mündung der Talgdrüse
in Form einer weißen Lage

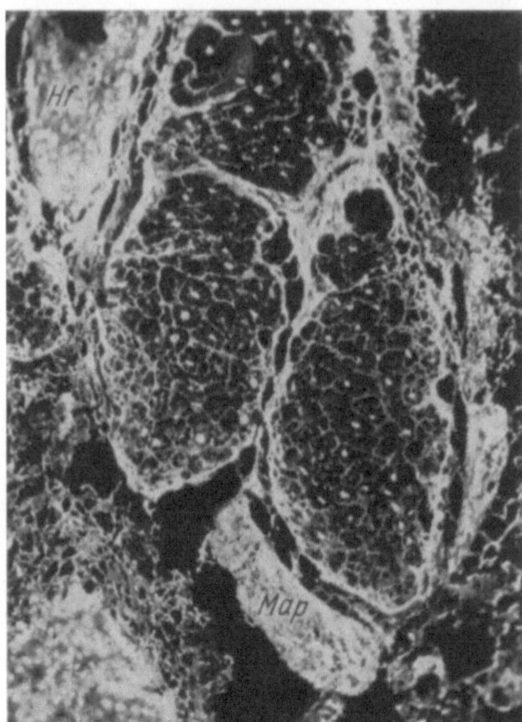

Abb. 70. Talgdrüsen der menschlichen Kopfhaut. Formol-Alkohol,
Paraffinschnitt 3 μ, verascht in Luft bei 520° C, Vergr. 190×,
Cardioid-Kondensor. *Map* Musculus arrector pili; *Hf* Haarfollikel

weiter. In der äußeren epithelialen Wurzelscheide hat sich die Aschenmenge
nach Einstellen der Präparate in Wasser etwas verringert, doch ist immer noch
das Stratum basale reicher an anorganischen Substanzen als die polyedrischen
Zellen. MELTZER und KÜHTZ (1938 a) sahen mäßige Mengen von Magnesium in
den Haarfollikeln und den Haarbälgen. Im Gesamtspodogramm 15 μ dicker
Schnitte bezeichnen sie die Haare, die Haarfollikel und die Talgdrüsen bei
Auflichtuntersuchung als stark weiß glänzend; diese Salze sind ebenso wie die
der Mm. arrectores pilorum kaum wasserlöslich.

Nach GANS (1930) begrenzt eine schmale weiße Aschenlinie die *Talgdrüsen*,
sie entspricht der äußersten Lage kubischer Zellen. Im Innern des Organes
zeichnet ein weißes Netzwerk die Grenzen der Talgzellen nach, das jedoch im
Bereiche der völlig verfetteten Zellen nur noch andeutungsweise erkennbar ist
(Abb. 70). Die Zellkerne bleiben als weiße Ablagerungen sichtbar. Auch bei

den Talgdrüsen ist kein wesentlicher Unterschied zwischen dem Gesamtspodogramm und dem Kalkaschenbild festzustellen.

Der Salzgehalt in den Zellen der *Schweißdrüsen* entspricht in vieler Hinsicht dem anderer Drüsen. Ihre Kerne hinterlassen dichte weiße Asche und heben sich deutlich ab (SCOTT 1933b, RIVELLONI 1937, 1938). Im Kalkaschenbild ist nach GANS (1930) der Ausführungsgang der Schweißdrüsen wesentlich ärmer an anorganischer Substanz als im Gesamtspodogramm; an seinem Aufbau dürfte also verhältnismäßig weniger Calcium beteiligt sein als an dem der Drüsenkörper.

Die *apokrinen Drüsen* der Achselhaut geben im ganzen ein ähnliches Spodogramm wie die Schweißdrüsen. Als feine weiße Linie grenzt eine Membrana

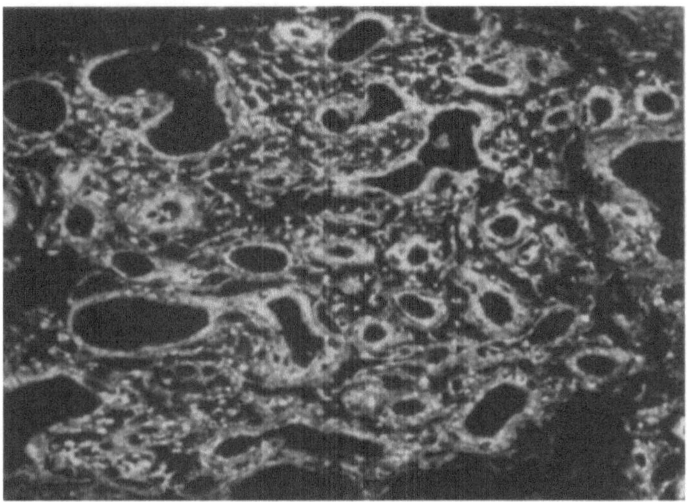

Abb. 71. Nicht lactierende Milchdrüse, Kuh. Absoluter Alkohol, Paraffinschnitt 4 μ, verascht in Luft bei 520° C, Vergr. 270×, Cardioid-Kondensor. Das Epithel der unentwickelten Milchdrüse ist etwas aschereicher als das umgebende Bindegewebe. Aus PLASCHKES 1951

propria die einzelnen Drüsenschläuche ab, deren unterschiedlicher Salzgehalt als funktionsbedingt angesehen wird. Die Lumina der Drüsen sind mit körnigem und bröckeligem Aschenrückstand reichlich gefüllt (GANS 1930).

Über die normale *Milchdrüse* lagen längere Zeit nur Veraschungsbeobachtungen vor, die zum Vergleich mit Befunden am krankhaft veränderten Organ hatten dienen sollen (HORNING 1932, SCOTT und HORNING 1932b, OLCH 1933, MELTZER 1936c). Übereinstimmend beschrieben OLCH und MELTZER, daß in der ruhenden Mamma die epithelialen Gewebsanteile wesentlich salzreicher sind als das Bindegewebslager (Abb. 71). Die Kerne der Epithelien hinterlassen Asche von verschiedener Teilchengröße, im Cytoplasma findet sich fein verteilter anorganischer Rückstand. Lange Körnchenreihen im Bindegewebe sind von OLCH als kollagene, von MELTZER als elastische Fasern gedeutet worden. Die Membranen der Fettzellen sind gut zu erkennen. Nach Auszug der Spodogramme mit Wasser ist in den Drüsenschläuchen kaum eine Änderung im Salzgehalt zu bemerken, dagegen nimmt im Binde- und Fettgewebe die an sich schon geringe Aschenmenge erheblich ab. Der Magnesiumnachweis gelingt sowohl in den Drüsen wie im Binde- und Fettgewebe; wasserunlösliche Magnesiumverbindungen sind nur in den Drüsenzellen vorhanden. Sehr ähnlich ist auch die Verteilung der Phosphate. Die Eisenreaktion ist stets nur ganz schwach;

nach MELTZER finden sich die eben noch feststellbaren Eisenspuren im Bindegewebe.

An Brustdrüsen von Meerschweinchen studierte ALLARA (1939) die Unterschiede der Salzverteilung während verschiedener Funktionsstadien (native Gefrierschnitte von 5 μ Dicke). Im Ruhezustand ist nur die weißgraue feinkörnige Asche von Kernen der Drüsenzellen und der Milchgänge deutlich. Während der Gravidität steigt zunächst der Gehalt an anorganischer Substanz in den Drüsen, in der zweiten Schwangerschaftshälfte nimmt er eher wieder ab, gegen Ende der Tragzeit aber ist doch sicher Vermehrung eingetreten. In der lactierenden Mamma ist die Menge des anorganischen Rückstandes der Drüsenzellen gering,

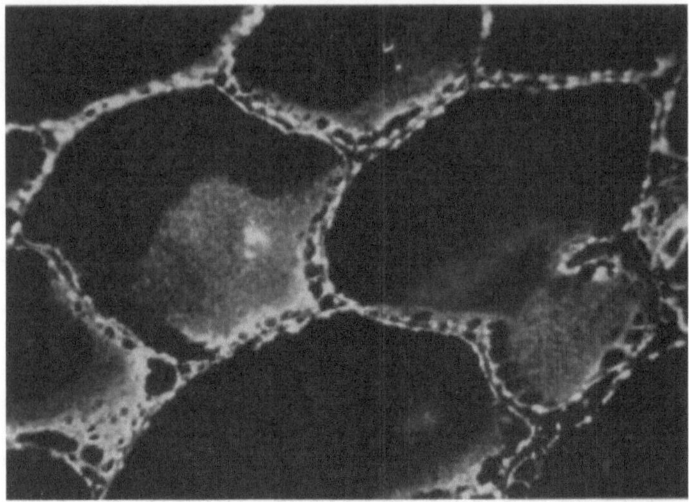

Abb. 72. Lactierende Milchdrüse, Kuh. Absoluter Alkohol, Paraffinschnitt 4 μ, verascht in Luft bei 520° C, Vergr. 270 ×, Cardioid-Kondensor. Niedriges Epithel umgibt die weiten Drüsenalveoli, deren Inhalt nach rechts und unten verlagert ist. Runde Aussparungen im Epithel entsprechen den Fetttropfen. Aus PLASCHKES 1951

dagegen sind die Lumina mit reichlich weißer, vielfach grobkörniger Asche angefüllt. Ähnliche, jedoch nicht völlig parallele Salzverschiebungen zeigen auch die Milchgänge. Selbst das Stroma bietet Unterschiede dar, indem an Stelle des zunächst glänzend weißen Rückstandes später bläuliche, sehr fein granulierte Asche tritt.

PLASCHKES (1951), der gleichfalls die Mamma von Meerschweinchen und die von Kühen untersuchte, fand während der Lactation sowohl das Epithel der Drüsenzellen wie das der Ausführungsgänge stark aschehaltig (Abb. 72). Die Fetttröpfchen waren zuweilen als blasige Aussparungen zu erkennen, zwischen denen nur schmale Aschestreifen lagen. Das Cytoplasma der ruhenden Drüsenzellen sah er nicht so arm an Salzen, wie es ALLARA (1939) beschrieben hat. Endlich konnte er die Angaben von SCOTT (1933b) nicht bestätigen, daß die freien Zellflächen höheren Gehalt an anorganischem Rückstand zeigen.

Sehr interessante Beobachtungen über die Wirkung der Radiumbestrahlung auf ruhende und lactierende Brustdrüsen von Mäusen veröffentlichte HORNING (1951). Im normalen Material sah er keine spezifischen Unterschiede der Alveolarepithelien während der frühen und der späten Phase der Trächtigkeit. Sie verliefen ungefähr dem Differenzierungsgrad und der sekretorischen Tätigkeit der Zellen parallel. Am 6. Trächtigkeitstag war weiße calciumhaltige Asche in den

Alveolarepithelien nur diffus verteilt außer apikal und in den Kernen, wo sie stärker gehäuft war. Am 17. Tage der Trächtigkeit war mehr anorganischer Rückstand sowohl in den Alveolarepithelien als auch in den Lumina vorhanden. Das Cytoplasma der Drüsenzellen erschien im Aschenbild wabig wegen der optisch leeren Fetttropfen. Während der Lactation wurden Verlagerungen der Salze durch die Mikroveraschung sehr klar erkennbar. Am 3. Tage der Lactation war der Aschengehalt der Drüsenzellen so groß, daß strukturelle Einzelheiten nicht mehr unterscheidbar waren. Dementsprechend war auch der anorganische Rückstand in den Lumina der Alveolen am 3.—6. Tage der Lactation am größten, schon am 9.—11. Tage ging er wesentlich zurück. Radiumbestrahlung verursachte während des Dioestrus und des Oestrus keine Änderungen der Salzverteilung. Eine leichte, aber unregelmäßige Aschenvermehrung fand sich in den hypertrophischen Zellen von Drüsen, die am 10. Tage der Trächtigkeit mit Radium bestrahlt und 5 Tage später verascht worden waren. Überraschend hoch war die Calciumzunahme in der Milch von Drüsen, die am 3. Tage der Lactation mit Radium bestrahlt und 3 Tage später verascht wurden. Ihre Lumina enthielten grobkörnige weiße Asche, die ganz gleichmäßig verteilt war, weil die Fettabscheidung durch die Radiumbestrahlung unterdrückt wurde. Merkwürdigerweise war der Aschengehalt in den sezernierenden Zellen dieser Drüsen durch die Radiumbestrahlung unverändert.

14. Das Aschenbild der inkretorischen Organe

a) Hypophyse. Das Spodogramm der RATHKEschen Tasche eines Hühnerembryos ist von HORNING und SCOTT (1932a) beschrieben und abgebildet worden. Das Vorderhirn besteht danach aus einer Zellage mit hohem Eisengehalt. Die Salze der Pharynxwand sind rein weiß und im Gebiete der obersten Ausbuchtung durch einen sichtlich größeren Rückstand ausgezeichnet. Dieser Befund ist wichtig, da er beweist, daß deutliche Unterschiede der chemischen Gewebszusammensetzung schon in frühen Stadien der Embryonalentwicklung ausgeprägt sind. Auch gegen das umgebende Mesenchym hebt sich die Asche der RATHKEschen Tasche durch ihre Menge und ihre Anordnung ab.

Nach HENCKEL (1931) sind im Spodogramm der menschlichen Hypophyse Einzelheiten nicht so klar zu erkennen wie in gefärbten Präparaten. Stets weist die Adenohypophyse höheren Salzgehalt auf als die Neurohypophyse; in dieser ist die Asche fädig angeordnet. Grundsätzlich gleiche Befunde erhob SCOTT (1933b) an der Hypophyse einer erwachsenen Katze. Er fügte noch bei, daß die Pars intermedia auch bezüglich des Salzgehaltes eine Zwischenstellung einnimmt. Zur Erklärung der quantitativen Aschenunterschiede in den einzelnen Teilen der Drüse reicht die wechselnde Kerndichte allein nicht aus.

Im Vorderlappen konnte SCOTT nach Veraschung mehrere Zelltypen unterscheiden, ohne daß aber die Zuordnung zu einer der bekannten Zellformen möglich gewesen wäre. Es wurden gefunden: 1. Zellen mit hohem Salzgehalt in Cytoplasma und Kern, die zum Teil beträchtliche Eisenmengen enthalten; 2. Zellen mit scharf begrenzter, aber an Menge geringer Kernasche, deren Cytoplasma fast oder ganz salzfrei ist; 3. seltenere Zellen mit viel gleichmäßig verteilter Kernasche und wenig anorganischem Rückstand im Cytoplasma.

In der Pars intermedia ist der Aschengehalt der Zelleiber gering. Die meisten Salze liegen entlang den Zellgrenzen, ferner erweisen sich die Kerne und die Zellen des Stützgewebes als aschegebend. Der Eisengehalt ist im Zwischenlappen durchweg höher als in anderen normalen Geweben.

Auch der Hinterlappen kann relativ viel Eisen in einigen größeren Zellen zeigen, die möglicherweise modifizierte Nervenzellen oder Phagocyten sind. Die

Asche ihres Cytoplasmas ist an Menge unbedeutend und sehr feinkörnig, sie unterscheidet sich dadurch von der der Kerne, die aus stark leuchtenden und zum Teil sogar doppelbrechenden Massen besteht.

b) Epiphyse. Über das Spodogramm der Epiphyse finden sich einzig bei HENCKEL (1931) einige knappe Hinweise; er hebt die Ähnlichkeit dieses Aschenbildes mit dem der Glandula parathyreoidea hervor. Rein weißer Rückstand des Hirnsandes ist unregelmäßig in Epithel und Neuroglia verteilt, nur selten kommt er auch im Bindegewebe vor. Die eingehendere Mitteilung von BAGIŃSKI (1927a) bezieht sich nur auf die in der Epiphyse vorhandenen Pigmentzellen. Bei Pferd, Hund, Katze, Kaninchen, Ratte und Meerschweinchen sah er außer der Kalkasche eisenhaltige Ablagerungen in großer Zahl, die topographisch genau mit der Verteilung der Pigmentzellen übereinstimmen. Mit Ausnahme einer einzigen Gruppe von besonders großen Pigmentzellen, die nicht mit Sudan III färbbar sind, gehörten alle in den Epiphysen vorhandenen Pigmentzellen zu den lipopigmentierten (sog. CIACCIO-) Zellen.

c) Nebenniere. Die Nebenniere des Menschen ist zuerst von TSCHOPP (1929) auf die Salzverteilung hin untersucht worden. Außer einem wenig Einzelheiten bietenden Bild finden sich jedoch keine genaueren Angaben in seinem Bericht. HENCKEL (1931) konnte gleichfalls keine Besonderheiten in den verschiedenen Rindenzonen unterscheiden, vor allem sah er in der Asche keine Spur von den Pigmenten wieder. SCOTT (1933b) beschreibt das Spodogramm der Nebenniere einer weißen Ratte eingehender und gibt auch Zeichnungen der einzelnen Regionen. In der Zona glomerulosa sind die Zellgrenzen nach der Verbrennung gut erhalten. Meistens ist im Cytoplasma ein feines, an Dichte etwas wechselndes rein weißes Aschennetz vorhanden, in dem positive Calciumreaktion nachgewiesen wurde. Die Kernasche ist immer scharf gegen die des Zelleibes abgesetzt und auch durch ihren hohen Eisengehalt von ihr unterschieden. Nahe den Blutgefäßen werden die Zellgrenzen in der Zona glomerulosa und fasciculata weniger deutlich wiedergegeben. Im proximalen Teil der Zona fasciculata sind die Ascheanhäufungen der Kerne zahlreich und klar, die Cytoplasmasalze dagegen sind spärlich, manchmal fehlen sie ganz. Gelegentlich zeichnen sich Gruppen von 2—3 Zellen durch höheren Gehalt an anorganischen Substanzen aus. In der Zona reticularis sind die freien Zelloberflächen durch reichlichere Aschemengen aus doppelbrechendem Material charakterisiert, besonders in dem unmittelbar dem Mark anliegenden Gebiet. Das Cytoplasma solcher Zellen hinterläßt wenig oder keinen anorganischen Rückstand.

Zellgrenzen im Nebennierenmark treten nach Veraschung mit unterschiedlicher Deutlichkeit hervor. Das Cytoplasma ist von salzfreien vacuolären Räumen durchsetzt, die Kerne erscheinen als kleine, dichte und stark lichtbrechende weiße Ablagerungen. An Blutgefäße angrenzende Zellen zeigen vielfach entlang der Berührungsfläche erhöhten Aschengehalt, der jedoch weniger aus doppelbrechender Substanz besteht als die entsprechenden Anhäufungen in der Zona reticularis. Nicht selten sollen die Zellen des Nebennierenmarkes positive Eisenreaktion geben.

d) Inseln des Pankreas. Von den Inseln der Bauchspeicheldrüse ist bisher nur bekannt, daß sie sich beim Meerschweinchen durch geringeren Aschengehalt vom exokrinen Teil sehr deutlich abheben (HINTZSCHE 1935a, b; vgl. Abb. 73). Möglicherweise ist das ihrer Calciumarmut zuzuschreiben. Mit diesem Befund stimmt gut überein, daß ENGSTRÖM (1943) die Inselzellen weniger ultraviolettabsorbierend fand als die Drüsenzellen der Umgebung.

e) Glandula thyreoidea. Sehr ausführlich ist das Spodogramm der Schilddrüse untersucht worden. Schon LIESEGANG (1910) hat einen Teil seiner allgemein wichtigen Feststellungen über den Verbrennungsvorgang in mikroskopischen Präparaten der Schilddrüse erhoben. Seine gemeinsam mit ISENSCHMID unternommenen Versuche zum Jodnachweis in der Asche fielen allerdings negativ aus. Nach TSCHOPP (1929) besteht das bindegewebige Gerüst um die Follikel aus rein weißen Salzen, wie wiederholt bestätigt worden ist. Das Kolloid sah er meist aschearm. HENCKEL (1931) konnte die Follikel klar abgrenzen, da ihr Epithel dichte, glänzende Salze hinterläßt. Der anorganische Rückstand des Kolloides war demgegenüber an Menge geringer, etwas geschrumpft und gleichfalls hell. Auch OKKELS (1936, zitiert bei UOTILA und JÄÄSKELÄINEN 1937) bezeichnet den Kalkgehalt des Kolloides in normalen Fällen als unbedeutend.

Nach SCHULTZ-BRAUNS (1931 c) gehört die Schilddrüse zu den Organen, deren anorganische Substanz großen Schwankungen unterliegt. GERLACH (1931) hat seine Beobachtungen an der Schilddrüse durch MONSCH (1932/33) weiter fortsetzen lassen, der native Gefrierschnitte im Stickstoffstrom veraschte. Leider sind seine Präparate nicht frei von Veränderungen durch Wasseraufnahme, wie einige der Abbildungen beweisen. Manche seiner Befunde müssen deshalb als Artefakte gedeutet werden. Aus dieser Untersuchungsreihe sei wenigstens hervorgehoben, daß in der Schilddrüse von Neugeborenen und von Kindern der Aschegehalt des Kolloids gering ist; später soll kein Zusammenhang zwischen Alter und Menge der Kolloidasche mehr bestehen. Der wechselnde

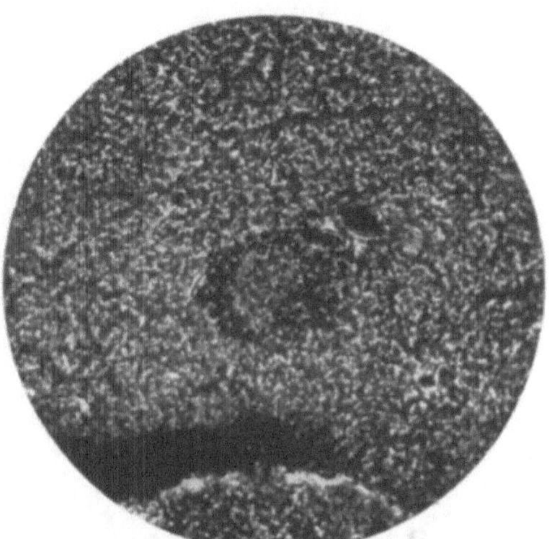

Abb. 73. Pankreas, Meerschweinchen. Nativer Gefrierschnitt 10 μ, verascht im Stickstoffstrom bei 520° C, Vergr. 90×, Cardioid-Kondensor. Mitten im Gesichtsfeld eine gegenüber dem umgebenden Drüsengewebe ascheärmere Insel. Aus HINTZSCHE 1935 b

Salzgehalt des Kolloids scheint von dessen Konsistenz abhängig zu sein. Die auffälligen Strukturen in der Kolloidasche werden als Spannungserscheinungen gedeutet, die gleichfalls von der Konsistenz des Kolloids, von der Temperaturhöhe und von der Veraschungsdauer abhängen. Die Salzmenge im Interstitium ist nach MONSCH der des Parenchyms parallel. SCOTT (1933 b) hat Schilddrüsenfollikel der erwachsenen Katze im Spodogramm abgebildet, aber keine neuen Befunde daran erhoben.

Aschenbilder der Schilddrüse (5—10 μ dicke Paraffinschnitte alkoholfixierten Materiales von Mensch, Meerschweinchen und Taube) hat ferner MAXIA (1935) untersucht. Er fand die Epithelasche in granulärer Form vor allem an die Kerne gebunden, sie kommt auch in den interfollikulären Zellinseln und -strängen vor. Auf deren quantitativ verschiedene Ausbildung führt MAXIA das je nach Art und Alter wechselnde Aussehen der Schilddrüsenspodogramme zurück. Kolloid gibt nur ganz feine Aschengranula, wenn es nicht überhaupt frei davon ist. UOTILA und JÄÄSKELÄINEN (1937) bestätigten die großen Schwankungen im Salzgehalt der Schilddrüse, die sie sowohl im Epithel wie im Kolloid und im Interstitium sahen. Das flache, inaktive Drüsenepithel hinterläßt mäßig viel schwerlöslichen weißen Rückstand; bei vorherrschender Sekretion bleiben größere

Mengen leicht löslicher Salze zurück; während der Assimilation scheinen dagegen
die schwerlöslichen Verbindungen zuzunehmen, doch ist der Aschengehalt auch
in dieser Phase nur mäßig hoch. Basophiles Cytoplasma zeigt im allgemeinen
mehr schwerlösliche weiße Salze. Die funktionellen Schwankungen sollen auch
die Kernasche betreffen: In inaktiven Zellen sind die Kerne leicht verbrennbar
(relative Phosphorarmut?), sie geben viel in Wasser schwer lösliche Salze mit
ziemlich hohem Eisenanteil. Während der sekretorischen Phase veraschen die
Kerne langsam, sie enthalten dann ziemlich reichliche leicht wasserlösliche matte
Asche und daneben nur ein wenig schwerlöslichen weißen Rückstand sowie

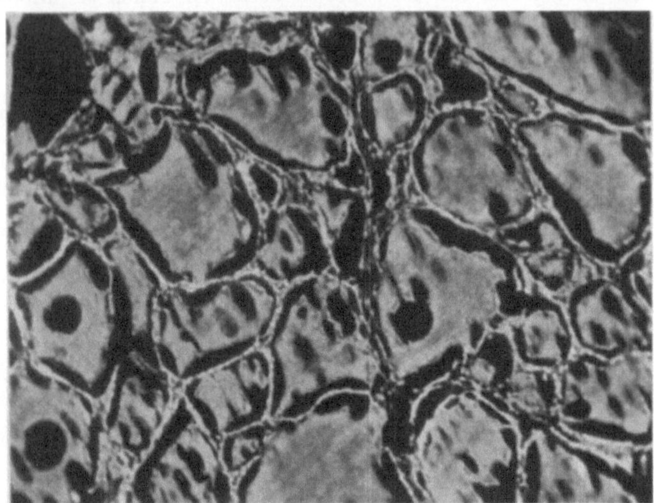

Abb. 74. Schilddrüse, Mensch. Formol, Paraffinschnitt 4 μ, verascht in Luft bei 520° C, Vergr. 180×, Cardioid-Kondensor. Das etwas geschrumpfte Kolloid ist ziemlich aschereich, doch treten die Follikelwände noch deutlicher als weiße Linien hervor

etwas Eisen. Menge und Beschaffenheit der anorganischen Stoffe im Kolloid
sind von der Funktionsphase des Epitheles abhängig (vgl. Abb. 74).

Den Mineralgehalt der Schilddrüse gegen Ende der Schwangerschaft und zur
Zeit der Geburt untersuchte ALLARA (1951) in Parallele zu den übrigen histologischen Veränderungen des Organes während dieser Phase. Sein Material um-
faßte acht menschliche Feten aus dem 7. und 8. Monat, fünf geburtsreife Feten
und 3 Neugeborene. Für die Veraschung wurden native Gefrierschnitte gebraucht.
Bei den 7—8 Monate alten Feten liegt der größte Teil der calciumreichen weißen
Asche im Stroma; im Parenchym fanden sich Salze so gut wie ausschließlich
in den Zellkernen. Besonders aschearm waren die zentralen Teile der Zellstränge,
dagegen haben die zwischen den Zellsträngen vorkommenden Lacunen großen
Mineralgehalt. Bei den geburtsreifen Feten ist die Aschenmenge ganz außerordentlich gering und praktisch auf das Stroma und den Inhalt der großen
Lacunen beschränkt. Rötliche, also eisenhaltige Asche kommt als Folge der
reichlichen Durchblutung des Organes in dieser Zeit vor. Bei den kurz nach der
Geburt verstorbenen Kindern ist der Mineralrückstand verschieden, je nachdem
ob man Gebiete mit kompakter oder follikulärer Struktur untersucht. In den
kompakten Zellsträngen gibt es nur wenig Parenchymasche, in den follikulär
umgewandelten Stellen lassen sich dagegen beträchtliche Salzmengen feststellen,

die vorwiegend in den Kernen lokalisiert sind. Das Kolloid gibt zu dieser Zeit nur ganz spärlichen Rückstand.

f) Glandula parathyreoidea. Die Epithelkörperchen untersuchte nur HENCKEL (1931). Er beschreibt die Asche ihrer Zellen als hell und dicht. Im Stroma hoben sich die Gefäßwände durch ihren hohen Salzgehalt ab. Eine eigene Aufnahme gebe ich in Abb. 75 wieder.

g) Thymus. Entsprechend dem größeren Kernreichtum ist die Rinde nach den Beobachtungen von HENCKEL (1931) aschereicher als das Mark. Diese Rindensalze werden als gelblich-weiß bezeichnet. Im Mark ist der anorganische

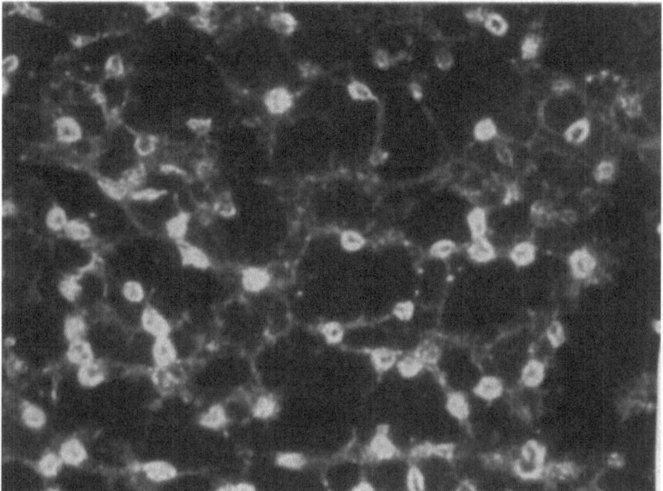

Abb. 75. Epithelkörperchen, Mensch. Formol, Paraffinschnitt 4 μ, verascht in Luft bei 520° C, Vergr. 360×, Cardioid-Kondensor. Aschegebend sind fast ausschließlich die Kerne, die Zelleiber hinterlassen nur sehr wenig unregelmäßig verteilten anorganischen Rückstand

Rückstand lockerer geordnet, die HASSALLschen Körperchen treten als kleine Anhäufungen von Asche hervor.

15. Das Aschenbild der Sinnesorgane

Die Sinnesorgane sind mittels der Spodographie bisher noch recht unvollständig untersucht worden. Nach POLICARD und PILLET (1926a) besitzen Kaulquappen in der Kopfregion ein System von Hohlräumen, die mit einer aschegebenden Flüssigkeit gefüllt sind. Wahrscheinlich entsprechen sie den Ausbuchtungen des Saccus endolymphaceus. Der hohe Salzgehalt soll nicht durch Sekretion vom Epithel her entstanden sein, er wird vielmehr auf humorale Vorgänge zurückgeführt, die im einzelnen jedoch noch völlig unbekannt sind. Die Kalkanreicherung in diesen Hohlräumen ist schon bei ganz jungen, noch in der Gallerthülle eingeschlossenen Larven zu finden. Sie soll, wenigstens sekundär, zur Bildung der Statolithen in Beziehung stehen. Es werden jedoch auch an anderen Stellen des Hohlraumsystemes Kalksalze abgelagert, die möglicherweise als eine Art Depot zu deuten sind.

Über den Aschengehalt in Anlagen des *Auges* verschieden lang bebrüteter Hühnerembryonen haben HORNING und SCOTT (1932a) berichtet. Ihre Befunde werden bei den einzelnen Teilen des Augapfels zusammen mit den Beobachtungen über die Aschenverteilung im voll ausgebildeten Organ erwähnt werden. Spodogramme von nativen Gefrierschnitten des Auges hat zuerst ZEIDLER (1932) demonstriert. Da ihre Angaben nur sehr knapp sind, bespreche ich sie zusammen mit denen von POLICARD und BONAMOUR (1933) und von BONAMOUR (1934), die sich allerdings auf alkoholfixierte Präparate beziehen.

Die Befunde am Cornealepithel sind schon auf S. 36 erwähnt. Nachzutragen ist, daß auch HORNING und SCOTT (1932a) das oberflächliche Epithel reich an Calciumsalzen gesehen haben; es hebt sich dadurch gegenüber der Linse und den anderen an der Augenbildung beteiligten Geweben ab. Nach POLICARD und BONAMOUR enthält die Substantia propria der Cornea im ganzen weniger Asche als das vordere Epithel, am höchsten scheint die Menge der Salze im mittleren

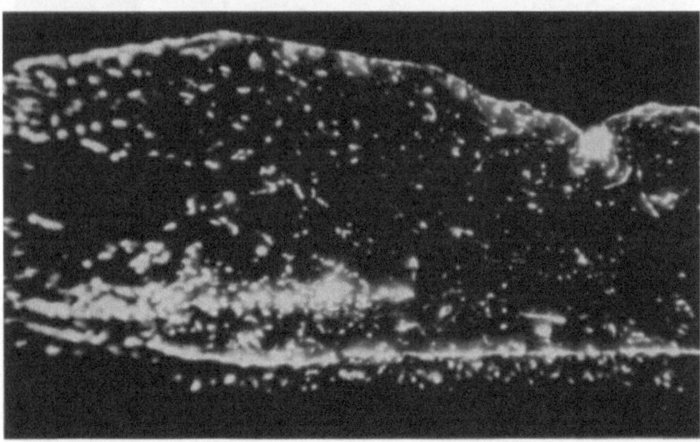

Abb. 76. Iris, menschliches Auge. Aschenbild im Dunkelfeld. Aschereich ist in der linken Bildhälfte der M. sphincter pupillae, ebenso ist der M. dilatator pupillae als feiner Streifen hohen anorganischen Rückstandes entlang der unteren Begrenzung des Präparates zu erkennen. Aus POLICARD und BONAMOUR 1933

Drittel zu sein. Die lamelläre Struktur ist auch im Spodogramm wieder zu erkennen, da die feinkörnigen Ablagerungen genau diesen Bildungen entsprechend geordnet sind. Die Sklera beschreibt ZEIDLER als stark aschehaltig.

Arm an Salzen ist die Iris. Ihr Bau kann jedoch schon während der Entwicklung im Spodogramm klar erkannt werden. Eine Ascheanhäufung nahe dem Pupillarrand fällt besonders auf, sie dürfte dem M. sphincter pupillae entsprechen, der ebenso wie der M. dilatator pupillae sehr reich an anorganischen Substanzen gefunden wurde (Abb. 76). Die Pigmentzellen im Irisstroma geben nur wenig ganz weiße Asche, sie sind also eisenfrei. Blutgefäße erscheinen gelegentlich als weiße Ringe. Das vordere Irisepithel ist durch eine feine Linie angedeutet, das hintere, pigmentierte Epithel gibt gleichfalls nur weiße, also eisenfreie Asche. In den Präparaten von ZEIDLER scheint sie etwas reichlicher vorhanden gewesen zu sein als in denen von POLICARD und BONAMOUR. Ähnlich der Salzverteilung in der Iris ist auch die des Corpus ciliare, insbesondere ist wieder der M. ciliaris aschegebend.

Nur sehr geringe Mengen anorganischer Substanz sind von ZEIDLER in der Retina festgestellt worden. Demgegenüber hat KRUSZYŃSKI (1933a) die Netzhaut bei Sepia auffällig stark siliciumhaltig gesehen. Nach HORNING und SCOTT besitzt das retinale Blatt des Augenbechers während der Entwicklung mehr Calcium als die Pigmentschicht. In beiden Lagen wird außerdem das Vorkommen von Eisen angegeben. Eine leichte Tendenz zur Anhäufung von Calcium scheint ferner entlang der dem Glaskörper zugekehrten Oberfläche des retinalen Blattes vorzuliegen; sie verstärkt sich mit fortschreitender Entwicklung z. B. beim 7 Tage bebrüteten Hühnerembryo.

Ganz ähnliche Salzverschiebungen sind auch während des Linsenwachstumes festzustellen. Nach 55stündiger Bebrütung ist der Rückstand noch ziemlich gleichmäßig verteilt, am 4. Tage wird eine Calciumvermehrung deutlich und gegen Ende des 7. Tages hat sich die weiße Calciumasche entlang der Innenfläche der Linsenblase angehäuft. Die Eisensalze scheinen gleichzeitig näher der Peripherie der Linse gelegen.

Die in der fertig ausgebildeten menschlichen Linse von verschiedenen Untersuchern erhobenen Aschenbefunde widersprechen sich. POLICARD und BONAMOUR beschrieben 2 Teile, eine periphere, salzarme, lamellär gegliederte Schicht und ein sehr aschereiches zentrales Gebiet (Abb. 77). LÜDE-RITZ (1937), der eine größere Zahl von Linsen mittels der Technik von SCHULTZ-BRAUNS untersuchte, sah den höchsten Salzgehalt im Linsen-epithel, im übrigen seien in der jugendlichen Linse die anorgani-schen Substanzen gleichmäßig ver-teilt. In der Linse des Erwachsenen soll dagegen die Aschenmenge der Rinde größer sein als die des Linsen-kernes. Der geringste Rückstand ist immer im Bereich des subkapsu-lären Gebietes auf der vorderen Linsenfläche beobachtet worden. Mit der Möglichkeit postmortaler Veränderungen ist nach LÜDERITZ in hohem Maße zu rechnen. Er fand nämlich die Unterschiede in der Salzverteilung um so geringer, je kürzer nach dem Tode die Linse verarbeitet werden konnte. Der mit dem Alter größer werdende

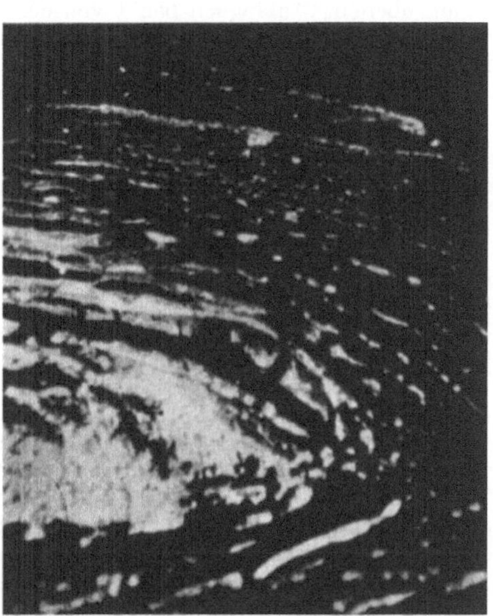

Abb. 77. Linse, menschliches Auge. Aschenbild im Dunkelfeld. Aschereich ist besonders der Linsenkern. Aus POLICARD und BONAMOUR 1933

Aschegehalt der Rinde beruht nach LÜDERITZ nicht auf Einlagerung von Calcium-verbindungen, er wird vielmehr durch andere Salze bedingt; die Asche im Linsen-kern soll dagegen größtenteils aus Kalk bestehen. Phosphate konnten in der Hauptsache in jugendlichen Linsenfasern nachgewiesen werden. Bei BUSNEL, PILLET und TILLÉ (1938) sind über das normale Linsenspodogramm keine darüber hinausgehenden Angaben zu finden, ihre Untersuchung ist hauptsächlich auf die Abklärung der Eisenverteilung beim schwarzen Star gerichtet.

Über den Salzgehalt in der *Regio olfactoria* der menschlichen Nasenschleimhaut berichtete SCUDERI (1948) nur kurz. Er fand weißglänzende Asche im Epithel, speziell in dessen basaler Schicht, während das unterliegende Bindegewebe nur spärlichen anorganischen Rückstand von grauweißer Farbe gab.

Spodogramme menschlicher *Geschmacksknospen* untersuchte ALLARA (1941), wobei sich die genaue Berücksichtigung des Lebensalters als notwendig erwies. Zur Zeit der Geburt und im 1. Lebensjahr ist nämlich der Salzgehalt höher als der des benachbarten Epitheles. Bis zur Pubertät tritt dann eine allmähliche Abnahme des anorganischen Rückstandes ein, so daß die Geschmacksknospen im 3. Jahrzehnt durch äußerst spärliche Asche gekennzeichnet sind. Später ist wieder höherer Salzgehalt charakteristisch, besonders auch während des Greisenalters in atrophischen Geschmacksorganen. Hoher Salzgehalt der Geschmacksknospen ist also für Stadien unvollkommener Entwicklung oder Atrophie bezeichnend, während fertig ausgebildete Organe ziemlich aschearm sind. Etwas mehr Salze lassen sich darin einzig nach Vorbehandlung der Schnitte mit Schwefelsäureanhydriddämpfen erkennen, da dann auch das früher als Chlorid vorhanden gewesene Natrium und Kalium erhalten bleibt. Die Verminderung der Asche bis zur Pubertät beruht auf der Abnahme schwerlöslicher Salze.

Im subgemmalen Bindegewebe stimmen das histologische Bild und das Spodogramm überein. Anfänglich bleibt von den reichlich vorhandenen argyrophilen Fasern selbst nach Vorbehandlung mit Schwefelsäureanhydriddämpfen nur wenig Asche zurück; später aber geben die dann häufigeren kollagenen Fasern viel anorganischen Rückstand, darunter auch Natrium- und Kaliumsalze.

Über die v. EBNERschen Drüsen ist auf S. 42 im Zusammenhang mit der allgemeinen Beschreibung der Drüsenzellen berichtet worden.

16. Embryologische Aschenbilder

Die Veraschungsbefunde, die HORNING und SCOTT (1932a) an Hühnchen verschiedener Bebrütungsdauer erhoben haben, sind bei den einzelnen Organen genannt worden. Hier sei rückschauend noch einmal festgestellt, daß auch die Gewebe des embryonalen Organismus im Spodogramm ihre besonderen morphologischen Charaktere behalten, und daß Menge und Verteilung der anorganischen Substanzen in den verschiedenen Baumaterialien des Embryos beträchtlich variieren. Ob mit den Änderungen in der Lage der Salze während der Entwicklung ein Schlüssel zur Erklärung der Differenzierung gefunden ist, muß erst noch in weiteren Untersuchungen geprüft werden. Einige Einzelangaben, die bei der Besprechung der Organbefunde nicht erwähnt werden konnten, schließe ich hier nach den Beobachtungen von HORNING und SCOTT (1932a) noch an. Das Ektoderm zeigt bei 55 Std bzw. $4^1/_2$ Tage bebrüteten Hühnerembryonen deutliche, vor allem aus Calcium bestehende Ascheanreicherung in Cytoplasma und Kernen, doch sind die Ektodermkerne immer salzärmer als die der benachbarten Mesodermzellen. Im mittleren Keimblatt sind die anorganischen Substanzen vor allem auf die Kerne beschränkt, das Cytoplasma zeigt sehr diffuse und im Gegensatz zum Kern eisenlose Ablagerungen, die intercellulären Spalten sind ganz aschefrei. Die Somiten unterscheiden sich durch ihren anorganischen Rückstand klar vom umgebenden Gewebe. In ihren Zellen heben sich die Kerne außerordentlich deutlich ab, das Cytoplasma enthält viel Calcium. Eisen ist sowohl im Kern wie im Zelleib nachzuweisen, die größere Menge findet sich stets in den Kernen. Die Salzverteilung in Säugetierembryonen ist mittels der Schnittveraschung anscheinend bisher noch nicht untersucht worden.

Spodogramme der menschlichen *Nabelschnur* hat TSCHOPP (1929) abgebildet. Sie zeigen netzartig angeordnete Bälkchen von rein weißer Asche, in der sich — genau dem Bindegewebsgerüst entsprechend — reichlich Silicium nachweisen läßt (TSCHOPP 1926). Über den Verkohlungsvorgang in Schnitten der Nabelschnur bringt CHIARA (1950) einige Befunde. In der WHARTONschen Sulze sah er nur wenig verkohltes Material, woraus sich auch ein geringer Aschegehalt ergibt; einzig die Gefäßwände erwiesen sich als reich an mineralischen Bestandteilen.

Schnitte der in Alkohol fixierten menschlichen *Placenta* haben erstmals NOËL und PIGEAUD (1928) verascht. Ihre Beobachtungen sind an erweitertem Material zusammen mit Colomb ausführlich veröffentlicht. Unter besonderer Betonung des von Fall zu Fall stark wechselnden Salzgehaltes beschrieben Noël, Pigeaud und Colomb (1929) an den Zotten der normalen reifen Placenta eine verhältnismäßig dichte Ablagerung anorganischer Substanz, die nach ihrer Breite und Lage dem Syncytium entsprechen könnte. Das Zottenbindegewebe hinterläßt weit weniger Asche entweder in gleichmäßiger Verteilung oder in Form eines Maschenwerkes, dessen größte Räume mit Blutgefäßen identisch sind (Abb. 78). Die Endothelauskleidung war immer als feine helle Linie erkennbar. In den intervillösen Räumen ist selten ein Rückstand festzustellen, am ehesten noch entlang den Placentarsepten und an der Zottenoberfläche; diese Salze sind meist durch

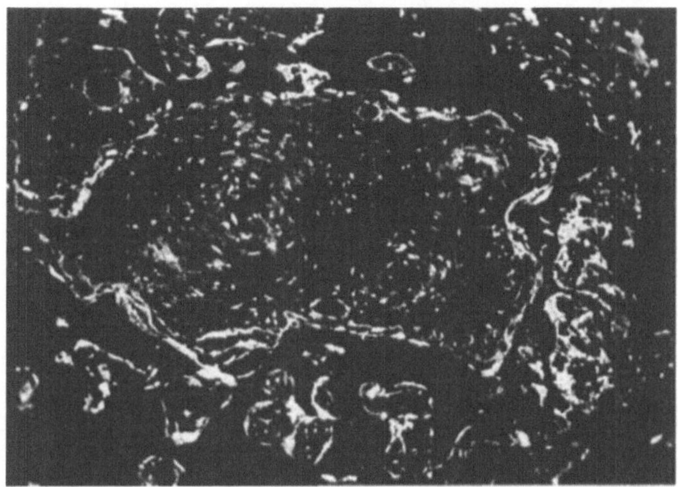

Abb. 78. Reife Placenta, Mensch. Absoluter Alkohol, Paraffinschnitt 4 μ; verascht in Luft bei 520° C, Vergr. 180×, Cardioid-Kondensor. Ein größeres Zottenstämmchen mit Blutgefäßen. Die oberflächliche Anreicherung von Salzen entspricht dem Syncytiotrophoblasten

ihren Eisengehalt rötlich gefärbt. Vom mütterlichen Teil der Placenta wird angegeben, daß z. B. die Septen nach Veraschung im Innern eine ziemlich feine Granulierung zeigen, in der die Blutgefäßlumina als Aussparungen erscheinen. Näher der Oberfläche der Placentarsepten und in der übrigen Decidua verdichtet sich die Salzablagerung deutlich. Im ganzen soll sie jedoch bei jedem Fall im mütterlichen und im kindlichen Teil der Placenta annähernd gleich sein.

In den Grundzügen stimmen mit den vorstehenden Angaben auch die Befunde an jüngeren Placenten überein. Am höchsten erscheint der Gehalt an anorganischen Stoffen in Placenten aus dem 6. Schwangerschaftsmonat. In solchen sind zwar manche Zotten nur durch eine dünne Aschenumrandung markiert, andere dagegen geben eine breite, im auffallenden Licht hell glänzende dichte Lage von Salzen an ihrer Oberfläche und zeigen auch stärkere Ablagerungen im Stroma. Derartig hoher Aschengehalt kann auf nur kurze Teilstücke des Zottenumfanges beschränkt sein, so daß Ungleichheiten der Salzverteilung geradezu charakteristisch sind. Als besonders interessant seien noch die Beobachtungen an Zwillingsplacenten aus dem 4. und 5. Monat kurz erwähnt. In beiden Fällen war die Menge der anorganischen Substanzen verschieden; allerdings fehlt die Angabe, ob es sich um ein- oder zweieiige Zwillinge gehandelt hat. Auffälligerweise werden von Noël, Pigeaud und Colomb die so häufigen fibrinoiden Ablagerungen überhaupt nicht erwähnt.

Weitere Untersuchungen über das Spodogramm der menschlichen Placenta stammen von SCHULTZ-BRAUNS und SCHÖNHOLZ (1929) sowie von L. SCHÖNHOLZ (1929). Im Gegensatz zu den oben genannten Autoren haben sie 15 μ dicke Schnitte von unfixiertem Material verascht. Vierzehn reife Placenten zeigten das Zottenepithel arm an Salzen, es ließ sich vom Stroma nicht abgrenzen. Einzelne Zotten und regelmäßig die größeren Stämme gaben vermehrten Aschenrückstand, doch waren die Unterschiede nur unbedeutend. Die mütterlichen Anteile der Placenta heben sich meist durch etwas höheren Aschengehalt ab. Fibrinoide Massen der sog. weißen Infarkte sind sehr salzarm, nur ihre Randzone und die etwa eingeschlossenen Zotten zeigen die anorganischen Substanzen vermehrt.

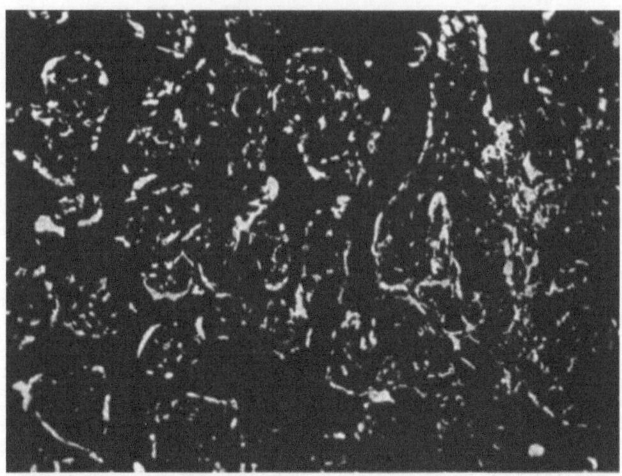

Abb. 79. Reife Placenta, Mensch. Absoluter Alkohol, Paraffinschnitt 5 μ, verascht in Luft bei 530° C, Vergr. 180×, Cardioid-Kondensor. Normale Zotten, rechts verklebt durch Fibrinoid, das etwas aschereicher ist

Die kleinen, den Zotten anliegenden faden- und bandförmigen Gerinnsel im intervillösen Raum gleichen vielfach den Fibrinoidablagerungen, stellenweise sind jedoch in ihnen auch scharf begrenzte, herdförmige Ascheanhäufungen zu beobachten.

Die stärkste Veränderung des Salzgehaltes fanden SCHULTZ-BRAUNS und SCHÖNHOLZ im Randgebiete eines größeren Infarktes in Form von Streifen und Ringen teils weißer, teils gelblich-roter Asche. Die weißen Streifen entsprechen dem Epithelsaum der Zotten; sie bestehen aus schwerlöslichen Salzen und unterscheiden sich dadurch von dem gleichfalls etwas vermehrten bläulich-weißen Rückstand des Stromas solcher Zotten. Bedeutungsvoll ist ferner noch ein Befund an den chorialen Wanderzellen (MARCHAND) in einem Fibrinstreifen. Ihr Cytoplasma hinterließ bei der Veraschung nativer Schnitte einen Ring anorganischer Substanz, die zentrale salzfreie Aussparung entspricht dem Kern.

Von jüngeren Placenten zeigte eine aus dem 5. Monat stammende trotz Auftreibung der Zotten und teilweiser Quellung des Zottenstromas reichlicheren Aschengehalt in Bindegewebe und Epithel. Die Placenta einer Tubargravidität von 6 Monaten hatte stark gequollenes, sehr salzarmes Zottenstroma, gab aber relativ und absolut höheren anorganischen Rückstand des Epitheles als die Placenta vom 5. Monat. Ein Abortivei aus dem 2.—3. Monat endlich wies im Epithelüberzug der Zotten hohen Salzgehalt auf, der den oben beschriebenen stärksten Ablagerungen in einem Infarkt nahekommt. In diesem Präparat ergab die Gipsreaktion deutlich, daß das Epithel calciumreich ist.

Nach SCHULTZ-BRAUNS und SCHÖNHOLZ lassen sich die Veraschungsbefunde an der menschlichen Placenta in eine Reihe ordnen: von geringen Ablagerungen bei leichtem Zottenödem (und somit nur leichter Störung des Zottenkreislaufes und fehlenden Epithelveränderungen im Kontrollpräparat) führt sie über mittlere Aschenmengen (bei starker Behinderung des Zottenkreislaufes durch schwerstes Ödem und im Hämatoxylinpräparat erkennbarer Epithelschädigung) zu hochgradigsten Salzanreicherungen (bei abgesperrtem Zottenkreislauf und schwerster Veränderung des Zottenepithels). Die Feststellungen an den chorialen Wanderzellen fügen sich etwa in der Mitte dieser Reihe ein. Alle Beobachtungen insgesamt sprechen dafür, daß Aschen- und Kalkanhäufungen nicht nur in totem Material, sondern auch im noch lebenden Gewebe erfolgen können.

SCHÖNHOLZ (1929) hat in einer ergänzenden Mitteilung über Befunde an weiteren 50 teils vorzeitig geborenen, teils reifen Placenten berichtet. Er sah das Spodogramm der normalen Placenta in allen Monaten der Schwangerschaft sehr arm an anorganischer Substanz, doch sei der Aschengehalt in den einzelnen Zotten und Zottenstämmen desselben Präparates oft ungleich; die Unterschiede sollen jedoch nur gering sein. Für die reife normale Placenta

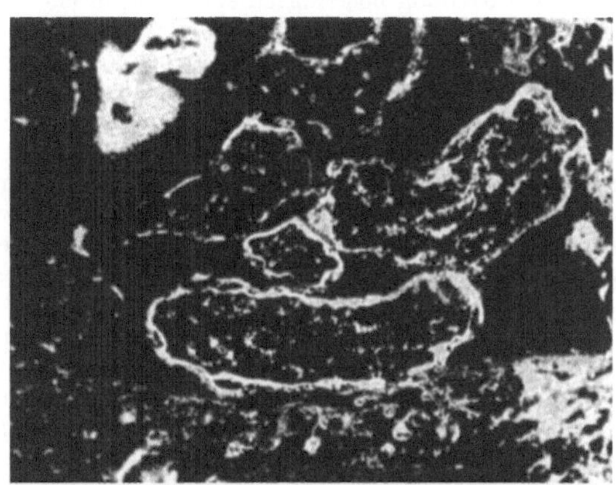

Abb. 80. Reife Placenta, Mensch. Absoluter Alkohol, Paraffinschnitt 5 μ, verascht in Luft bei 530⁰ C, Vergr. 180 ×, Cardioid-Kondensor. Syncytiotrophoblast in fibrinoider Umwandlung als weiße, d.h. aschereiche Umhüllung mehrerer Zotten. Am unteren Bildrand Deciduazellen

sei charakteristisch, daß das Zottenstroma reicher an Asche ist als das Epithel, so daß dieses stellenweise überhaupt nicht mehr gesondert darstellbar ist, was ich bestätigen kann (Abb. 79). Calciumeinlagerungen an der decidualen Seite der Placenta geben weiß-leuchtende Asche, die sich deutlich von den mehr bläulichen Salzen des nicht fibrinoid umgewandelten Gewebes abhebt. Außer in der Decidua kommt Kalk in Fibringerinnseln im intervillösen Raum (Abb. 80), als Inkrustation des Epithelbelages und in Placentarsepten vor. Bei Zotteninfarkt ist der Aschengehalt des Epithelsaumes hochgradig vermehrt, Calcium ist sein Hauptbestandteil. Da sich in den Placenten vor der Geburt gestorbener Kinder und in retinierten Placenten eine beträchtliche Kalkspeicherung im Epithel der Zotten nachweisen läßt, scheint das Aufhören der fetalen Zirkulation ein wichtiger Faktor für die Kalkanreicherung zu sein. Aus diesem Grunde dürfen quantitative Analysen und histo-topochemische Untersuchungen an Abortplacenten nicht zur Ermittlung von Normalwerten der anorganischen Bestandteile in der Placenta benutzt werden.

Ergänzt wurden die vorstehenden Befunde durch KROPP (1940), der 4 μ dicke Paraffinschnitte von acht reifen menschlichen Placenten nach Fixation in Formol-Alkohol untersuchte. Da er seine Präparate bis 650⁰ C erhitzt hat, gelten seine Beobachtungen nur für den hitzebeständigen Teil der Salze. Im Chorionepithel sah er teils feine, teils grobe, leuchtend weiße Körnchen entlang der Zell- und der

Kernmembran angehäuft. Eisen war darin nur in unbedeutender Menge vorhanden. Das Cytoplasma der Deciduazellen gab normalerweise sehr homogen verteilte oder fein granulierte Asche, die im Dunkelfeld tiefblau erscheint und gegen die der Kern gut abgesetzt ist. Der Eisengehalt der Deciduazellen ist gering, Cytoplasmavacuolen erweisen sich frei von anorganischen Stoffen. Durch Wasser sind kaum Salze aus dem Chorionepithel oder den Decuidazellen herauszulösen, was für ihren hohen Gehalt an Calcium spricht.

Ausgedehnte histochemische Untersuchungen, darunter auch solche über die Eisenverteilung, stellten DEMPSEY und WISLOCKI (1944) an neun menschlichen Placenten aus verschiedenen Stadien der Schwangerschaft an; sie fixierten und veraschten nach den Empfehlungen von SCOTT (1933b). Nicht überzeugend sind die ihrer Mitteilung beigefügten spodographischen Abbildungen vom Eisengehalt der verschiedenen Placentarteile, weil Dunkelfeldaufnahmen durch ein Rotfilter (Wratten A) nicht geeignet sind, das gelbliche oder rötliche Eisenoxyd allein zur Darstellung zu bringen. Da die Befunde aber nicht nur auf solchen Photogrammen basieren, sondern offensichtlich direkt an den Präparaten erhoben wurden, können sie doch hier angeführt werden. Den höchsten Aschengehalt zeigte regelmäßig der Syncytiotrophoblast. Die in dessen Cytoplasma sonst regelmäßig verteilten Salze waren in der Gegend der Kernmembran etwas vermehrt; leichte Anhäufungen kamen, wenigstens stellenweise, auch an der freien Oberfläche des Syncytiums vor. Wo eine derartige Vermehrung des anorganischen Rückstandes fehlt, ist die freie Oberfläche des Syncytiums unregelmäßig gestaltet, feinkörnige Aschenablagerungen ragen dann in den intervillösen Raum hinein. Größtenteils sind die Salze des Syncytiums von blauer oder blauweißer Farbe. Bei stärkerer Vergrößerung fanden sich aber auch charakteristisch gefärbte Eisensalze einerseits in Form von dünnen, aber dichten, die Kerne umgebenden Hüllen, andererseits in diffuser Verteilung als Körnchen über das ganze Cytoplasma verstreut. Bei einzelnen Zotten enthielt das Syncytium wesentlich höhere Eisenmengen nahe der freien Oberfläche. Ziemlich übereinstimmend waren die Befunde am Cytotrophoblasten in seinen verschiedenen Ausbildungsformen. Diese Zellen gaben vorwiegend gelbliche oder rötliche Asche, besondere Anhäufungen davon kamen perinucleär und in der interstitiellen Matrix vor. Außerdem blieb vom Zelleib der Cytotrophoblastzellen auch bläulich-weiße Asche zurück, die an Menge aber bedeutend geringer als die des Syncytiotrophoblasten ist. In den Deciduazellen war der Salzgehalt im ganzen ähnlich wie im Cytotrophoblasten, doch fehlte Eisen bis auf einzelne Körnchen; die Zellgrenzen hoben sich etwas verdichtet ab. Auf Grund des Ausfalles der Turnbullblau-Reaktion wird beigefügt, daß die Eisenmenge im Syncytium mit fortschreitender Schwangerschaftsdauer zurückgeht; in älteren Zotten findet sich die stärkste Eisenablagerung im Stroma unmittelbar unter dem Epithel. Gedeutet werden die Befunde in 2 Richtungen: das perinucleäre Eisen soll Bestandteil der Atmungsfermente sein, während das übrige als Transporteisen angesehen wird.

In einer weiteren Mitteilung ergänzten WISLOCKI und DEMPSEY (1945) diese Beobachtungen durch histochemische Untersuchungen am Endometrium verschiedener Tierarten und des Menschen, vergleichsweise wurden auch einige Angaben über das Endometrium nicht trächtiger Tiere beigefügt. Nach Mikroveraschung zeigten sich Eisenablagerungen in den Drüsenzellen bei trächtigen Schweinen, Meerschweinchen und Ratten sowie bei schwangeren Frauen, nicht aber bei trächtigen Katzen. Dieser Befund bestätigte in allen Einzelheiten die Ergebnisse des Eisennachweises mit der Turnbullblau-Methode, von der angegeben wird, daß sie im nichtschwangeren Zustand in allen Fällen negativ blieb. Die positive Eisenreaktion war im wesentlichen stets gleicher Art: das Oberflächenepithel hatte im Gegensatz zu dem der Drüsen keinen oder nur sehr geringen Eisengehalt. Im einzelnen wird beschrieben, daß beim Schwein besonders die lumenseitigen Teile der Drüsenzellen reich an Eisensalzen sind, die auch im Drüsenlumen und in der „Uterusmilch" nachgewiesen werden konnten. Diese Befunde werden als Zeichen einer Abscheidung eisenhaltigen Sekretes gedeutet, was auch für Nager und für den Menschen gelten soll. Das Oberflächenepithel und die Drüsenzellen von Schwein und Katze geben außerdem weißliche, säurelösliche Asche, deren Verteilung mit der Lage argyrophiler Körnchen (nach BODIANs Protargolreaktion) übereinstimmt. Die durch diese Methode intracellulär und interstitiell im Endometrium nachgewiesenen Granula werden deshalb als Calciumsalze angesehen.

Eingehender untersuchten WISLOCKI und DEMPSEY (1946a) die Placenta von Katzen und eines Hundes. Es bestätigte sich, daß bei Carnivoren das Oberflächenepithel und die Drüsenzellen eisenfrei sind. Positive Eisenreaktion gaben nur die paraplacentalen und die subplacentalen Extravasate mütterlichen Blutes und die diesen benachbarten Teile des Cytotrophoblasten. Eine der Arbeit beigegebene Abbildung der Gesamtasche im Placentarlabyrinth der Katze zeigt viel dichten anorganischen Rückstand der mütterlichen Gefäßwände und mäßigen Aschengehalt des Syncytiums. In den Riesenzellen erscheinen die Salze des Cytoplasmas besonders feinkörnig.

Bei genauerem Studium der Schweineplacenta haben WISLOCKI und DEMPSEY (1946b) zunächst den oben schon erwähnten Befund wieder erhoben, daß bläulich-weiße, säurelösliche Asche entsprechend der Verteilung der argyrophilen Granula nach BODIANs Protargolreaktion vorkommt. Außergewöhnlich reich an solchen sind das Oberflächenepithel und die Zellen der Uterusdrüsen, wovon das Oberflächenepithel sehr feine, die Drüsen aber gröbere Körnchen aufweisen. Mit fortschreitender Trächtigkeitsdauer nimmt die Stärke dieser Reaktion zu. Die Spodogramme machen wahrscheinlich, daß die argyrophilen Granula Ablagerungen von Calciumsalzen entsprechen. Aschenpräparate bestätigten auch die oben schon nach dem Ausfall der Turnbullblau-Reaktion beschriebene Verteilung von Eisensalzen im Oberflächenepithel und in den Drüsenzellen des Schweineuterus. Leider sind bei der Beschreibung der Eisenreaktion des chorialen Anteiles der Schweineplacenta keine Mikroveraschungsbefunde angeführt, so daß ich mich hier auf den Hinweis beschränken muß, daß der Arbeit das Bild eines Spodogrammes aus dem Grenzbereich Chorion-Endometrium beigegeben ist. Hervorzuheben wäre auch, daß die hier aus den Mitteilungen von WISLOCKI und DEMPSEY referierten Angaben über den Nachweis anorganischer Substanzen in den Placenten verschiedener Tierarten nur Ausschnitte aus umfassenderen Untersuchungen sind; sie gewinnen ihren vollen Wert erst bei Kenntnis der übrigen Ergebnisse, speziell derer über die Verteilung von Glykogen und alkalischer Phosphatase. Interessenten seien diesbezüglich vor allem auf die Zusammenstellung der Ergebnisse in Amer. J. Anat. 78, 210—212 (1946) verwiesen.

WISLOCKI, DEANE und DEMPSEY (1946) berichteten schließlich auch noch ausführlicher über histochemische Reaktionen in der Placenta verschiedener Nager. Angaben über spezielle Mikroveraschungsbefunde sind auch in dieser Studie nur ganz vereinzelt enthalten, so z.B. daß die Kerne der Trophoblast-Riesenzellen in der Durchdringungszone der Rattenplacenta reichlich gelbe Granula, also Eisen, enthalten, während das Cytoplasma einiger dieser Zellen durch beträchtlichen Gehalt an weißer Asche ausgezeichnet ist, die als Calcium gedeutet wird. Die übrigen Hinweise auf die Verteilung von Eisen und Calcium in der Nagerplacenta sind mit der Turnbullblau- bzw. mit BODIANs Protargolmethode erhoben und liegen damit jenseits der Grenzen dieser Monographie.

Ohne Kenntnis der Untersuchungen von KROPP und der verschiedenen Mitteilungen von DEMPSEY und WISLOCKI studierten ROSSI und PESCETTO (1949, 1950) erneut das Spodogramm der menschlichen Placenta. Sie benutzten 5 μ dicke Paraffinschnitte von in Formol-Alkohol fixiertem Material aus verschiedenen Stadien der Schwangerschaft. Vergleichsweise veraschten sie auch einige native Gefrierschnitte. Die Befunde wurden teils im Dunkelfeld, teils mit Phasenkontrastoptik erhoben. Entsprechend den Unterschieden der histologischen Differenzierung wurden die 50 normalen Placenten in 2 Gruppen aufgeteilt, von denen die erste die frühen Entwicklungsstadien bis zum 5. Monat, die zweite die späteren vom 6. Schwangerschaftsmonat ab bis zum Geburtstermin umfaßt. Aus den sehr ins einzelne gehenden Beschreibungen sei angeführt, daß die Placenta auch während der ersten Schwangerschaftshälfte regelmäßig ziemlich aschereich ist, was früher übersehen wurde, weil der anorganische Rückstand in dieser Zeit vorwiegend fein verteilt ist. Stark leuchtend tritt einzig der durch die Größe seiner einzelnen Ascheteilchen auffallende Cytotrophoblast hervor, während der Syncytiotrophoblast gleichmäßig feine Reihen von Aschekörnchen hinterläßt. Parallel der Rückbildung der LANGHANSschen Zellen erscheint der Mineralrückstand des Trophoblastes in der 2. Schwangerschaftshälfte verringert. Der nun in Form einer Aschenlinie vorhandene Abschluß der Zottenoberfläche hebt sich von den Salzen des Stromas kaum noch ab. Übrigens wird auch ein Farbunterschied der Aschen des Syncytiums und der LANGHANSschen Schicht beschrieben: Das Syncytium gibt gelblich-braunen bis rötlichen Rückstand, die LANGHANSschen Zellen dagegen hinterlassen gelblich-weiße Asche. Stellenweise sind in der 2. Schwangerschaftshälfte auch die einzelnen Salzpartikel des Syncytiums etwas gröber und unregelmäßig gestaltet. Das Stroma der Zotten ist in allen Phasen der Entwicklung aschereich; anfänglich sind die Salze wenig leuchtend und meist in Form eines dichten fädigen Netzes angeordnet, das sich mit der Basalmembran, nicht aber mit den Wänden der subepithelial reichlich vorhandenen Gefäße verbindet. Anhäufungen stark leuchtender Asche entsprechen den Bindegewebszellen. Übrigens enthalten auch die Zwischenräume des Maschenwerkes anorganischen Rückstand von äußerster Feinheit, der nur bei stärkster Vergrößerung und geeigneter Beleuchtung sichtbar wird. Vom 3. Monat ab treten im Spodogramm die Gefäßwände durch die an Menge und Leuchtkraft etwas variierende Asche hervor. In der 2. Schwangerschaftshälfte erscheinen die Bindegewebszüge des Zottenstromas als Reihen von groben, stark lichtbrechenden Teilchen, die zu dicken Bündeln vereinigt sind. Die zwischen diesen Bündeln liegenden weiten Räume sind frei von Salzen. Am wenigsten von allen Placentaranteilen verändert sich das Spodogramm der Deciduazellen. Sie werden als grauweiße oder graublaue Ascheflächen beschrieben, die in ein feines Fadenwerk eingelagert sind. Später treten teils in, teils auf den decidualen Massen leuchtende Ascheablagerungen auf, die dem Fibrinoid entsprechen. Derartige Umbildungsprozesse, die zu reichlichem anorganischem Rückstand von Fibrin mit eingeschlossenen Blut- und Gewebsresten führen, erscheinen vermehrt unter pathologischen Bedingungen, von denen die Verfasser einige Fälle von Albuminurie und Eklampsie untersuchen konnten.

Die Befunde von CHIARA (1950) an einzelnen menschlichen Placenten bringen gegenüber dem auf den vorstehenden Seiten Angeführten nichts Neues.

Die Asche des *Amnions* ist nach KROPP (1940) verschieden im placentaren und dem nicht placentaren Anteil. Die Cytoplasmasalze des nicht placentaren Amnionepitheles umschließen in reichlicher Menge die salzarmen Kerne. Gering und je nach dem Präparat etwas wechselnd ist der Anteil wasserlöslicher Verbindungen. Etwas Eisen kommt im Zelleib vor, weniger ist im Kern nachzuweisen. Im placentaren Teil des Amnionepitheles liegt reichlich Asche entlang der Kernmembran und an den Zellgrenzen. Nur im Bereiche der Zellbasis bleibt das Cytoplasma frei von anorganischen Substanzen. Die Basalmembran des Amnions hinterläßt nach Verbrennung keinen Rückstand.

Bedeutung der Spodographie

Weitaus die meisten Untersucher, die sich der Mikroveraschung von Schnittpräparaten als einer histologischen Methode bedient haben, äußerten sich befriedigt über die Ergebnisse ihrer Studien. Für den Nachweis von funktionell bedingten Schwankungen des Salzgehaltes etwa in den Speicheldrüsen, den Darmepithelien und den Leberzellen sind Spodogramme unübertrefflich. Ebenso bedeuten die Feststellungen über frühe, örtlich begrenzte Aschezunahme in alternden Geweben und Organen (Blutgefäßwand, Placentarzotten) eine Erweiterung unserer Kenntnisse, die nur diese Untersuchungsart ermöglicht; wesentlich ist dabei, daß auch sehr geringe Änderungen, z.B. der Eisenmenge, in einzelnen Zellen schon erfaßt werden können. Aussichtsreich für eine Aufklärung der Differenzierungsvorgänge erscheint ferner der Nachweis, daß deutliche chemische Unterschiede der Gewebszusammensetzung bereits in frühen Stadien der Embryonalentwicklung ausgeprägt sind. Selbst für cytologische Studien hat sich die Schnittveraschungsmethode als geeignet erwiesen, vermag sie doch über die Zusammensetzung von Zell- und Kerneinschlüssen und sogar über den Feinbau der Chromosomen Aufschluß zu geben. Da die Aschenmenge demnach einen wesentlichen Teil der Zellorganisation ausmacht, sollte sie bei allen einschlägigen Untersuchungen noch mehr als bisher berücksichtigt werden.

Daß die Mikroveraschung für pathologisch-histologische Forschungen ein weites Feld der Anwendung bietet, sei nur kurz mit einigen Hinweisen belegt, die im vorstehenden Text nicht angeführt werden konnten. Über reaktive Veränderungen der Salzverteilung in der Haut nach Röntgenbestrahlung und bei Entzündungsvorgängen berichteten MELTZER und KÜHTZ (1938a, b). Die Radiumempfindlichkeit epithelialer Geschwülste fanden CATHIE und DAVSON (1937) bzw. CATHIE (1939) parallel der Kernaschenmenge. DOUBROW (1939) studierte das Spodogramm bei der Lungentuberkulose, POLICARD (1939) bei Stauberkrankungen der Lunge. Bei vergleichender Untersuchung konnten POLICARD und BOUCHARLAT (1940) feststellen, daß die Mineralanreicherung in pathologisch veränderten Lungen nicht der einzige Mechanismus ist, der die Bildung röntgenologischer Schatten verursacht. Für die Carcinomforschung sind die von ENGSTRÖM (1943) nachgewiesenen Salzverlagerungen im erkrankten Gewebe wichtig; MACCARDLE (1948) konnte derartige Verschiebungen sogar in einzelnen Tumorzellen erkennen. Auch über Unterschiede des Mineralrückstandes von Ganglienzellen liegen pathologisch-histologische Befunde vor, so von SCHEID (1930) bei Coma diabeticum, von PATTON (1933, 1934) bei Poliomyelitis, von WULF (1934) bei Urämie, postencephalitischem Parkinsonismus und arteriosklerotischer Muskelstarre, von TUREEN (1938) bei Gefäßverschluß, von ALEXANDER und LOONEY (1938) bei seniler Demenz, von LIEBERT und HEILBRUNN (1940) bei Insulinschock und von anderen Autoren mehr. Endlich sei erwähnt, daß SAJNER (1948) Änderungen in der Verteilung des Calciums bei Strophatinvergiftung und bei Überdosierung von Vitamin D mittels der Mikroveraschung erfassen konnte.

Vereinzelt wird auch von negativen Ergebnissen der Mikroveraschung bei histo-pathologischen Untersuchungen berichtet, so von HORNING (1934c), der bei akuter und chronischer Morphinvergiftung und bei den nach plötzlichem

Entzug des Morphins auftretenden Abstinenzerscheinungen keine Mengen- und Lageveränderungen der Salze in Leber, Niere und Gehirn feststellen konnte.

Ausführlicher als das früher geschehen ist, werden in neueren Monographien und Handbüchern die Ergebnisse spodographischer Studien berücksichtigt. Als Beispiele dafür seien etwa das Lehrbuch der Histologie von COWDRY (1944) und die von LANSING besorgte 3. Auflage von COWDRY's Problems of Ageing (1952) genannt. Besonders ausgiebig werden die Befunde an veraschten Präparaten in Spezialuntersuchungen über die Zelle herangezogen, so etwa von MILOVIDOV (1949) in seiner Abhandlung über Physik und Chemie des Zellkernes, in der Allgemeinen Cytologie von DE ROBERTIS, NOWINSKI und SAEZ (1949) und in der Übersicht über den Zellteilungscyclus von HUGHES (1952). Ganz kürzlich bot G. C. HIRSCH im Handbuch der allgemeinen Pathologie einen recht gut dokumentierten Bericht über einige Mikroveraschungsbefunde.

Für eine weitere Ausdehnung der Anwendungsmöglichkeit spodographischer Forschungen wären verbesserte Methoden der Aschenanalyse dringend notwendig. Erleichtert würde der Vergleich der Befunde verschiedener Untersucher auch, wenn einheitlichere Arbeitsweisen, speziell in der Vorbehandlung der Schnitte, eingehalten würden. Damit würden einerseits manche Widersprüche in der Literatur ihre Abklärung finden und andererseits die Fehlerquellen bei künftigen Untersuchungen verringert werden. Immerhin ist hervorzuheben, daß die Schnittveraschung auch heute schon einen Stand erreicht hat, der ihre Anwendung auf geeignete Fragestellungen — allein oder mit anderen Methoden kombiniert — stets lohnend machen wird.

Literatur

ALEXANDER, L.: The neurone as studied by micro-incineration. Anat. Rec. **67**, Suppl. 3, 3 (1937). — Brain **61**, 52 (1938).
—, and J. M. LOONEY: Histologic changes in senile dementia and related conditions studied by silver impregnation and micro-incineration. Arch. of Neur. **40**, 1075 (1938).
—, and A. MYERSON: The mineral content of various cerebral lesions as demonstrated by the micro-incineration method. J. Nerv. Dis. **84**, 313 (1936). — Amer. J. Path. **13**, 405 (1937).
— — Minerals in normal and in pathologic brain tissue, studied by micro-incineration and spectroscopy. Arch. of Neur. **39**, 131 (1938).
— — Cell minerals in amaurotic idiocy, tuberous sclerosis and related conditions, studied by micro-incineration and spectroscopy; examples of degenerative and neoplastic cell disease. Amer. J. Psychiatry **96**, 77 (1939).
ALLARA, E.: L'aspect spodographique de quelques variétés de tissus conjonctifs. C. r. Soc. Biol. Paris **126**, 736 (1937a).
— Sur la microincinération d'organes riches en substances lipoïdes par la méthode de SCHULTZ-BRAUNS. C. r. Soc. Biol. Paris **126**, 1136 (1937b).
— Comportamento dello stroma di alcuni organi in differenti momenti funzionali. Boll. Soc. ital. Biol. sper. **12**, 398 (1937c).
— La distribuzione delle sostanze inorganiche in alcune varietà di tessuto connettivo studiata con il metodo della microincinerazione. Boll. Soc. ital. Biol. sper. **13**, 99 (1938). — Bull. Histol. appl. **15**, 220 (1938).
— Ricerche spodografiche sulla mammella di Cavia nelle varie fasi del suo ciclo funzionale. Bull. Histol. appl. **16**, 157 (1939).
— Ricerche sull'organo del gusto dell'Uomo. II. Le sostanze minerali delle formazioni gustative nelle varie età della vita. Arch. ital. Anat. e Embriol. **46**, 96 (1941).
— Quelques problèmes d'histophysiologie des glandes salivaires étudiés avec la méthode de la microincinération. Bull. Histol. appl. **26**, 27 (1949).
— Sulla natura e sull'origine delle membrane basali. Monit. zool. ital. **58**, Suppl. 44 (1950a).
— Il problema delle membrane basali. Arch. ital. Anat. e Embriol. **55**, 163 (1950b).
— Sulla struttura della ghiandola tiroide del neonato. Arch. ital. Anat. e Embriol. **56**, 273 (1951).
ANGELINI, G.: Il metodo del microincinerimento per lo studio delle sostanze inorganiche dei tessuti. Monit. zool. ital. **42**, 319 (1931).
BAGIŃSKI, S.: Recherches histochimiques sur les cellules lipopigmentaires, dites de Ciaccio. C. r. Soc. Biol. Paris **96**, 537 (1927a).
— Sur la nature des cellules lipopigmentaires dites de Ciaccio. Bull. Histol. appl. **4**, 173 (1927).
— Contribution à l'histochimie du tissu cartilagineux. Bull. Histol. appl. **6**, 225 (1929).
— Sur la détection histochimique des diverses cations. Pam. Wil. Tow. Lek. **6** (1930).
— Recherches histochimiques sur des composés inorganiques des tissus. Pam. Wil. Tow. Lek. **7** (1932).
— Études sur les composés anorganiques des tissus. I. Spodographie des ovaires. Bull. Histol. appl. **11**, 277 (1934).
— Mikroveraschung. Einige praktische Hinweise. Z. wiss. Mikrosk. **55**, 241 (1938).
BARIGOZZI, C.: Spodogrammi di cromosomi. Nota I. Boll. Soc. ital. Biol. sper. **11**, 288 (1936a).
— Riconoscimento dei fosfati nei tessuti inceneriti. Boll. Soc. ital. Biol. sper. **11**, 836 (1936b).
— Analisi spodografica e dopo la reazione di Millon dei cromosomi delle ghiandole salivari di Chironomus Thummi. Monit. zool. ital. **47**, Suppl. 164 (1937). — Anat. Anz. **83**, Erg.-H., 129 (1937a).
— Lo spodogramma dei cromosomi delle ghiandole salivari di Drosophila melanogaster. Boll. Soc. ital. Biol. sper. **12**, 583 (1937b).
— Primo contributo alla conoscenza di alcuni componenti dei cromosomi (Sostanze minerali e proteine nei cromosomi delle ghiandole salivari di Chironomus). Z. Zellforsch. **26**, 462 (1937c).
— Le sostanze minerali nei cromosomi delle ghiandole salivari dei Ditteri, in relazione alla probabile distribuzioni dei geni. Boll. Soc. ital. Biol. sper. **12**, 208 (1937d).
— Lo studio degli spodogrammi dei cromosomi. Commentat. Pontificiae Acad. Scient. **1**, 333 (1937e).

BARIGOZZI, C.: La struttura delle fibre muscolari striate studiate con il microincenerimento. Arch. Zool. ital. **24**, 129 (1937f).
— La signification du spodogramme pour l'étude de la structure des chromosomes. Bull. Histol. appl. **15**, 213 (1938a).
— Osservazioni sulla tecnica degli antracogrammi. Monit. Zool. ital. **48**, Suppl., 273 (1938b).
—, e B. SCHREIBER: Lo spodogramma del fuso. Boll. Soc. ital. Biol. sper. **12**, 210 (1937).
BAUD, CH.-A.: Les techniques d'étude des structures inframicroscopiques. 6. Le moulage des espaces submicroscopiques. Bull. mens. Soc. Lin. Lyon **18**, 124 (1949).
BELTRAMI, W.: Sul contenuto in ceneri nel tessuto neoplastico e negli organi di ratti con tumori da idrocarburi e relativi trapianti. Tumori, Ser. II **14**, 459 (1940).
BENOIT, W.: Über moderne Methoden zum Nachweis anorganischer Substanzen im Gewebsschnitt. Münch. med. Wschr. **1932**, 1541.
BERNER, F.: Untersuchungen über die Wirkung von Röntgenstrahlen auf den Mineralstoffwechsel von Einzellern mit dem Ziel, einen Bestrahlungsrhythmus zu finden, der Kulturen von Einzellern in möglichst kurzer Zeit bei niedriger Gesamtstrahlenmenge vernichtet. Strahlenther. **71**, 1 (1942).
BLUMENTHAL, H. T., A. I. LANSING and S. H. GRAY: A comparison of the histochemical changes with age of the elastic tissue of the aorta, coronary, hepatic and renal arteries. 1rst Ann. Scient. Meeting Gerontol. Soc. J. of Gerontol. **3**, 6 (1948).
— — and P. A. WHEELER: Calcification of the media of the human aorta and its relation to intimal arteriosclerosis, ageing and disease. Amer. J. Path. **20**, 665 (1944).
BONAMOUR, G.: Micro-incinération de l'œil normal. Bull. Soc. Ophtalm. Paris **1934**, 338. — Lyon méd. **153**, 720 (1934).
BUSNEL, R. G.: Recherches, par les méthodes de microincinération et d'histospectrographie, sur la présence de certaines matières minérales dans l'organe électrogène et les muscles de divers poissons électriques. Bull. Inst. océanogr. **1938**, Nr 743, 1.
— P. PILLET et H. TILLÉ: Application des méthodes de la microincinération et de l'histospectrographie à l'étude de la cataracte sénile, de la cataracte noire et de la cataracte ambrée. Bull. Histol. appl. **15**, 99 (1938).
CAREY, E. J., and W. ZEIT: Microincineration of active smooth, transitional and skeletal muscles. Proc. Soc. Exper. Biol. a. Med. **41**, 31 (1939).
CASPERSSON, T., and B. THORELL: The localization of the adenylic acids in striated musclefibres. Acta physiol. scand. (Stockh.) **4**, 97 (1942).
CATHIE, I. A. B.: Inorganic nuclear content as an index of tumour radiosensitivity. J. of Pathol. **48**, 1 (1939).
—, and J. DAVSON: Micro-incineration of epithelial tumours with regard to radiosensitivity. Amer. J. Canc. **31**, 471 (1937).
CHIARA, A.: Sistemi moderni di indagine biologica: l'antracografia, la spodografia e l'istotopochimica nelle loro applicazioni ad alcuni organi del tratto genitale femminile. Riv. ital. Ginec. **33**, 83 (1950).
CHURCHILL, H. R.: An application of the microincineration method to the study of early calcification phenomena during odontogenesis. J. Amer. Dent. Assoc. **24**, 1135 (1937).
CIARDI-DUPRÉ, G.: Prime osservazioni sul contenuto in ceneri nel corpo luteo da calore di „Bos taurus". Monit. Zool. ital. **51**, 144 (1940).
COLFER, H. F., and H. E. ESSEX: A microcrystallographic approach to the analysis of microincinerated tissues. Proc. Staff Meet. Mayo Clin. **22**, 513 (1947a).
— — The distribution of total electrolyte, potassium and sodium in the cerebral cortex in relation to experimental convulsions. Amer. J. Physiol. **150**, 27 (1947b).
COVELL, W. P., and W. B. C. DANKS: Studies on the nature of the Negri body. Amer. J. Path. **8**, 557 (1932).
COWDRY, E. V.: The microincineration of intranuclear inclusions in yellow fever. Amer. J. Path. **9**, 149 (1933).
— Neurocytology. In: The problem of mental disorder, S. 146. New York 1934.
— A textbook of histology, 3. Aufl. Philadelphia 1944.
— Laboratory technique in biology and medicine, 2. Aufl., S. 151. Baltimore 1948.
—, and W. ANDREW: Some cytochemical and cytologic features of senile keratosis. J. of Gerontol. **5**, 97 (1950).
DANKS, W. B. C.: A histochemical study by microincineration of the inclusion body of fowl-pox. Amer. J. Path. **8**, 711 (1932).
DEMPSEY, E. W., and A. I. LANSING: Elastic tissue. Internat. Rev. Cytology **3**, 437 (1954).
—, and G. B. WISLOCKI: Observations on some histochemical reactions in the human placenta, with special reference to the significance of the lipoids, glycogen and iron. Endocrinology **35**, 409 (1944).
DEUCHER, F.: Topochemische Untersuchungen über Glykogen-, Kalium- und Aschegehalt im Warmblüterherzen. Z. mikrosk.-anat. Forsch. **49**, 401 (1941). — Diss. med. Bern 1943.

DOUBROW, S.: Étude histochimique de quelques modalités réactionelles des tissus pulmonaires au cours de la tuberculose. Bull. Histol. appl. **16**, 74 (1939).
— R. FROMENT et D. PILLET: Application de la méthode de microincinération à l'étude de la teneur en cendres minérales des poumons tuberculeux. C. r. Soc. Biol. Paris **100**, 668 (1929).
DRAPER, M. H., and A. J. HODGE: Sub-microscopic localization of minerals in skeletal muscle by internal „micro-incineration" within the electron microscope. Nature (Lond.) **163**, 576 (1949).
DURAN-JORDA, F.: A micro-incineration study of the flat epithelial layer covering the alimentary tract. Brit. J. Surg. **33**, 346 (1946).
EICKEN, E.: Histotopochemische Untersuchungen am Zahnfleisch unter Anwendung der Schnittveraschung. Diss. med. Frankfurt a. M. 1931. — Paradentium 4, 72 (1932).
ELIASSOW, A.: Beitrag zur Methode der Schnittveraschung. Dermat. Wschr. **1933**, 683.
ENGMAN, M. F., and R. C. MACCARDLE: Histochemical study of neurodermatitis; preliminary report; microincineration and spectrographic analysis. Arch. of Dermat. **42**, 109 (1940).
ENGSTRÖM, A.: Korrelation zwischen Aschengehalt und Ultraviolettabsorption bei verschiedenen Zellbestandteilen. Chromosoma **2**, 459 (1943).
— The localization of mineral salts in striated muscle-fibres. Acta physiol. scand. (Stockh.) **8**, 137 (1944).
FERRARI-LELLI, G.: Sulla spodografia della tonsilla palatina umana. Oto-Rino-Laring. ital. **1948**. 12 S.
FUNAOKA, S., und H. OGATA: Über die Lokalisation der Mineralstoffe in den Zellen. Fol. anat. jap. 8, 169 (1930).
GAGE, S. H.: The microscope. Kap. 14. Incineration. 16. Aufl. 1936.
— Apparatus and methods for micro-incineration. Stain Technol. **13**, 25 (1938).
—, M. G. DAY and C. C. STARRETT: The structural appearances of unstained, living, fresh, and fixed tissues and organs revealed by the bright-field, the dark-field, the ultra-violet, and the polarizing microscope in comparison with stained and with incinerated tissues and organs. Anat. Rec. **55**, Suppl. 17 (1933).
GANS, O.: Zur Histo-Topochemie der gesunden und kranken Haut. Untersuchung des anorganischen Aufbaues mittels der Schnittveraschung. Arch. f. Dermat. **161**, 607 (1930).
— Beitrag zum anorganischen Aufbau der gesunden und kranken Haut. Klin. Wschr. **1932**, 787.
—, u. F. HERRMANN: Zum anorganischen Aufbau der gesunden und kranken Haut. Z. wiss. Mikrosk. **49**, 313 (1932). — Zbl. Hautkrkh. **45**, 674 (1933).
GERLACH, W.: Die Deutung des Aschenbildes in der Pathologie. Verh. dtsch. path. Ges. **26**, 163 (1931).
—, u. W. GERLACH: Die chemische Emmissions- und Spektralanalyse. II. Teil. Anwendung in Medizin, Chemie und Mineralogie. Leipzig 1933.
GERSH, I.: The Altmann technique for fixation by drying while freezing. Anat. Rec. **53**, 309 (1932).
— Some applications of the freezing-drying method for morphologic problems. Amer. J. Path. **23**, 911 (1947).
GLICK, D.: Techniques of histo- and cytochemistry. Microincineration S. 140. New York 1949.
GODLEWSKI, H.: Quelques observations directes de processus de microincinération, faites par un nouveau microincinérateur. C. r. Soc. Sci. Varsovie, Cl. IV **30**, 254 (1937).
— Quelques observations concernant la microincinération effectuée à l'aide d'un dispositif nouveau permettant le contrôle direct de ce processus. Bull. Histol. appl. 15, 245 (1938).
GÖLDI, C.: Histochemische Reaktionen in der normalen Harnblasenschleimhaut. Schweiz. med. Wschr. **1951**, 798. — Z. mikrosk.-anat. Forsch. **58**, 256 (1952). — Diss. med. Bern 1952.
GOMORI, G.: Microscopic histochemistry. Chicago 1952.
HACKMANN, CH.: Beitrag zur Technik der Schnittveraschung. Eine Methode zur lokalisierten Darstellung von Mineralsalzen im veraschten Schnitt. Virchows Arch. **290**, 749 (1933).
HAM, A. W.: Mechanism of calcification in the heart and aorta in hypervitaminosis D. Arch. of Path. 14, 613 (1932).
HAMPP, E. G.: Mineral distribution in developing tooth. Anat. Rec. **77**, 273 (1940).
— Microincineration studies of enamel-containing ameloblastoma. J. Amer. Dent. Assoc. **29**, 1819 (1942).
HENCKEL, K. O.: Aschenbilder histologischer Schnitte. Anat. Anz. **67**, Erg.H. 230 (1929).
— Die Mikroveraschung. In E. ABDERHALDENS Handbuch der biologischen Arbeitsmethoden, Bd. V/2, II. Berlin u. Wien 1929.
— Sobre la distribución de las substancias inorgánicas en algunos órganos del cuerpo humano ségun el método de microincineración. Bol. Soc. Biol. Conception 3/4, 73 (1929/30).

HENRIQUES, V., u. H. OKKELS: Histochemische Untersuchungen über das Verhalten verschiedener Eisenverbindungen innerhalb des Organismus. Biochem. Z. **210**, 198 (1929).

HERMAN, V., u. I. ORBAN: Vergleichende Untersuchungen von Spodogrammen von Tuberkeln und Gummen. Frankf. Z. Path. **48**, 291 (1935).

HERRERA, A. L.: El ácido silicico en los residuos carbonósos de las materias orgánicas. La terapeútica moderna. Mejico **1912**, 122.

— Présentation et description d'un album de photographies plasmogéniques reproduisant les structures organoïdes et celluliformes artificielles. Congr. internat. Zool. Monaco. Rennes 1914, S. 424.

— Sur la présence de la silice dans les coupes histologiques incinérées. C. r. Acad. Sci. Paris **180**, 538 (1925).

HERRMANN, F.: Zur Methode der Veraschung von Gewebsschnitten und der Aschendifferenzierung. Z. wiss. Mikrosk. **49**, 313 (1932).

— Erweiterung des Verfahrens der Schnittveraschung. Differenzierung der anorganischen Struktur gesunder und kranker Haut. Z. wiss. Mikrosk. **52**, 257 (1935).

—, u. E. EICKEN: Das Spodogramm der Mundschleimhaut. Arch. f. Dermat. **165**, 495 (1932).

HILLER, S., u. S. BAGIŃSKI: Badania nad regeneracja u aksolotla. XIV. Congr. Natur. et Médec. polon. Poznan 1933.

HINTZSCHE, E.: Histochemische Untersuchungen an Drüsen des Verdauungsapparates. Schweiz. med. Wschr. **1935**a, 285.

— Histochemische Untersuchungen an Speicheldrüsen. Z. mikrosk.-anat. Forsch. **38**, 87 (1935b).

— Histochemische Untersuchungen an der menschlichen Placenta. Schweiz. med. Wschr. **1935**c, 286.

— Ergebnisse und Probleme histochemischer Forschung. Klin. Wschr. **1936**, 537.

— Das Aschenbild tierischer Gewebe und Organe. Erg. Anat. **32**, 63 (1938).

— Die Aschenverteilung in der normalen Aortenwand. Z. mikrosk.-anat. Forsch. **45**, 531 (1939a).

— Die Verteilung anorganischer Stoffe im Nervengewebe. Z. mikrosk.-anat. Forsch. **46**, 203 (1939b).

— Beitrag zur Histochemie des Nervengewebes. Schweiz. med. Wschr. **1939**c, 689.

— Histochemische Beobachtungen über die Harnbildung. Verh. schweiz. naturforsch. Ges. Basel **1941**, 193. — Schweiz. med. Wschr. **1942**, 502.

— Funktionell bedingte Veränderungen an Nierenkanälchen und ihre Deutung. Schweiz. med. Wschr. **1942**, 1019.

— Gustav Gabriel Valentin. Bern 1953.

—, u. P. ANDEREGG: Histophysiologische Studien an den PANETHschen Zellen. Z. mikrosk.-anat. Forsch. **43**, 143 (1938).

—, u. F. DEUCHER: Histophysiologische Untersuchungen am Warmblüterherzen. Schweiz. med. Wschr. **1941**, 526.

—, u. H. PETER: Jahreszeitliche Schwankungen des Eisengehaltes der Froschniere. Schweiz. med. Wschr. **1947**, 1043.

HIRSCH, C. G.: Der Mineralstoffwechsel der Zelle. In BÜCHNER, LETTERER u. ROULET, Handbuch der allgemeinen Pathologie, Bd. 2, Teil 1. Berlin-Göttingen-Heidelberg 1955.

HÖBEL, E.: Vergleichende und experimentelle Untersuchungen über den Aschengehalt der Speicheldrüsen. Z. mikrosk.-anat. Forsch. **60**, 33 (1953). — Diss. med. dent. Bern 1953.

HOERR, N. L.: Frontiers in cytochemistry. Biol. Symp. (Lancaster, Pa.) **10** (1943).

HORNING, E. S.: A note on the technique of microincineration: Its advantages as an application for a histochemical study of normal and malignant tissues. J. Cancer Res. Comm. Univ. Sydney 4, 118 (1932).

— Microincineration studies of the tar tumors of rodents. 11. Scient. Rep. Invest. Imp. Cancer Res. Fund. 1934a, p. 55.

— The action of radium on the inorganic structure of tumor cells as shown by microincineration. 11. Scient Rep. Invest. Imp. Cancer Res. Fund. 1934b, p. 67.

— Cytopathological studies of morphine poisoning and chronic morphinism in the albino rat, with reference to subsequent lecithin treatment. Amer. J. Path. **10**, 219 (1934c).

— Micro-incineration and the inorganic constituents of cells. In: G. BOURNE, Cytology and cell physiology. Oxford 1942, S. 160. 2. Aufl. 1951, S. 287.

—, and G. M. FINDLAY: Microincineration studies of the liver in Rift Valley fever. J. Roy. Microsc. Soc. **54**, 9 (1934).

—, and H. D. LAMB: Cyto-pathological studies of tuberculoma of the choroid. J. Cancer Res. Comm. Univ. Sydney 5, 3 (1933/34).

—, and G. H. SCOTT: A preliminary study of the distribution and changes in the inorganic salts during embryonic development of the chick. Anat. Rec. **52**, 351 (1932a).

Horning, E. S., and G. H. Scott: On the classification of cells according to their inorganic structure in vitro. Proc. Soc. Exper. Biol. a. Med. **29**, 704 (1932b).
— — Comparative cytochemical studies by microincineration of a saprozoic and a holozoic infusorian. J. of Morph. **54**, 389 (1933).
Hueper, W. C.: Histochemical studies of organs of tumor-bearing rats by the microincineration method: mineral structure of malignant tissue. J. Labor. a. Clin. Med. **19**, 1293 (1934).
Hughes, A.: The mitotic cycle, S. 104. London 1952.
Hydén, H.: Die Funktion des Kernkörperchens bei der Eiweißbildung in Nervenzellen. Z. mikrosk.-anat. Forsch. **54**, 96 (1943a).
— Protein metabolism in the nerve cell during growth and function. Acta physiol. scand. (Stockh.) **6**, Suppl. 17 (1943b).
Irwin, D. A.: Histological demonstration of siliceous material by microincineration. Canad. Med. Assoc. J. **31**, 135 (1934a).
— Microincineration as an aid in diagnosis of silicosis. Canad. Med. Assoc. J. **31**, 140 (1934b).
Jacobi, W., u. W. Keuscher: Über den mikrochemischen Kalium- und Calciumnachweis im histologischen Schnitt. Arch. f. Psychiatr. **79**, 323 (1927).
John, K.: Aschepräparate. Mikrosk. Naturfreund **7** (1929).
— Nochmals „Aschebilder und Verkohlungspräparate". Z. wiss. Mikrosk. **47**, 454 (1930).
Klein, G.: Allgemeine und spezielle Methodik der Histochemie. In T. Péterfi, Methodik der wissenschaftlichen Biologie, Bd. 1. Berlin 1928.
Klostermeyer, W.: Studien über Salzverschiebungen in Nekrosen und Abszessen mit Hilfe der Schnittveraschung. Virchows Arch. **292**, 268 (1934).
— Untersuchungen über den Mineralstoffgehalt tuberkulöser Herde mit Hilfe der Schnittveraschung. Virchows Arch. **298**, 298 (1937).
Kooyman, D. J.: State and localization of inorganic salts in the skin as revealed by extraction and micro-incineration. Arch. of Dermat. **32**, 394 (1935).
Kropp, B.: The content and distribution of minerals in human amnion and chorion at term. Anat. Rec. **77**, 407 (1940).
Kruszyński, J.: Entwicklung, Cytologie und Histochemie der Knorpel und der chondroiden Gewebe des Auges der Sepia. Z. Zellforsch. **19**, 403 (1933a).
— Badania cytochemiczne nad komórka nervowa. Congr. Natur. et Méd. polon. Poznan 1933b.
— Cytochemische Untersuchungen der veraschten Nervenzelle. Bull. Acad. polon. Sci. et Lettr., Sér. B **2**, 105 (1934).
— Recherches sur le cartilage. I. Différenciation, morphologie et histochemie du cartilage dans les cultures de tissus. Prace Tow. Przyj. Nauk. Wilno, Wydź. mat. przyrod. **10**, 1 (1936a).
— Histochemische Untersuchungen des veraschten „in vitro" gezüchteten Knorpelgewebes. Fol. morph. **7**, (1936/37).
— Vereinfachte Methode zur Bestimmung des Maßstabes auf Mikrophotographien, bes. bei Anwendung eines dunklen Feldes oder des auffallenden Lichtes. Z. wiss. Mikrosk. **54**, 411 (1937).
— Neue Ergebnisse cytochemischer Untersuchungen bei Mikroveraschung von Epithel-, Muskel- und Nervenzellen. Z. Zellforsch. **28**, 35 (1938).
— Mikrochemische Untersuchungen des veraschten Paramecium caudatum. Verteilung von Kalk und Eisen in der Zelle. Arch. Protistenkde **92**, 1 (1939).
— Some observations with the phase-contrast microscope upon incinerated human blood cells. J. of Physiol. **111**, 89 (1950a).
— Some observations with the phase-contrast microscope upon incinerated frog blood cells. Abstr. Communic. Internat. Anat. Congr. Oxford 1950b, S. 109.
— Further observations upon incinerated blood cells with the phase-contrat microscope. Acta anat. (Basel) **13**, 337 (1951a).
— A microchemical study of Plasmodium gallinaceum by microincineration. Ann. Trop. Med. **45**, 85 (1951b).
— A microchemical study of Plasmodium Berghei by microincineration, with a note on the microscopical demonstration of calcium. Ann. Trop. Med. **46**, 117 (1952).
— An improved microincineration technique for the demonstration of mineral elements in cells. J. of Anat. **88**, 580 (1954). — Acta anat. (Basel) **23**, 58 (1955a).
— A cytochemical study of reticulocytes by microincineration. Acta anat. (Basel) **24**, 164 (1955b).
Ku, D. Y.: Microincineration studies of human coronary arteries. Amer. J. Path. **8**, 638 (1932); **9**, 23 (1933).
Lagerstedt, St.: Effect of microincineration on the proteinaceous inclusions in normal rat liver cytoplasm. Acta anat. (Basel) **3**, 190 (1947).
— Cytological studies on the protein metabolism of the liver in rat. Acta anat. (Basel) **7**, Suppl. 9, (1949). 116 S.

LANSING, A. I.: Localization of calcium in Paramecium caudatum. Science (Lancaster, Pa.) 87, 303 (1938).
— Calcium changes with age in the Rotifer, Euchlanis sp., the Planarian Phagocata sp., and the toad Bufo Fowleri as shown by the microincineration technique. Anat. Rec. 78, Suppl., 65 (1940).
— Increase of cortical calcium with age in the cells of a Rotifer, Euchlanis dilatata, a Planarian, Phagocata sp. and a toad, Bufo Fowleri as shown by the microincineration technique. Biol. Bull. 82, 392 (1942).
— General Physiology. In COWDRY's Problems of Ageing, 3. Aufl. Baltimore 1952.
— M. ALEX and T. B. ROSENTHAL: Calcium and elastin in human arteriosclerosis. J. of Gerontol. 5, 112 (1950).
— H. T. BLUMENTHAL and S. H. GRAY: Ageing and calcification of the human coronary artery. J. of Gerontol. 3, 87 (1948).
— Z. K. COOPER and T. B. ROSENTHAL: Some properties of degenerative elastic tissue (senile elastosis). Anat. Rec. 115, 340 (1953).
—, and G. H. SCOTT: The effect of perfusion with sodium citrate on the content and distribution of the minerals in various cells of the cat as shown by electron microscopy and microincineration. Anat. Rec. 84, 91 (1942).
LECLOUX, J.: Recherches sur l'anthracose pulmonaire. II. Application de la microincinération à l'étude des pigments anthracosiques extraits de l'expectoration d'ouvriers mineurs tuberculeux. Bull. Histol. appl. 9, 247 (1932).
LIEBERT, E., and G. HEILBRUNN: Mineral content of the brain. Changes in experimental animals following injections of insulin and metrazol. Arch. of Neur. 43, 463 (1940).
LIESEGANG, R. E.: Die Veraschung von Mikrotomschnitten. Biochem. Z. 28, 413 (1910).
— Nachweis geringer Eisen- und Kupfermengen in Leinen, Papier oder tierischen Geweben. Z. wiss. Mikrosk. 40, 14 (1923).
— Mikrotomschnitt-Veraschung. Z. wiss. Mikrosk. 57, 25 (1940).
LISON, R.: Histochimie animale, S. 57. Paris 1936.
— Histochimie et cytochimie animales, S. 87. Paris 1953.
LOCQUIN, M.: Localisation des microréactions, spécialement sur spodogrammes, par la méthode des grilles lyophobes. Microscopie 2, 71 (1950).
LORETI, F.: Sulla struttura della fibra muscolare striata negli atropodi. Atti R. Accad. Ital., Mem. Cl. Sci., Fis., Mat. e Nat. 11, 499 (1940a).
— Ulteriori osservazioni sulla struttura della fibra muscolare striata negli artropodi. Accad. Pontif. delle Sci. (Comment.)' 4, 413 (1940b).
— Osservazioni di spodografia ed antracografia della fibre muscolari degli Insetti (Coleoptera). Acta pontif. Acad. Sci. 5, 15 (1941a). — Monit. Zool. ital. 52, 147 (1941b).
— Distribuzione e natura chimica delle ceneri e delle sostanze carboniose nelle fibre muscolari striate degli arti (zampe ed ali) degli Insetti (Coleoptera). Spodogrammi ed antracogrammi. Z. Zellforsch. 31, 568 (1941c).
— La fluoroscopia e la spodografia nello studio della fibra nervosa. Rend. Ist. lomb. Sci. e Lett. 77, 328 (1943/44).
— Ricerche spodografiche ed antracografiche sulla fibra nervosa midollata periferica. Boll. Soc. ital. Biol. sper. 21, 168 (1946).
— Ricerche di spodografia e di antracografia sulla fibra midollata (o mielinica) dei nervi periferici. Atti Accad. Sci. Ferrara 25, H. 1 (1947/48).
LUCAS, M. S., and C. A. EVANS: Correlation of qualitative microchemical tests on the protozoan nucleus and the mode of nutrition. J. Roy. Microsc. Soc. 55, 261 (1935).
LÜDERITZ, B.: Über Schnittveraschung der normalen Linse. Klin. Mbl. Augenheilk. 99, 75 (1937).
MACCARDLE, R. C.: The calcium deposits in nerve cells of white rat after injections of urea and cholesterol. Anat. Rec. 67, 81 (1936).
— Cell changes revealed by microincineration and ultracentrifugation in tumors of mice treated with acetyliodocolchinol methyl ether and with podophyllin. Anat. Rec. 100, 693 (1948).
— Effects of mitotic inhibitors on tumor cells. Ann. New York Acad. Sci. 51, 1489 (1951).
— M. F. ENGMAN jr. and M. F. ENGMAN sen.: Mineral changes in neurodermatitis revealed by microincineration. Arch. of Dermat. 47, 335 (1943).
MACKLIN, C. C., and M. T. MACKLIN: The intestinal epithelium. In E. V. COWDRY, Special Cytology. Sect. 8, 307. New York 1932.
MACLENNAN, R. F.: Simplified methods for micro-incineration of tissues. Science (Lancaster, Pa.) 78, 367 (1933).
— Localization of mineral ash in the organelles of Trichonympha, a hypermastigote Flagellate from Zootermopsis angusticollis. J. of Morph. 56, 231 (1934).
—, and H. K. MURER: Localization of mineral ash in the organelles and cytoplasmic components of Paramecium. J. of Morph. 55, 421 (1934).

Marza, V. D., E. Marza et L. Chiosa: Étude histochimique du fer dans l'ovaire de poule. Bull. Histol. appl. **9**, 213 (1932).

Mason, C. W.: Transmitted structural blue in microscopic objects. J. Physiol. Chem. **35**, 73 (1931).

Matter, R.: Über histochemische Untersuchungen der Vaginalschleimhaut. Gynaecologia (Basel) **139**, 227 (1955).

Matteo, A. L.: Las técnicas microscópicas modernas. An. Fac. Med. Montevideo **31**, 635 (1946).

Maxia, C.: Spodogrammi di tiroide e di glandole salivari. Boll. Soc. ital. Biol. sper. **10**, 346 (1935). — Atti Soc. Cultori Sci. Med. e Nat. Cagliari, N. S. 2 **37**, 103 (1935).

— Ricerche spodografiche e antracografiche in ghiandole salivari di Mammiferi. Monit. Zool. ital. **49**, Suppl. 68 (1939).

— Ricerche spodografiche, antracografiche e istotopochimiche qualitative in ghiandole salivari di Mammiferi. Scritti biol. **16**, 22 (1941).

— G. Landau e F. Ferretto: Ricerche spodografiche in ghiandole salivari di Mammiferi. Boll. Soc. ital. Biol. sper. **13**, 934 (1938).

Meier, F.: Die Verteilung anorganischer Stoffe in Nierenkanälchen verschiedenen Funktionszustandes. Diss. med. Bern 1941.

Meltzer, H.: Die mikroskopische Darstellung und Differenzierung des anorganischen Gewebegerüstes in der Chirurgie. I. Mitt. Experimentelle Untersuchungen über den Ablauf einer Entzündung. Arch. klin. Chir. **184**, 191 (1936a). II. Mitt. Untersuchungen über die normale und entzündete Appendix. Arch. klin. Chir. **184**, 210 (1936b). III. Mitt. Die normale und die geschwulstkranke Brustdrüse. Arch. klin. Chir. **184**, 229 (1936c).

—, u. E. H. Kühtz: Über den Einfluß der Röntgenbestrahlung auf das anorganische Gewebegerüst der Haut. Strahlenther. **62**, 406 (1938a).

— — Über den Ablauf der experimentellen Entzündung unter der Wirkung der Röntgenbestrahlung. Spodogrammuntersuchungen. Strahlenther. **62**, 425 (1938b).

Milovidov, P. T.: Die anorganischen Kernsubstanzen und ihre örtliche Verteilung. In Physik und Chemie des Zellkernes. Protoplasma-Monogr. **20**, 356 (1949).

Monroy, A.: Microincineration of sea urchin eggs during cleavage. Experientia (Basel) **2**, 500 (1946).

Monsch, G.: Das Aschebild der normalen und der kropfigen Schilddrüse, zugleich ein Beitrag zur Deutung von Aschebildern. Beitr. path. Anat. **90**, 479 (1932/33).

Montagna, W.: The cytology of mammalian epidermis and sebaceous glands. Internat. Rev. Cytology **1**, 265 (1952).

Morel, A., A. Policard et P. Ravault: Application de la spectrographie à l'étude histochimique de l'aorte normale et pathologique de l'homme. Bull. Histol. appl. **9**, 22 (1932).

Morin, L.: Contribution à l'étude des mutations du calcaire dans la paroi aortique. Thèse méd. Lyon 1928.

Moureau, P.: Essais de localisation histochimique du calcium dans les organes peu riches en cet ion par la microincinération combinée à des réactions chimiques. Bull. Histol. appl. **8**, 245 (1931).

Noël, R., et H. Pigeaud: Recherches histo-chimiques sur la répartition des matières minérales fixes dans le placenta humain. C. r. Soc. Biol. Paris **98**, 1347 (1928).

— — et P. Colomb: Quelques résultats relatifs à la répartition des cendres dans le placenta humain. Bull. Histol. appl. **6**, 418 (1929).

— — et P. Millet: Étude histochimique de la teneur en matières minérales fixes du foie chez le foetus humain aux différents âges. Bull. Histol. appl. **8**, 27 (1931).

Okkels, H.: Disposition de la chaux dans les reins dans l'intoxication expérimentale par le calcium. Bull. Histol. appl. **4**, 134 (1927).

— Sur la disposition particulière du fer dans les organes parenchymateux après injection intraveineuse de diverses combinaisons ferrugineuses. Bull. Histol. appl. **6**, 321 (1929a).

— Détection histochimique de l'or et du plomb. C. r. Soc. Biol. Paris **102**, 1089 (1929b).

— Some observations on the cytology of multinucleated giant cells. Golgi-apparatus and microincineration. Acta path. scand. (København) **13**, 383 (1936).

— La glande thyroide. Paris 1936.

Olch, I. Y.: The examination of neoplasms of the breast and skin by the method of microincineration. Proc. Soc. Exper. Biol. a. Med. **30**, 511 (1933).

Ostertag, B. A.: Zur Histopathologie der Myoklonusepilepsie. Arch. f. Psychiatr. **73**, 633 (1925).

— Über die Veraschung des histologischen Schnittes zur Anstellung histochemischer Reaktionen am Zentralnervensystem. Arch. f. Psychiatr. **80**, 662 (1927).

Pallot, G.: Variations minérales dans le pancréas exocrine des Téléostéens. Z. Zellforsch. **29**, 234 (1939).

PATRASSI, G.: Il microincenerimento dei tessuti come mezzo di indagine istobiochimica. Diagnost. e Tecn. Labor. **1930**, 958.

PATTON, W. E.: Microincineration of degenerating anterior horn cells in experimental poliomyelitis. Proc. Soc. Exper. Biol. a. Med. **31**, 195 (1933).

— Alterations in mineral constituents of anterior horn cells in experimental poliomyelitis. Amer. J. Path. **10**, 615 (1934).

PETER, J.: Histochemische Untersuchungen an Nieren von Rana temporaria. Diss. med. Bern 1946.

PICCINNO, A.: Spodografia dell'appendice umana dal periodo fetale a quello senile. Rass. med. Sarda **53**, 225 (1951).

PLASCHKES, J.: Ergebnisse histochemischer Untersuchungen an der Milchdrüse. Diss. med. Bern 1951.

POLICARD, A.: Mündliche, nicht gedruckte Mitteilung auf der 16. Tag. der Assoc. des Anat. Paris 1921, nach POLICARD 1923 b.

— Sur une méthode de micro-incinération applicable aux recherches histochimiques. Bull. Soc. chim. France, IV. s. **33**, 1551 (1923 a).

— La minéralisation des coupes histologiques par calcination et son intérêt comme méthode histochimique générale. C. r. Acad. Sci. Paris **176**, 1012 (1923 b).

— Détection histochimique du fer total dans les tissus par la méthode de l'incinération. C. r. Acad. Sci. Paris **176**, 1187 (1923 c).

— Recherches histochimiques sur la rapidité de minéralisation et la teneur en cendres des diverses parties des cellules. C. r. Soc. Biol. Paris **89**, 533 (1923 d).

— Recherches histochimiques sur la teneur en cendres de l'ovaire humain. C. r. Soc. Biol. Paris **89**, 535 (1923 e).

— Détection histochimique du fer dans les coupes par la méthode de la calcination. C. r. Assoc. Anat. 18, 536 (1923 f).

— La microincinération et son intérêt dans les recherches histochimiques. Bull. Histol. appl. **1**, 26 (1924).

— Part prise par les canaux excréteurs dans la formation des composés calcaires de la salive. Bull. Histol. appl. **3**, 286 (1926).

— Recherches histochimiques sur la teneur en cendres des diverses parties de la cellule. Teneur du noyau en calcium. Bull. Histol. appl. **5**, 260 (1928 a).

— Nouvelles recherches sur la microincinération des cellules et des globules rouges nucléés. Bull. Histol. appl. **5**, 350 (1928 b).

— Recherches sur la rétraction calorique des diverses régions du cartilage d'ossification. Bull. Histol. appl. **5**, 426 (1928 c).

— Étude par microincinération de la teneur en matières minérales fixes des diverses parties de la cellule. C. r. Acad. Sci. Paris **186**, 1066 (1928 d).

— Sur la teneur en calcium des diverses régions du cartilage d'ossification des os longs. C. r. Acad. Sci. Paris **186**, 1380 (1928 e).

— Application de la méthode de la microincinération à l'étude des vorticelles. Arch. d'Anat. microsc. **25**, 445 (1929 a).

— La microincinération des cellules et des tissus. Protoplasma (Berl.) **7**, 464 (1929 b).

— Die Mikroveraschung. Arch. exper. Zellforsch. **11**, 375 (1931 a).

— Recherches sur la Silicose pulmonaire. Étude cytologique des éléments à particules siliceuses du poumon dans la Silicose expérimentale. Bull. Histol. appl. **8**, 190 (1931 b).

— Some new methods in histochemistry. Harvey Lect., Ser. 27. **1933 a**.

— Étude par microincinération de la répartition des matières minérales fixes dans les spermatozoïdes de Mammifères. C. r. Acad. Sci. Paris **197**, 427 (1933 b).

— Les matières minérales fixes des éléments séminaux au cours de la spermatogénèse. Bull. Histol. appl. **10**, 313 (1933 c). — C. r. Acad. Sci. Paris **197**, 710 (1933 d).

— Mineral constituents of blood vessels as determined by the technique of microincineration. In E. V. COWDRY, Arteriosclerosis. New York 1933 e.

— Sur l'existence de fer dans le noyau cellulaire. Bull. Histol. appl. **11**, 216 (1934 a).

— Sur la localisation des substances minérales dans la cellule. C. r. Assoc. Anat. **29**, 463 (1934 b).

— Étude par microincinération des cellules à cils vibratiles des bronches. Z. mikrosk.-anat. Forsch. **36**, 631 (1934 c).

— Six conférences d'histophysiologie normale et pathologique. Paris 1935.

— Étude photométrique des microincinérations. Bull. Histol. appl. **13**, 346 (1936 a).

— Technique permettant la microincinération d'une coupe sous contrôle microscopique continu. Bull. Histol. appl. **13**, 426 (1936 b).

— La méthode de la microincinération. Paris 1938. 50 S.

— Sur les mécanismes élémentaires des pneumoconioses minérales. Action de la permutite sur les tissus pulmonaires. Bull. Histol. appl. **16**, 18 (1939).

Policard, A.: Bases structurales et ultrastructurales de la microincinération. Mécanismes de formation des grains de cendre. Bull. Histol. appl. **17**, 81 (1940a).
— Recherches sur la constitution minérale des cellules lutéiniques dans les corps jaunes menstruels chez la femme. Bull. Histol. appl. **17**, 238 (1940b).
— Twenty years of microincineration. Cytological results. J. Roy. Microsc. Soc., Ser. III **62**, 25 (1942).
— Caractères des micro-incinérations et ultra-structures. Schweiz. med. Wschr. **1946**, 785.
—, et M. Bessis: Étude au microscope électronique de la microincinération des cellules. Le leucocyte polynucléaire neutrophile. C. r. Soc. Biol. Paris **146**, 540 (1952).
—, et G. Bonamour: Étude, par microincinération, de la cornée, du cristallin et des formations iridociliaires de l'œil humain. Bull. Histol. appl. **10**, 362 (1933).
—, et M. Boucharlat: Recherche sur l'origine histologique des images montrées par les radiographies pulmonaires. Bull. Histol. appl. **17**, 5 (1940).
—, and A. Collet: Deposition of siliceous dusts in the lungs of the habitants of the Saharian regions. Arch. Industr. Hyg. a. Occup. Med. U.S.A. **5**, 527 (1952).
— et S. Doubrow: Recherches histochimiques sur la teneur en cendres des cancers. Ann. d'Anat. path. **1**, 163 (1924).
— — Recherches histochimiques sur l'anthracose pulmonaire. Réun. internat. malad. profess. Lyon 1929a. Soc. méd. Hôp. Lyon 1929b.
— — Étude histochimique de l'anthracose pulmonaire. Déductions pathogéniques. Presse méd. **37**, 905 (1929c).
— — et D. Pillet: Application de la technique histochimique de la microincinération à l'étude des pigments anthracosiques pulmonaires. C. r. Soc. Biol. Paris **98**, 985 (1928a).
— — — Étude par microincinération des ganglions trachéobronchiques anthracosiques. C. r. Soc. Biol. Paris **99**, 823 (1928b).
— — — Recherches histochimiques sur l'anthracose pulmonaire des mineurs. C. r. Soc. Biol. Paris **100**, 400 (1929a).
— — — Recherches histochimiques sur l'anthracose pulmonaire. C. r. Acad. Sci. Paris **188**, 278 (1929b).
—, et E. Martin: Recherches d'histochimie quantitative sur la silico-tuberculose et la tuberculose pulmonaire. Bull. Histol. appl. **10**, 22 (1933).
—, et L. Michon: Sur la pathogénie des calcifications ovariennes. C. r. Soc. Biol. Paris **88**, 1300 (1923).
—, et A. Morel: Utilisation de la spectrographie de raies en histochimie (histospectrographie). C. r. Acad. Sci. Paris **194**, 491 (1932).
— — et P. P. Ravault: Étude histospectrographique de la localisation du calcium et du magnésium dans l'aorte humaine et de leurs variations au cours de l'athérome. C. r. Acad. Sci. Paris **194**, 201 (1932).
— G. Morin et J. Nétik: Teneur en substances minérales fixes des diverses régions cytoplasmiques des cellules pancréatiques. Bull. Histol. appl. **11**, 212 (1934).
— R. Noël et D. Pillet: Étude histochimique des variations de la teneur en cendres du tissu hépatique suivant divers régimes. C. r. Soc. Biol. Paris **91**, 1219 (1924).
—, et H. Okkels: Localizing inorganic substances in microscopic sections. The microincineration method. Anat. Rec. **44**, 349 (1930).
— — Die Mikroveraschung (Mikrospodographie) als histochemische Hilfsmethode. In E. Abderhaldens Handbuch der biologischen Arbeitsmethoden, Bd. V/2, II. Berlin u. Wien 1932.
—, et M. Péhu: Recherches histochimiques sur la répartition du calcaire dans les cartilages d'ossification des os longs chez les rachitiques. Bull. Histol. appl. **5**, 277 (1928).
— — et J. Boucomont: Recherches histopathologiques sur le rachitisme dans la première enfance. I. Le tissu chondroïde. Bull. Histol. appl. **9**, 73 (1932a). II. Le tissu ostéoïde. Bull. Histol. appl. **9**, 226 (1932b).
—, et D. Pillet: Recherches histochimiques sur la teneur en matières minérales fixes des cancers expérimentaux (sarcomes et épithelioma). C. r. Soc. Biol. Paris **92**, 273 (1925).
— — Recherches sur certaines réserves calcaires révélées par microincinération au niveau de la région céphalique chez les larves de Batraciens. Bull. Histol. appl. **3**, 230 (1926a).
— — Recherches sur le cartilage d'accroissement des os longs. I. Répartition histologique des matières minérales fixes étudiées par la microincinération. Bull. Histol. appl. **3**, 307 (1926b).
— — Sur la richesse du noyau cellulaire en composés calciques. C. r. Soc. Biol. Paris **98**, 1350 (1928a).
— — Sur la détection, par microincinération, du potassium et du sodium dans le cytoplasma des globules rouges. C. r. Soc. Biol. Paris **99**, 85 (1928b).
—, et P. Rauvaut: Procédé permettant la microincinération sans rétraction d'organes riches en tissu fibreux. Bull. Histol. appl. **4**, 170 (1927).

POLICARD A., et P. ROJAS: Étude par microincinération des globules rouges du Cichlasoma fascetum poisson Téléostéen. C. r. Soc. Biol. Paris 120, 366 (1935). — Rev. Soc. argent. Biol. 164 (1935).

PRENANT, M.: Recherches sur les rhabdites des Turbellariés. Arch. Zool. expér. 58, 219 (1919).

RASPAIL, F. V.: Nouveau système de chimie organique fondé sur des méthodes nouvelles d'observation, S. 528 ff. Paris 1833.

RAVAULT, P. P.: Recherches histochimiques sur la répartition du calcaire dans la paroi de l'aorte normale de l'homme. C. r. Acad. Sci. Paris 185, 871 (1927a).

— Recherches histochimiques sur les mutations locales du calcaire dans les lésions d'aortite. C. r. Soc. Biol. Paris 97, 1549 (1927b).

— Recherches histochimiques sur l'imprégnation calcaire normale de la paroi aortique. Bull. Histol. appl. 5, 40 (1928a).

— Sur l'imprégnation calcaire normale des artères périphériques et leurs différents modes de calcification pathologique. C. r. Soc. Biol. Paris 98, 711 (1928b).

— Le problème des calcifications artérielles. Bull. Histol. appl. 6, 49 (1929).

RECTOR, L. E., and E. J. RECTOR: The microincineration of herpetic intranuclear inclusions. Amer. J. Path. 9, 587 (1933).

RICHARDS, A. G.: The integument of arthropods. Mineapolis 1951.

— Studies on arthropod cuticle XII. Ash analysis and microincineration. J. Histochem. a. Cytochem. 40, 140 (1956).

RICHARDSON, K. C.: The secretory phenomena in the oviduct of the fowl, including the process of shell formation examined by the microincineration technique. Philosophic. Trans. Roy. Soc. Lond., Ser. B 225, 149 (1935).

RIVELLONI, G.: Distribuzione topografica delle ceneri in spodogrammi di cute umana normale. Boll. Soc. ital. Biol. sper. 12, 144 (1937).

— Ricerche spodografiche in cute umana normale. Giorn. ital. Dermat. 16, 31 (1938).

ROBERTIS, E. P. D. DE, W. W. NOWINSKI and F. A. SAEZ: General Cytology. Philadelphia u. London 1949.

RODDY, W. T.: Frozen section micro-incineration. Stain Technol. 16, 101 (1941).

ROSSI, F., e S. CAPURRO: Osservazioni ultramicroscopiche ed in contrasto di fase su spodogrammi di invertebrati. Boll. Soc. ital. Biol. sper. 26, 669 (1950).

—, e G. PESCETTO: La localizzazione delle sostanze inorganiche nella placenta umana nel corso della gravidanza. Studio in campo oscuro ed in contrasto di fase. Biol. Lat. 2, 369 (1949).

— Sulla distribuzione delle sostanze inorganiche negli spodogrammi della placenta umana. Osservazioni in campo oscuro, a luce polarizzata e con microscopio in contrasto di fase. Monit. zool. ital. 58, Suppl. 174 (1950).

ROTH, R.: Über die Kultivierung von Paramecium caudatum, die Veraschung der gezüchteten Klone und die Abwandlung des Gesamtaschenbildes unter der Einwirkung von Röntgenstrahlen. Strahlenther. 74, 169 (1943).

SAJNER, J.: Histologická analysa účinku nekterých sterolu. Lék. Fak. Masarykovy Univ. Brno 21, 1 (1948).

SANCHEZ-CALVO: La microincineración. Med. españ. 3, 500 (1940).

SCHEID, K. F.: Histologische Studien am Gehirn mit Hilfe der Schnittveraschung. Virchows Arch. 277, 673 (1930).

— Über exogene und endogene Eisenablagerungen in der Lunge. Beitr. path. Anat. 88, 224 (1932).

SCHÖNHOLZ, L.: Histochemische Untersuchungen an der Placenta und dem experimentell erzeugten Infarkt mittels der Mikroveraschung. Klin. Wschr. 1929a, 760.

— Die Placenta im Aschenbild. Arch. Gynäk. 138, 803 (1929b).

SCHULTZ-BRAUNS, O.: Histo-topochemische Untersuchungen an krankhaft veränderten Organen unter Anwendung der Schnittveraschung. Virchows Arch. 273, 1 (1929).

— Eine neue Methode des Gefrierschneidens für histologische Schnelluntersuchungen. Klin. Wschr. 1931a, 113.

— Die Methode der Schnittveraschung unfixierter tierischer Gewebe. Z. wiss. Mikrosk. 48, 161 (1931b).

— Über den Ausbau der Technik der Schnittveraschung und über neue histo-topochemische Aschenbefunde. Verh. dtsch. path. Ges. 26, 153 (1931c).

— Die Vorteile des Gefrierschneidens unfixierter Gewebe für die histologische Technik. Zbl. Path. 50, 273 (1931d).

—, u. L. SCHÖNHOLZ: Histo-topochemische Untersuchungen an der Placenta mit Hilfe der Schnittveraschung. Arch. Gynäk. 136, 503 (1929).

SCHULZE, W., u. H. ZSCHAU: Über die topographische Verteilung des Kalium und Calcium im gesunden und krankhaft veränderten Gewebe. Frankf. Z. Path. 48, 51 (1935).

Scott, G. H.: Sur la localisation des constituants minéraux dans les noyaux cellulaires des acini et des conduits excréteurs des glandes salivaires. C. r. Acad. Sci. Paris **190**, 1073 (1930a).
— Sur la disposition des constituants minéraux du noyau pendant la mitose. C. r. Acad. Sci. Paris **190**, 1323 (1930b).
— The disposition of the fixed mineral salts during mitosis. Bull. Histol. appl. **7**, 251 (1930c).
— Topographic similarities between materials revealed by ultraviolet light photomicrography of living cells and by micro-incineration. Science (Lancaster, Pa.) **76**, 148 (1932a).
— Distribution of mineral ash in striated muscle cells. Proc. Soc. Exper. Biol. a. Med. **29**, 349 (1932b).
— The quantitative estimation of ash after microincineration. Proc. Soc. Exper. Biol. a. Med. **30**, 1304 (1933a).
— The localization of mineral salts in cells of some mammalian tissues by microincineration. Amer. J. Anat. **53**, 243 (1933b).
— A critical study and review of the method of microincineration. Protoplasma (Berl.) **20**, 133 (1933c).
— Mineral salts of the nucleus. Proc. Soc. Exper. Biol. a. Med. **32**, 1428 (1935).
— The distribution of inorganic salts in adult and embryonic cells and tissues. Occas. Publ. Amer. Assoc. Adv. Sci. **4**, 173 (1937a).
— The microincineration method of demonstrating mineral elements in tissues. In C. E. McClung, Handbook of microscopical Technique, S. 643. New York 1937 (1937b).
— Mineral distribution in some nerve cells and fibers. Proc. Soc. Exper. Biol. a. Med. **44**, 397 (1940a).
— An electron microscope study of calcium and magnesium in smooth muscle. Proc. Soc. Exper. Biol. a. Med. **45**, 30 (1940b).
— Mineral distribution in the cytoplasm. Biol. Symp. **10**, 277 (1943).
— Microincineration method. In O. Glasser, Med. Physics, S. 729. New York 1944.
— Microincineration. In E. V. Cowdry, Laboratory Technique in Biology and Medicine, 2. Aufl., S. 151. Baltimore 1948.
—, and E. S. Horning: The structure of Opalinids, as revealed by the technique of microincineration. J. of Morph. **53**, 381 (1932a).
— — Study of normal and malignant tissues by microincineration. Proc. Soc. Exper. Biol. a. Med. **29**, 708 (1932b).
— — Histochemical studies by microincineration of normal and neoplastic tissues. Amer. J. Path. **8**, 329 (1932c).
—, and D. M. Packer: An electron microscope study of magnesium and calcium in striated muscle. Anat. Rec. **74**, 31 (1939a).
— — Magnesium and calcium in striated muscle as revealed by electron microscope. Proc. Soc. Exper. Biol. a. Med. **40**, 301 (1939b).
— — The localization of minerals in animal tissues by the electron microscope. Science (Lancaster, Pa.) **89**, 227 (1939c).
— — The electron microscope as an analytical tool for the localization of minerals in biological tissues. Anat. Rec. **74**, 17 (1939d).
Scuderi, R.: Rilievi antraco-spodografici ed istochimici sulle mucose delle vie aeree nell'uomo. Boll. Soc. med.-chir. Pavia **62**, 91 (1948).
Seifert, N.: Adrenalin und Synergismus. Schweiz. med. Wschr. **1924**, 773.
— Synergistische Versuche am überlebenden Gefäßstreifen. Diss. med. Basel 1925.
Sestini, F.: Osservazioni col microscopio a luminescenza. Osservazioni sul tessuto osseo. Atti Accad. Fisiocritici Siena **244**, 30 (1934).
Tada, K.: Über eine histochemische Nachweismethode von Blei. Verh. jap. path. Ges. **16** (1926).
Terni, T., e G. de Lucchi: Sulla istocarbonizzazione (istopirolisi). Primi risultati per cellule spermatiche. Bull. Histol. appl. **14**, 209 (1937a).
— — Sur l'histocarbonisation (histopyrolyse): premiers résultats pour des cellules spermatiques. C. r. Assoc. Anat. **32**, 493 (1937b).
Tillé, H., P. Pillet et R. G. Busnel: Histospectrographies et microincinérations de cristallins normaux et pathologiques et spécialement de deux cas de cataractes noires. Bull. Soc. franç. Ophthalm. **51**, 407 (1938).
Tschopp, E.: Histochemische Demonstrationen mikroskopischer Präparate. Verh. schweiz. naturforsch. Ges. **107**, 255 (1926).
— Die Lokalisation anorganischer Substanzen in den Geweben (Spodographie). In W. v. Möllendorfs Handbuch der mikroskopischen Anatomie des Menschen, Bd. I/1, S. 569. Berlin 1929.
Turchini, J.: Sur l'histologie et l'histophysiologie de l'oviducte de la poule. C. r. Assoc. Anat. **19**, 255 (1924).

Tureen, L. L.: Post-mortem changes in mineral salt distribution in nerve cells. Proc. Soc. Exper. Biol. a. Med. **35**, 293 (1936).
— Effect of experimental temporary vascular occlusion on the spinal cord. II. Changes in mineral salt content of nerve cells. Arch. of Neur. **39**, 455 (1938).
Uber, F. M., and T. H. Goodspeed: Microincineration studies. III. Shrinkage phenomena during carbonization and ashing of wood. Proc. Nat. Acad. Sci. U.S.A. **22**, 463 (1936).
Uotila, U., u. V. Jääskeläinen: Über die Schwankungen der Schilddrüsenfunktion, gedeutet mit Hilfe der Mikroveraschungsmethode. Acta Soc. Med. fenn. Duodecim, Ser. A **20**, 1 (1937).
Valentin, G.: Über die Spermatozoen des Bären. Verh. Leopold.-Carol. Akad. Naturforsch. **19**, 237 (1839).
Weatherford, H. L.: A morphological and experimental study of the intranuclear crystals in the hepatic cells of the dog. Anat. Rec. **71**, 413 (1938).
Wepler, W.: Untersuchungen über den Gesamtaschegehalt normaler und pathologischer großer Arterien. Virchows Arch. **295**, 546 (1935).
Wernly, M.: Histochemische Untersuchungen über die Salzabsonderung der Speicheldrüsen. Diss. med. Bern 1936.
Williams, P. S., and G. H. Scott: Apparatus for darkfield photometry and densitometry. J. Opt. Soc. Amer. **25**, 347 (1935).
Williamson, M. B., and A. Gulick: The calcium and magnesium content of mammalian cell nuclei. J. Cellul. a. Comp. Physiol. **23**, 77 (1944).
Winkler, H.: Die Veränderungen der Aschenstruktur des infantilen, geschlechtsreifen und ovulierenden Kaninchenovars. Mschr. Geburtsh. **101**, 141 (1936).
— Die Aschenstruktur der Uterusschleimhaut und ihre mikrochemische Differenzierung. I. Die normale Uterusschleimhaut. Mschr. Geburtsh. **104**, 281 (1937a). II. Die pathologisch veränderte Uterusschleimhaut. Mschr. Geburtsh. **105**, 117 (1937b).
Wislocki, G. B., H. W. Deane and E. W. Dempsey: The histochemistry of the rodent's placenta. Amer. J. Anat. **78**, 281 (1946).
—, and E. W. Dempsey: Histochemical reactions of the endometrium in pregnancy. Amer. J. Anat. **77**, 365 (1945).
— — Histochemical reactions in the placenta of the cat. Amer. J. Anat. **78**, 1 (1946a).
— — Histochemical reactions of the placenta of the pig. Amer. J. Anat. **78**, 181 (1946b).
Wulf, H.: Schnittveraschungsbilder am menschlichen Gehirn. Z. Neur. **151**, 192 (1934).
Zeidler: Demonstration spodographischer Präparate. Ber. dtsch. ophthalm. Ges. **49**, 512 (1932).
Zeiger, K.: Physikochemische Grundlagen der histologischen Methodik, S. 137. Dresden u. Leipzig 1938.
Zinkant, W.: Histo-topochemische Untersuchungen über die Schwankungen des Kalkgehaltes in den Arterien des Uterus. Virchows Arch. **281**, 911 (1931).
Zorzoli, G. C.: Ricerche antracografiche e spodografiche sulla tonsilla palatina umana. Boll. Soc. ital. Biol. sper. **22**, 102 (1946a).
— Ricerche istotopochimiche sulla tonsilla palatina umana. Boll. Soc. ital. Biol. sper. **22**, 103 (1946b).
— Ricerche antracografiche, spodografiche ed istotopochimiche su alcuni organi delle prime vie digerenti. Boll. Soc. ital. Biol. sper. **22**, 513 (1946c).
— Ricerche antracografiche, spodografiche ed istotopochimiche sulla tonsilla palatina e sopra alcuni organi delle prime vie digerenti, nell'uomo. Atti Soc. ital. Laring. ecc. **35**, (1946). — Ann. Biol. norm. e pat. **1947**, H. 3.

Sachverzeichnis